装备科技译著出版基金

弹性光网络
——架构、技术及控制

**Elastic Optical Network
Architectures, Technologies, and Control**

［西班牙］维克多·洛佩兹（Víctor López）
［西班牙］路易斯·贝拉斯科（Luis Velasco） 著
黎　军　李静玲　梁　薇　崔　涛　张　怡　译
　　　　　　沈　俊　审　校

国防工业出版社
·北京·

著作权合同登记　图字:01-2023-2623

图书在版编目(CIP)数据

弹性光网络:架构、技术及控制/(西)维克多·洛佩兹(西)路易斯·贝拉斯科著;黎军等译. —北京:国防工业出版社,2023.10
书名原文:Elastic Optical Network: Architectures, Technologies, and Control
ISBN 978-7-118-13049-2

Ⅰ.①弹… Ⅱ.①维… ②路… ③黎… Ⅲ.①光传输技术—研究 Ⅳ.①TN818

中国国家版本馆 CIP 数据核字(2023)第 216765 号

Translation from English language edition:
Elastic Optical Network: Architecures, Technologies, and Control
by Víctor López and Luis Velasco
Copyright © 2015 Springer Netherlands
Springer Netherlands is a part of Springer Science+Business Media
All Rights Reserved

本书简体中文版由 Springer 授权国防工业出版社独家出版发行。
版权所有,侵权必究。

※

国防工业出版社出版发行
(北京市海淀区紫竹院南路23号　邮政编码100044)
北京虎彩文化传播有限公司印刷
新华书店经售

*

开本 710×1000　1/16　插页 3　印张 17　字数 300 千字
2023 年 10 月第 1 版第 1 次印刷　印数 1—1300 册　定价 73.00 元

(本书如有印装错误,我社负责调换)

国防书店:(010)88540777　　　书店传真:(010)88540776
发行业务:(010)88540717　　　发行传真:(010)88540762

译 者 序

光网络是当前通信网络发展最为活跃的领域之一。传统波分复用（Wavelength Division Multiplexing，WDM）光网络在多用户高速复用传输方面存在诸多优点，但静态资源分配、固定传输与交换模式使得 WDM 的业务传输与交换愈发僵化。随着互联网多媒体业务，特别是高清视频、VR/AR 等新兴业务爆炸式增长，WDM 静态传输与交换模式已开始显现不适应巨量新兴业务需求，弹性光网络（Elastic Optical Network，EON）应运而生，它可以根据业务的需求动态为业务分配带宽，可实现高频谱资源利用率适应动态带宽调整、灵活调度业务占用频谱资源以及整理业务传输方式与交换颗粒度，是未来实现灵活、高效率、高能效光网络的重要技术手段。

Elastic Optical Network—Architectures，Technologies，and Control 一书是由施普林格出版的光网络系列技术类著作之一。该书内容完整、条理清晰，全面涵盖了弹性光网络架构和规划、通信系统、控制和管理方法等方面内容，结合 GMPLS 协议及 SDN 技术，给出弹性光网络的中长期可行性解决方案，并指出弹性光网络技术存在的挑战及未来发展方向。

原著作者维克多·洛佩兹博士是西班牙电信公司的全球首席技术专家。他致力于西班牙电信公司及欧盟委员会资助的光学研究项目，拥有从电信行业到学术界的成熟经验，刊文 100 余篇，并为 IETF 草案做出重要贡献。作者路易斯·贝拉斯科博士在其 25 余年的电信行业生涯中，一直致力于光网络的研究、开发及部署，他在加泰罗尼亚理工大学的研究工作也一直专注于网络规划。他曾任职于光纤通信会议（Optical Fiber Communications，OFC）技术程序委员会，目前担任 IEEE/OSA 光通信与网络期刊（*Journal of Optical Communications and Networking*）副主编。

本书由空间微波技术重点实验室组织翻译，译者长期从事空间网络与交换领域的研究工作，具备深厚的通信技术理论基础及工程经验。本书的出版对我国光网络相关领域，包括理论研究、科研教育、工程应用等均具有重要的借鉴和推进作用。全书由 11 章构成，由空间微波技术重点实验室科研人员黎军、李静玲、梁薇、崔涛、张怡负责翻译,其中黎军负责第 1 章、第 6 章、第 11 章翻译工作,李静玲负责第 8 章、第 9 章翻译工作,梁薇负责第 4 章、第 5 章翻译工作,崔涛负责第 2 章、第 7 章翻译工作,张怡负责第 3 章、第 10 章翻译工作,沈俊负责第 6 章、第 11 章校对工作,李静玲对全书进行了统筹校对和统稿。在本书翻译过程中,得到了空间微波技术重点实验室崔万照主任的大力协助与支持,在此向他表示衷心的感谢。由于本书内容的创新性以及译者存在的主观性,书中难免存在纰漏,敬请广大读者在阅读过程中批评指正。

黎军
2022 年 3 月 12 日于西安

目 录

第1章　引言 ………………………………………………………………… 1
　1.1　带宽可变转发器 ……………………………………………………… 3
　1.2　灵活栅格 ……………………………………………………………… 4
第2章　波长开关到灵活栅格光网络的发展 …………………………… 5
　2.1　引言 …………………………………………………………………… 5
　2.2　ITU栅格的历史以及固定栅格向灵活栅格的发展 ………………… 5
　2.3　点到点固定栅格密集波分复用结构 ………………………………… 7
　2.4　WSS技术：固定的和灵活的 ………………………………………… 9
　2.5　ROADM结构 ………………………………………………………… 11
　2.6　固定栅格和灵活栅格网络的性能 …………………………………… 13
　2.7　灵活栅格迁移 ………………………………………………………… 16
　2.8　城域/核心网结构 …………………………………………………… 19
　2.9　结论 …………………………………………………………………… 22
　参考文献 …………………………………………………………………… 23
第3章　弹性光网络的优点 ………………………………………………… 27
　3.1　引言 …………………………………………………………………… 27
　3.2　采用灵活栅格的先进网络特征 ……………………………………… 32
　3.3　城域网中的灵活栅格：为宽带远程接入服务器(BRAS)提供流量 … 36
　3.4　成本与能量最小化的多层网络规划 ………………………………… 39
　3.5　互联数据中心 ………………………………………………………… 40
　3.6　结论 …………………………………………………………………… 46
　参考文献 …………………………………………………………………… 46
第4章　路由和频谱分配 …………………………………………………… 48
　4.1　引言 …………………………………………………………………… 48
　4.2　基本的离线规划问题 ………………………………………………… 49
　4.3　解决技术 ……………………………………………………………… 54
　4.4　实例Ⅰ：可调谐转发器和物理层补偿 ……………………………… 57
　4.5　实例Ⅱ：渐进网络设计问题 ………………………………………… 60

4.6 实例Ⅲ：弹性带宽配置 ……………………………………………………… 65
4.7 结论 …………………………………………………………………………… 69
参考文献 …………………………………………………………………………… 70

第5章 弹性光网络传输 …………………………………………………………… 72
5.1 引言 …………………………………………………………………………… 72
5.2 系统损伤及其抑制 …………………………………………………………… 75
5.3 下一代带宽可变转发器 ……………………………………………………… 85
5.4 展望和路线图 ………………………………………………………………… 92
5.5 结论 …………………………………………………………………………… 93
参考文献 …………………………………………………………………………… 94

第6章 弹性灵活光网络节点结构 ………………………………………………… 102
6.1 引言 …………………………………………………………………………… 102
6.2 新一代灵活光节点的设计需求、设计规则和标准 ………………………… 103
6.3 旁路/快速节点架构 ………………………………………………………… 108
6.4 多层弹性灵活分插节点体系结构 …………………………………………… 116
6.5 多维度功能可编程光节点架构 ……………………………………………… 123
6.6 结论 …………………………………………………………………………… 132
参考文献 …………………………………………………………………………… 132

第7章 可切片带宽可变转发器 …………………………………………………… 137
7.1 引言 …………………………………………………………………………… 137
7.2 可切片带宽可变转发器的结构 ……………………………………………… 138
7.3 多层 S-BVT 体系结构 ……………………………………………………… 146
7.4 使用 S-BVT 的网络规划流程 ……………………………………………… 151
7.5 使用 S-BVT 的预期成本节省 ……………………………………………… 155
7.6 结论 …………………………………………………………………………… 160
参考文献 …………………………………………………………………………… 160

第8章 GMPLS 控制平面 ………………………………………………………… 163
8.1 控制平面功能介绍 …………………………………………………………… 163
8.2 GMPLS 控制平面结构 ……………………………………………………… 165
8.3 用于 EON 的控制平面架构 ………………………………………………… 173
8.4 多域 EON 控制平面 GMPLS&H-PCE 结构 ……………………………… 180
8.5 结论 …………………………………………………………………………… 183
参考文献 …………………………………………………………………………… 183

第9章 光网络中的软件定义网络 ………………………………………………… 186
9.1 SDN 架构 ……………………………………………………………………… 186

9.2 OpenFlow 协议 188
9.3 用于光网络的 SDN：参考架构 190
9.4 用于光网络的 OpenFlow：协议扩展 193
9.5 NETCONF 协议 197
9.6 实例和用例 199
9.7 结论 206
参考文献 206

第 10 章 基于应用的网络操作 210
10.1 基本概念 210
10.2 网络抽象 211
10.3 网络控制 212
10.4 分布式与集中式控制平面 216
10.5 基于应用的网络操作架构 220
10.6 自适应网络管理器 223
10.7 自适应网络管理器用例 224
10.8 基于 ABNO 控制和协调的下一步计划 225
参考文献 227

第 11 章 运营网络规划 229
11.1 运营网络规划简介 229
11.2 支持运营计划的架构 232
11.3 主要用例 237
11.4 结论 247
参考文献 247
缩略语 249

第1章 引　　言

Víctor López and Luis Velasco

目前,电信行业的带宽需求正在急剧增长,每年互联网的典型业务增长率高达30%,该现状已得到各地运营商和市场分析师的广泛认可。

预计目前的增长将会持续,其主要原因如下:

(1) 颠覆性、高带宽应用程序的激增。互联网可能成为最流行的视频消费方式,在不久的将来,人们对在线高清视频的需求将会增加。但是还有许多其他应用程序利用"云"技术的保护机制,它们可以在同样程度上促进带宽的增长。

(2) 提供光纤等高带宽接入。已推出光纤入户(Fiber to the Premises,FTTP)和高带宽铜缆入户的实质性计划。事实上,西班牙在2014年的FTTP用户数为74.9万,2015年的FTTP用户达到189.5万,用户数增长了一倍多,成为欧洲FTTP用户最多的国家。

这两个趋势意味着消费者将拥有广泛的高带宽服务和访问它们的能力。当然,这种连锁效应可以确保IP网络流量保持继续增长的速度,甚至可能加速。不过,我们认为业务不仅在数量上会增加,而且在时间和流向上会变得更加动态。因为白天业务用户和晚间住宅用户的需求差异明显,我们可以预测在24h期间业务量的大幅度变化。此外,由于多个内容和云服务提供商带来的竞争服务,业务流向也将变得动态。

数据中心的最新发展趋势证明了流量的动态行为。云计算允许用户在数据中心安装虚拟机,该虚拟机可加载任意类型软件。在这种情况下,任意虚拟机都可以作为视频流或备份服务器工作,从而增加了流量的不可预测性。每个数据中心的带宽利用模式是完全不同的。此外,数据中心不必脱离运营商的网络,而是作为网络的一部分,不仅提供云服务,而且还支持网络功能虚拟化(Network Function Virtualization,NFV)。

Víctor López(✉)
西班牙电信,西班牙马德里
e-mail:victor.lopezalvarez@ telefonica.con

L. Velasco
加泰罗尼亚理工大学,西班牙巴塞罗那

总而言之,未来的传输网络将必须提供大范围带宽 IP 路由器之间的联通性,其中一些路由器的带宽远大于现在,并且在时间和流向上也将是动态的,其时间尺度由数分钟到数小时。如果我们继续运营商正在开展的当前传输网络开发计划会怎么样呢?要解决这个问题,需要了解现有的密集波分复用(Dense Wavelength Division Multiplexing,DWDM)传输系统及其当前的演进路线。世界上大多数 DWDM 系统目前使用 10Gb/s 的转发器技术。这已经成为一种商品,因此价格非常低廉。然而,10Gb/s×80 波长的整体链路限制仅给每条链路提供 800Gb/s,这对于许多运营商在其关键的高带宽链路上已经是不足的。

目前的解决方案是将转发器技术升级到 40Gb/s 或 100Gb/s。这种方案已经开始在某些高带宽需求的链路上取代了相对便宜的 10Gb/s 产品。因此,在一些情况下,我们已经可以看到混合的线路速率网络,其中同一条光纤上承载不同比特率变化。目前,正在进行更多工作以确保兼容性,并且开发特殊的设计规则用来保证不同比特速率在相同网络中的同步操作。

可以预见的是,100Gb/s 将在短期到中期满足运营商的需求,但预期流量增长将会导致对 400Gb/s 甚至 1Tb/s 的强劲需求。当这种情况发生时,预计混合线路速率的使用将会更加广泛,下文将会围绕图 1.1 和图 1.2 展开讨论。

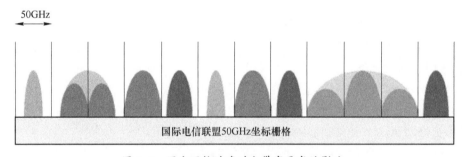

图 1.1　固定网格过滤对大带宽需求的影响

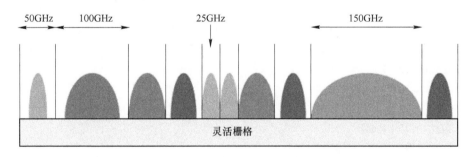

图 1.2　灵活栅格频谱分配为大带宽和小带宽的需求提供足够的空间需求

现有的 DWDM 系统通常将 C 波段光频谱划分成间隔为 50GHz 或 100GHz 的离散频带，并由国际电信联盟（International Telecommunication Union, ITU）进行标准化。转发器提供可以容纳在这些频带之中，且携带客户端需求的单个波长，即可能是以太网或光传输网（Optical Transport Network, OTN），并且可能具有高达 100Gb/s 的任意有效载荷。该方法在以下两方面不具有灵活性：

（1）转发器具有固定比特率，如 10Gb/s 或 40Gb/s。事实上，转发器的一些性质可以改变，如不同的前向纠错（Forward Error Correction, FEC），但这并不影响其携带的整体有效载荷。

（2）每个波长信号的光谱宽度不能超出系统中使用的固定 ITU 栅格宽度（如 50GHz）。该系统通常具有波长敏感设备，如光解复用器和可重构光分插复用器（Reconfigurable Optical Add Drop Multiplexers, ROADM），需要遵守固定栅格，并且可以滤除跨越栅格边界的任何光谱。

图 1.1 显示了被映射在固定栅格中一系列不同带宽的需求。一些需求适合于 50GHz 栅格边界之间，而另一些需求（粉色和橙色需求）的频谱范围太宽。如图 1.1 所示，遵循 ITU 固定栅格的光滤波器将带来巨大的滤波损耗。

这意味着由此产生的 DWDM 网络对带宽需求的变化部分是不灵活的。当然，它并不是完全不灵活的。例如，可以安装更多的转发器以应对额外的需求。然而，这是一个非常缓慢的过程，通常需要花费数周时间来订购新的转发器，然后进行必要的安装和配置。此外，任何高比特速率转发器（如 400Gb/s 以上）都具有非常宽的光谱，由于太大无法适应该网络。

因此，大的带宽需求将不得不被分割，以便它们可以在固定栅格中进行传输。这将导致网络容量的使用效率非常低。因此，在多层网络中，需要安装大量昂贵的、高功耗的 IP/MPLS 设备以进行整理/聚合。

相比混合线路速率以及固定转发器而言，如果有一种更易于管理、更具成本效益、更灵活和动态的解决方案，这将是非常有吸引力的替代方案。弹性光网络（EON）能够通过组合转发器与灵活栅格传输和交换两种技术，满足未来核心网络在网络容量和动态性方面的要求。

1.1 带宽可变转发器

带宽可变转发器（Bandwidth Variable Transponders, BVT）可以在软件控制下通过改变调制方式快速适应转发器带宽。这通常被称为软件定义光学。带宽可变转发器可提供广泛的选项，每一种选项可提供不同的带宽可调性。带宽可变转发器的一个主要优点是：其避免了未来采购多个不同类型带宽转发器的需求，仅需一种类型转发器，即可提供所需各种比特率。因此带宽可变转发器将推动未来转发器开发及生产成本的下降。

带宽可变转发器可能会带来另一个优势:该类器件可以在覆盖范围和频谱使用之间进行权衡。例如,若我们只需要在400km以上提供100Gb/s,就可以使用高频谱效率的调制方式,如双极化-16位正交幅度调制(Dual Polarization-Quadrature Amplitude Modulation,DP-16QAM),这种调试方式仅需占用25GHz带宽;而若我们需要达到1500km,则可以在相同的转发器上采用具有双倍频谱的双极化-正交相移键控(Dual Polarization- Quadrature Phase Shift Keying,DP-QPSK)调制方式,从而避免使用再生器,并且可以高效地利用可用频谱。

1.2 灵活栅格

光谱可以更灵活的方式使用,其中频谱块的定义方式可以比当前的定义方式更加随意。目前,在社区上有很多关于频谱如何分割的探讨。虽然灵活栅格是完全随机的,但需满足以下两个准则:①非常精细的带宽切片(6.25GHz或12.5GHz);②单个切片能够被级联以形成光谱中更大的连续部分。

图1.2显示了灵活栅格将栅格边界放置在最合适位置的能力,以便实现下面两点:①在不进行过滤的情况下通过宽带信道;②紧凑地封装信道以最大限度地利用频谱。业界已经开始使用术语"超级信道"来描述通用的光规范块:该超级信道可以包含多个子信道及分组在一起,以便实现跨网络的高效传输。

在本书中,我们介绍如下内容:

(1)从波分复用(WDM)到灵活栅格或弹性光网络的演进,以及EON可支持的新应用。提出了EON的规划,包括其数学建模和算法。

(2)从数据平面的角度,详细说明了EON的传输进程,涵盖下一代带宽可变转发器、新型调制方式、物理损伤的分析和减轻以及节点架构。

(3)关于控制平面方面,本书不仅介绍了通用多协议标签交换(Generalized Multi-Protocol Label Switching,GMPLS)的扩展和用于EON的Openflow协议,而且还介绍了软件定义网络(Software Defined Networking,SDN)如何利用EON的功能,甚至可以实现运营规划。

第 2 章 波长开关到灵活栅格光网络的发展

Andrew Lord, Yu Rong Zhou, Rich Jensen, Annalisa Morea, Marc Ruiz

本章回顾了密集波分复用(DWDM)的原理,并且说明了密集波分复用将如何被更加灵活使用的光纤频谱和转发器所取代,这种转发器可以在同一设备上提供多种比特速率。本章讲解了这种新方法的优点,并验证了可实现该方法的光滤波技术。最后探讨了网络将如何向这种新型的网络操作模式迁移。

2.1 引　　言

截至目前,光纤能够提供的大量可用光谱已经超过了需求。以前要在一条光纤上传输更多数据通过增加额外的波长很容易实现,该实现方法基于这样一种事实,在足够低的功率水平下,同一条光纤能够支撑多种波长而多种波长可以由同一条光纤支撑而不会相互作用。而近期,基于互联网的流量持续以指数增长导致这些光谱开始被填满,这使得大家的注意力开始聚焦于两个关联的领域——如何更加高效地管理光谱和如何尽可能多地利用光信号来填满光谱。这两种核心传输中的变革形成了本章的主旨,也作为后续章节所要详细讨论内容的引言。

2.2　ITU 栅格的历史以及固定栅格向灵活栅格的发展

光纤在光纤通信中大规模部署,是因为它们比电缆能够传输更远的距离,同时具有更高的传输带宽(数据速率)。光纤之所以具有这些特性是由于其具有更低的损耗和更多数量的通道,这些通道可以通过它们的大规模光谱窗口同时传送。

在光纤中,1.3～1.6μm 之间的区域用来进行传输。在该区域中,C 波段代表

A. Lord(✉) · Y. R. Zhou
英国电信,英国伦敦
e-mail:andrew.lord@bt.com

R. Jensen
Polatis 公司,贝德福德,美国麻省

A. Morea
阿尔卡特-朗讯,法国波洛格内-比兰科

M. Ruiz
加泰罗尼亚理工大学,西班牙巴塞罗那

了整个光纤频谱中最低损耗的波段,用来进行长距离的传输(从数十到数千千米)。C 波段的波长在 1550nm 左右,也包括大约在 1525nm(或频率 195.9THz)和 1565nm(191.5THz)的波长。(密集)波分复用((D)WDM)是一种利用不同波长将许多光信号在一条光纤上进行传输的技术。为了广泛使用全部 C 波段,国际电信联盟电信标准化部门(International Telecommunication Union-Telecommunication Standardisation Sector,ITU-T)定义了一个全部波长的表格(以及它们所对应的中心频率);该清单在 ITU-T G.694.1 建议中进行了详细介绍[1]。起初,密集波分复用的波长被定位在一个具有精确的 100GHz(大约 0.8nm)的光频率间隔的栅格中,该栅格的参考频率固定在 193.10THz(1552.52nm)。

面对流量的不断增长,在过去 10 年间很多重要的革新已经将容量增长了大约 20 倍(与在 100GHz 间隔上传输 10Gb/s 的传统密集波分复用系统相比)。首先,在核心网中通过 50GHz(大约 0.4nm)间隔压缩信道成为可能,使其能够传输大约 80(最多 96)个信道。而且,通过安装更高比特速率的光电子设备已经使信道容量增加,并一直在 50GHz 栅格内进行操作,每个波长的传输速率从 2.5Gb/s 到 10Gb/s,接着到 40Gb/s,直到 2010 年达到 100Gb/s;这种信道间隔和比特率在单位赫兹频率上具有 2b/s 的频谱效率。

不像早期的密集波分复用系统,光谱的带宽被认为是无穷的,在不久的将来,光谱将会是稀缺的资源,并且现在工业正在探究如何提高光谱的总体效率。信号传输技术的改进已经减少了光信号的频谱占用:相干检测技术和奈奎斯特脉冲成形的结合使用可以在仅仅 33GHz 的信道中传输 100Gb/s 的信号。

越来越多的单载波的比特率超过 100Gb/s,需要使用更高阶的正交幅度调制(Quadrature Amplitude Modulation,QAM)——比如 16-QAM,相比正交相移键控(Quaternary Phase Shift Keying,QPSK),其比特率翻倍,因此可以提供 200Gb/s 的容量。但是,这些高阶 QAM 设计只能传输较短的距离。一种实现更高速率信道比如 400Gb/s 和 1Tb/s 的方法是采用至少与 100Gb/s 信号相同符号速率的多载波信号。举个例子,一个 400Gb/s 的信道可以通过 2 个 16-QAM 调制的子载波(每个 200Gb/s)得到,每一个子载波工作在 37.5GHz 带宽,总共 75GHz 带宽;一个 1Tb/s 信道可以通过 4 个 32-QAM 调制的子载波得到,每个子载波在 43.75GHz 范围内,总带宽为 175GHz。这种方法的第一个后果就是需要更大的信道间隔,破坏了标准 50GHz 栅格的信道策略。

对于地面网络来说,必须有一个新的标准栅格,在面对多样化的频谱需求(比如 100Gb/s 的信道容纳 37.5GHz 的带宽,以及 400Gb/s 的信道容纳 75GHz 的带宽)时有更好的频谱效率。针对这个问题,ITU-T 提出了一种将可变频率隙与光连接相关联的更精细的网络,称为灵活频率栅格,或更加通常的叫法——灵活栅格。灵活栅格允许根据其需求向光信道分配可变数量(n)的固定大小的频率隙。

一个大小为 12.5GHz 的频率隙,允许在 37.5GHz($n=3$)带宽中进行 100Gb/s 信道的传输,而不是固定栅格方案中的 50GHz 带宽。图 2.1 说明了灵活栅格在传输上的作用。在这个例子中,灵活栅格可以支持 8 个而不是 6 个 200Gb/s 信道,但是如有需要它又能将这些信道组合在一起形成一个超级信道,作为一个实体能够完成一个光网络的传输。

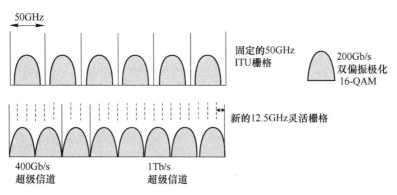

图 2.1 分辨率为 12.5GHz 的灵活栅格提供更密集的信道

图 2.1 中的密集信道之间相互关联可以产生 400Gb/s 和 1Tb/s 的超级信道。

2.3 点到点固定栅格密集波分复用结构

在讨论网络之前,我们先从点到点密集波分复用系统开始描述。

图 2.2 所示为点到点密集波分复用系统的原理图,光发射机产生多波长信道,数据信号调制到每一个波长上,然后通过一个波分复用器将这些波长组合到一起。这种密集波分复用信号通过光纤链路传播,但在传输之前通过光放大器将该信号增强,来补偿每个跨度造成的光纤损失,也可以提高接收机的灵敏度。如图 2.2 所示的线路放大器通常是二阶放大器,在该放大器中使用色散补偿模块(Dispersion Compensation Module,DCM)对每个跨度的光纤色散进行补偿。当使用相干技术时,光纤色散可以在相干接收机中进行补偿。因此新的密集波分复用(DWDM)网络设计采用了相干技术并尽可能少使用 DCM,使其能在更高速率下实现最优性能。在接收端,DWDM 解复用器将 DWDM 信号分离后进入单独的信道,然后数据信号在光接收机中恢复。

DWDM 技术提供了一种高效率增加网络容量的方式。同时,容量随着 DWDM 信道的数量而增加,所有 DWDM 信道共享通用网络基础设施,包括光纤、光放大器、DCM、DWDM 复用器和解复用器。这样网络开销也是共享的,使得每个信道的开销很低。随着流量需求的增加,通过在流量的终结节点增加额外的转发器(如发射机和接收机)能够使网络容量增加。此外,DWDM 技术对于波长通道承载的

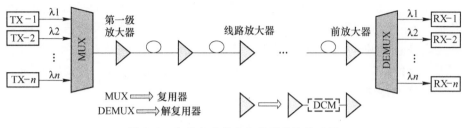

图 2.2　点到点密集波分复用系统原理图

数据信号是透明的。因此，引入新的数据速率和调制格式可进一步增加网络容量。例如，当 20 世纪 90 年代中期 DWDM 开始部署时，占主导地位的数据速率是 2.5Gb/s。随着技术的发展，数据速率增加到了 10Gb/s，并且通过使用新的调制格式达到了 40Gb/s。近来，随着相干技术和数字信号处理技术的提高，100Gb/s 已经开始成熟并普遍可用，现在正在网络中快速部署。表 2.1 为 C 波段中使用 50GHz 栅格的 DWDM 的光纤总容量。对于商用 DWDM 系统，光纤总容量这些年从 2.5Gb/s 速率下的 0.24Tb/s 增加到了更高速率 100Gb/s 下的 9.6Tb/s。值得提及的是光纤使用显著增加，这点可以从数据速率增长到 100Gb/s 时的频谱效率从 0.05(bit/s)/Hz 提高到 2(bit/s)/Hz 得到说明。随着数据速率增长到超过 100Gb/s，并且网络技术从固定栅格 DWDM 发展到灵活栅格网络，频谱效率继续提高，这些内容将会在以下章节进行详细介绍。

表 2.1　C 波段中使用 50GHz 栅格的 DWDM 的光纤总容量

数据速率/(Gb/s)	总容量/(Tb/s)			频谱效率/(bit/s)·Hz^{-1}
	80λs	88λs	96λs	
2.5	0.2	0.22	0.24	0.05
10	0.8	0.88	0.96	0.2
40	3.2	3.52	3.84	0.8
100	8	8.8	9.6	2

除了以上介绍的网络容量的增加之外，DWDM 技术也从点到点 DWDM 系统发展到具有波长切换的 DWDM 网络，最初使用固定波长光分插复用器（Optical Add and Drop Multiplexer，OADM），现在使用可重构光分插复用器（ROADM），可以进行远程配置。图 2.3 所示为一个基于 ROADM 的 WDM 网络，在 WDM 节点上有 2 级 ROADM 来将波长信道路由到不同的方向或者本地分插端口。使用波长选择开关（Wavelength Selective Switch，WSS）技术的固定栅格 ROADM 已经在 WDM 网络中广泛部署。ROADM 节点具有数量变化的级数，在当前 WDM 网络通常可以达

到8级,使得网片能够被构建。由于带宽持续增长并且更加动态,基于ROADM的WDM网络在增加新的波长或重新定向波长方面提供更加灵活的网络操作,并可在故障发生时恢复流量。还可以提供WDM信道间的动力平衡的监视、控制和管理。所有这些都能够通过软件或管理配置远程实现,可以使经营成本显著降低。

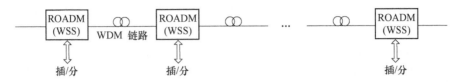

图2.3 基于ROADM的WDM网络原理图

2.4 WSS技术:固定的和灵活的

支撑灵活栅格结构的关键技术是波长选择开关(WSS),以及其波长交换和路由功能。其组件通常是一个单一光纤输入,其中包含许多通过整个C波段传输的波长信号。它的工作是没有任何限制或阻塞地将这些波长定向到众多输出光纤中的任何一个;任何一种输入波长的组合能够被重新定向到任何一个输出光纤。这样一种组件对于动态的固定栅格WDM组网已经至关重要,如在ROADM设备中建立联网。但是,灵活栅格需要额外的灵活可变的传输频带、更高频谱分辨率、带宽控制和滤波。大多数WDM技术,如阵列波导光栅(Arrayed-Waveguide Grating,AWG)和微机电系统(Micro-Electromechanical System,MEMS)设备,尽管具有重要路由和交换的功能,但不具备可变带宽。而且,AWG和MEMS是天生的固定栅格WDM设备,在制造时设置固定的信道粒度(如50GHz、25GHz)。相比之下,基于液晶的技术近年来已经成熟,并且使用这种全息原理能为灵活栅格WSS的波长交换和路由功能提供灵活的传输频带滤波。既然如此,硅上液晶(Liquid Crystal on Silicon,LCoS)设备成为WSS中的关键组件,使得光主动交换和光束控制成为可能。

这种全息光交换的初始概念在1995年首次报道[2],其主要功能和协议结构设计的可能性在1998年得到阐述[3-4],这些都出现在灵活栅格作为WDM光网络的设计示例之前。

基于全息LCoS原理的灵活栅格WSS包括以下特有功能:

(1) 多波长路由和交换。

(2) 不同波长信道的功率均衡。

(3) 散射补偿/降低。

(4) 可变信道带宽。

(5) 独立操作偏振。

(6) 小型化。

（7）毫秒级重构时间。

这些综合特征使基于 LCoS 的 WSS 成为一种具有高度吸引力的子系统组件，在网络工业界和学术界也引起了相当大的兴趣。甚至，全息 LCoS 技术提供的一套综合的空载状态功能已经使其成为可编程光处理器[5]或光现场可编程门阵列（Field Programmable Gate Array,FPGA）的参考。这些并不是不合理的断言，因为支撑全息原理的理论深刻地根植在傅里叶变换（Fourier Transform,FT）中，并且与数字信号处理（Digital Signal Processing,DSP）具有很强的相似性，其本身依赖于离散傅里叶变换（Discrete Fourier Transform,DFT）和 z 变换。因此，基于 LCoS 的 WSS 能够提供如此灵活和关键的光处理能力也就不足为奇了。有意思的是，AWG 也有相似的 FT 处理能力，这是由于它被认为是一种集成的、平面形式的 LCoS WSS 设备，而不是简化维度的和固定波长范围的运行方式[6]。

图 2.4 展示了 LCoS WSS 设备如何进行操作。灵活栅格 WDM 将来自输入光纤的光进行复用，通过透镜进行校准并反射到一个固定衍射光栅，该光栅在空间上分散出不同颜色（频率组件）的复合信号以使它们映像到 LCoS 设备的不同方位。这显示了一个分离光频率（颜色）在每个位置的全息图。每一个全息图被配置为可编程衍射光栅，有选择性地将光传播到所需的输出端口。在这种操作中，对于每一个特定颜色，全息图能调整光信号的功率并（通过它的全息相位特性）能补偿或减轻散射对信号造成的削弱。

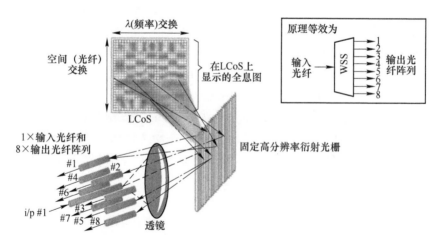

图 2.4　波长选择开关原理图

LCoS 是一个紧密的、像素化的设备（利用了在平板屏幕和显示领域中开发的许多先进技术，如虚拟现实头盔的微显示），在该设备中一个液晶矩阵阵列放置到光反射平面上，该平面依次直接在位于基于互补金属氧化物半导体（Complementary Metal-Oxide-Semiconductor,CMOS）的处理基片上面，得到每个像素单独的电子地址。因为一个灵活栅格信号(如一个超级信道)包含一个大范围宽度或大量的频率,当一个超级信道反射到 LCoS 设备上时,它需要一个大范围的宽度(如更多数量的像素)来进行适当的处理。这是全息 WSS 交换灵活性的重要所在,因为对于一个可变灵活栅格超级信道带宽,可以按需动态分配 LCoS 矩阵信道中的更多行,从而能够没有任何带宽限制地将整个灵活栅格超级信道正确传播到想要的输出端口。

典型输出端口的数目可以从 2 变化到 20 或者更多。全息 LCoS 技术从本质上讲不是限制了输出端口的数目,而是能够进行寻址和路由。例如,输出端口的数目能期望随着 LCoS WSS 技术继续成熟而增加。网络需求取决于不同网络元素。例如节点度数、联通性(如何将光网络联网)、光纤连接节点对的数量、光谱生成超级信道的数量和它们的数据带宽(如 1Tb/s、400Gb/s、200Gb/s、100Gb/s 等),以及各种不同的超级信道如何像它们在网络中传输一样进行疏导。

2.5 ROADM 结构

ROADM 是一个网络元件,它允许在一个网络节点动态插入或分离波长。ROADM 结构也能够在不同传输光纤之间交换 DWDM 波长。在过去,DWDM 波长在固定的 50GHz 或 100GHz ITU 带宽栅格进行传输。灵活栅格 ROADM 具有额外的优点,在固定信道和灵活信道光带宽中都能够插入和分离波长。

图 2.5 所示为流量通过 ROADM 的两种路径。一种是流量穿过节点的传输路径,另一种是流量在节点终止或起始的分/插路径。

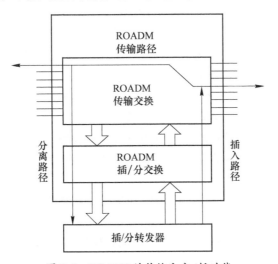

图 2.5 ROADM 的传输和分/插功能

ROADM 能使用多种组件技术进行开发。由于 ROADM 结构在光组件的改进中有所反映,因此灵活栅格 ROADM 结构的发展自然随着灵活栅格滤波组件的发展。

现在固定栅格和灵活栅格 ROADM 中都广泛使用的部分组件为:

(1) 波长选择开关(WSS)。
(2) $1×N$ 和 $M×N$ 全光交换。
(3) $N×M$ 多播开关。
(4) 光放大器(Optical Amplifiers,OA)。
(5) 固定可调谐滤波器。
(6) 波形阻塞器(Wave Blockers,WB)。
(7) AWG 多路复用器。
(8) 光分束器。

这些组件的一部分从本质上讲,在固定栅格和灵活栅格 ROADM 中可以并存,但其余的组件需要适应工作在灵活栅格系统中。这些组件,如全光开关、分束器、循环器和光放大器,都是天生与灵活栅格并存的,因为它们都是典型的宽带设备,不需要过滤单独的波长。WSS 设备需要过滤单独的波长,但是固定栅格和灵活栅格形式都是可用的。

$M×N$ 多播开关结合了多级交换和滤波功能。它们被用于分/插路径中,以分离来自 M 光纤(M 光纤度数)上的 DWDM 流量中的单独波长,并将这些单独波长路由到 N 个转发器中。AWG 滤波器是常用的多路复用器/解复用器,用于分离 DWDM 光纤上的单独波长。AWG 是一种具有固有优势的固定栅格设备,不与灵活栅格系统并存。虽然可以构建出灵活栅格全光波长复用器,但设计师倾向于选择灵活栅格 WSS,它在单个紧凑的封装中结合了滤波和交换功能。

尽管基于 WSS 的 ROADM 结构已经很大程度上解决了传输光纤在不同 ROADM 之间穿过一个节点如何互换波长的问题,但其还没有解决越来越多的分/插灵活性的问题。这种灵活性问题已经通过无色无方向无竞争(Colourless Directionless Contentionless,C/D/C) ROADM 的设计来解决:

(1) 无色结构允许传输光纤上的任何波长连接到与该条光纤有联系的任何分/插转发器上。在一个无色结构中单一光纤上的分/插波长共享一组与该条光纤有联系的转发器。

(2) 无色和无方向的 ROADM 结构延伸了这个概念,在来自所有传输光纤方向的波长之间共享单组转发器。

(3) "无竞争"这个词加入这个定义,是因为许多被提议的 C/D 结构有一些颜色阻塞,并需要一种从阻塞结构中真正分辨非阻塞的方法。

网络运营商明确需要无色分/插结构来充分利用可调谐转发器并改进网络的有效性。他们也需要无方向 ROADM 结构以便在节点中所有波之间共享备用转发器,并得到先进的保护特性。当前,大多数网络运营商提出的 C/D/C 网络需要使用一些固定栅格或灵活栅格 WSS 的组合以及全光交换技术。光交换技术在过去几年也已经成熟并且损耗已经降低很多——商用光开关的损耗为 1~2dB。

2.6 固定栅格和灵活栅格网络的性能

网络运营商一直基于固定的 50GHz 栅格研究有效的方法来升级其已经部署的网络(如通过引入 ROADM),并能够传输不断增长的流量。直到 2010 年,大多数运营商网络将他们的流量复用在固定数据速率调制的不同波长上。随着每个波长能够支持更高数据速率(当前为 100Gb/s)并且连接服务只需要光信道容量的小部分,在设计网络以避免超出信息容量时,将几个低速率服务汇聚为高数据速率光路(流量疏导)变得很重要[7]。同时,疏导操作是高代价和消耗能量的,因为它们是通过光电设备和路由器进行操作;路由器的价格确实随着规模的增加而成倍增长[8],疏导粒度越细,消耗的能量越多,价格也就越高[9-10]。

相反地,近期传输技术和设备(例如相干检测)的改进以及不太昂贵的 WSS 使得在每个中间节点避免系统的光电转换成为可能。使中间交叉连接的光旁路成为可能的光网络称为透明网络,反之称为非透明的网络,在该网络中执行系统的光电转换。从成本和能量消耗方面来说,最好的折中方法是获得光旁路[10]。

尽管对网络运营商来说,高速数据速率接口因其巨大的容量而越来越有吸引力,但是也不得不考虑其透明传输降低了数据速率的增长,并且这可能导致所需光电转换的显著增加[11]。此外,随着大管道的使用,信道填充效率会降低,尤其是在考虑透明网络的情况下[12]。为了改善光信道的填充并有效提升网络容量,而不显著增加单位传输比特的网络成本,参考文献[11-14]中进行了多项学术和工业方面的研究,这表明在单一数据速率下,通过光电设备操作进行流量传输的效率低下,而涉及光网络向支持不同数据速率的基础结构迁移[11-14],可使网络所有的成本最优化。

参考文献[12]证明可使用不同的数据速率来应对全国网络流量的增加;选择与新连接关联的特定数据速率时,要同时考虑其容量和必需的覆盖范围,从而证明数据速率的混合带来了成本的有效解决和资源利用的高效率。参考文献[11]对使用 3 种不同调制方式的光网络设计与具有单一数据速率或单一调制方式的网络设计进行比较,每种调制方式对应给定数据速率(10Gb/s、40Gb/s 和 100Gb/s)。数据速率和调制方式的混合使平均网络成本下降了 15%。此外,在参考文献[15]中,数据速率的混合将光传输网络的能量消耗从 10% 降低到 70%,取决于所考虑的固定数据速率。

参考文献[14]也研究了光网络从单一数据速率到多种数据速率的迁移,提出了一种路由和疏导策略来使网络迁移的资本支出(Capital Expenditure,CAPEX)最小化,并在国家级和大陆性范围网络内进行了测试。

但是,如果对不同数据速率使用不同类型的收发器可以最大化每种数据速率相关的性能(有代表性的是透明传送),正如之前提到的一样,一旦进行了设备部署,这种解决方案的配置范围就很小了,因此需要精确地预测流量发展来操控网络的演进。

实际上,混合了10~100Gb/s信道的网络是支持2.5~10Gb/s的传统直接检测网络的升级。在这样的网络中,色散补偿光纤在每个放大器位置进行部署,是为了随着一定的色管理地图补偿特定的色散偏差量来使传输距离最大化(通常用于10Gb/s信道)。在这些系统中,由于10Gb/s强度调制的信道对相位调制的100Gb/s信道产生有害影响,因此就传输来说对100Gb/s信号是非常不利的[16]。而且,由于相位调制散射管理网络与传输容量高于100Gb/s信道的部署不能相容,其性能在非散射管理网络方面有所提高;在非散射系统中稍降低光放大器的噪声系数和提高电阻的非线性确实是可行的[17]。为了解决这种应对未来网络演进通常会转变为无效配置的不便,为了应对这种未来网络通常演进为无效配置的不便。

人们提出了一种替代方案。这依赖于"弹性"光网络的创造,在该网络中单一类型的收发机根据每种连接的规格参数(容量和信号降级)能够在各种数据速率下进行操作,提供与混合速率方案相似的优势,但是增加了灵活性。总的来说,弹性光网络能够基于正交频分复用(Orthogonal Frequency Division Multiplexing,OFDM)技术[18-19],或者基于适应调制格式的多样性的100Gb/s偏振分割复用正交幅度调制(PDM-QPSK)收发机,从而降低它的数据速率[20]。弹性网络最早的概念遵从基于50GHz栅格的传统系统(特别是ROADM)。这样具有灵活数据速率的弹性光网络结构和频谱分配确保了资源的高效率、低成本和低能量消耗。这些系统的主要优势依赖于自适应数据速率接口固有的速率可调谐性,其增加了可恢复网络中备用资源的共享。相比固定数据速率接口[21-22],可以减少整个接口的数量,使一个系统减少的接口数量达到70%[21]。这种接口共享的成本益处随着流量负载的上升快速增加,达到37%[23]。弹性接口的使用不仅保证了接口的共享,而且也保证了频谱共享。尽管在频谱可用性上有消极的影响,实际上为了减轻在相位调制的100Gb/s信道上进行强度调制带来的有害影响[16],光疏导在不同频带可以是分段的。

当考虑网络升级需求时,弹性光网络比单个混合线速率(Mixed Line Rate,MLR)结构具有更高的成本效率,多达17.5%[24]。带宽可变转发器(BVT)的内置灵活性比MLR在流量矩阵增长的不确定性上有更好的适应性,其远远补偿了最初较高的CAPEX要求。

BVT的另一个优点是可以使网络功率消耗适应流量的日常波动。数据速率的适配可以通过分别或联合调整调制格式和符号速率来实现;由于这些速率的适应性,当考虑无保护的和保护的网络时估计能源节省多达30%[25-26]。

至此,我们已经描述了符合固定的 50GHz 栅格的弹性网络的优势;让我们现在考虑灵活栅格的影响。第一种频谱自适应架构在参考文献[27-28]中被提出,被称为 SLICE,并且建立在一种基于 OFDM 的弹性设备基础上。光信道由可变数目的多路复用子载波组成;每个子载波的符号速率和调制格式取决于被覆盖距离和传输速率。这个概念允许使用足够的频谱(子载波)达到高频谱效率[29]。它依靠网络边缘的 BVT 和网络核心的灵活栅格 ROADM。

在基于 OFDM 的弹性光网络架构中,使用 BVT 和带宽可变波长交叉连接(Wavelength Cross-Connect,WXC),通过光谱域中的灵活粒度疏导和交换实现了多个数据速率子波长或超波长路径。BVT 仅分配足够的频谱(子载波)以适应子波长业务,称为频谱切片[27]。这种弹性网络的基本原理是适应宽范围频谱效率的可能性。多个 OFDM 信道可以合并在一起成为超级信道,传输数倍于单个 OFDM 信道的容量,其间不存在频谱保护频带。这种基于 OFDM 的架构支持多速率调制(从吉比特/秒到太比特/秒),根据传输的数据速率通过灵活的频谱分配提供更高的频谱效率(与固定栅格 WDM 网络相比,频谱提升高达 95%[30]),并利用 OFDM 子载波支持的虚拟链路实现光网络虚拟化。

为了实现高频谱资源利用,BVT 需要根据客户端数据速率和信道条件,使用足够的频谱资源生成光信号。为了创建 OFDM 信道,通常的方案是创建一个调整子载波数量及其速率的信道,以便应对业务需求。根据使用什么样的信号合成方法,可以在光学或数字域中执行子载波序号的控制。

但是,ROADM 的滤波功能不是理想的,ROADM 的滤波粒度越紧密,滤波损失越高[31],以便使用保护带分离 OFDM 信道,最小化由于滤波功能和信道串扰带来的损失。保护带的值越高,灵活栅格网络对于固定网格的优势就越低[32]。为了增加 OFDM 信道容量,可以将多个 OFDM 信道合并成为超级信道,其中它们作为单个实体进行路由。超级信道为聚合层的两种需求提供了更有效的光层。在参考文献[33]中,7 个光路被光聚合成具有 1Tb/s 带宽的单个频谱连续的超级信道;而在参考文献[34]中,还展示了具有 DP-QPSK 和 8-APSK 调制的 420Gb/s 距离自适应的超级信道。

参考文献[34]引入了在单个单元中将各种载波引导在一起的超级信道的概念。这里的超级信道不是基于 OFDM 信道,而是基于奈奎斯特信道(也称为子载波)。在这种超级信道中,通过改变子载波的数量及其数据速率来调整超级信道容量。超级信道的频谱效率将取决于与每个子载波相关联的速率、子载波[35-36]之间的间隔和必须被超级信道覆盖的距离,它越小,可以采用的间距越窄[37-38]。

超级信道的概念不仅涉及网络频谱效率的提高,而且对于实现超过 100Gb/s 的光传输也是非常有希望的。事实上,由于更高阶调制格式的信噪比(Signal-to-Noise Ratio,SNR)要求,在传统的 50GHz 栅格中,中长距离传输(目前可能采用更高阶调制格式)速度增长的通常趋势已经不复存在了。这种信道可以通过采用多载波信道(超级信道的特定情况)实现,具有或不具有偏振分割复用,以保证高的频谱效率和与核心网络兼容的光学范围[34-39]。

2.7 灵活栅格迁移

虽然灵活栅格技术的所有概念似乎都增加了一些好处,但是从一开始就要求它们影响整个网络是不太可能的。事实上,最近的研究表明,短期和中期预期的流量不足以证明当前灵活栅格的部署。例如,参考文献[40]的作者估计,目前的固定栅格网络中的容量耗尽将不会在2019年之前发生。尽管如参考文献[40]中所述,目前运行灵活栅格ROADM的光纤容量可以延长网络寿命。

最有可能的情况是,网络中的一些链路比其他链路发展得更快,并且变得拥塞,变成未来网络增长的瓶颈。在这些链路中,可以首先部署灵活栅格来延长网络生命周期。因此,需要一种迁移策略,以便在最有利的地方引入新技术,而无需再次启动新的网络构建。但是,过去这样的迁移是不可行的,主要是由于新旧网络技术之间缺乏互操作性。然而,固定栅格和灵活栅格技术之间的区别,部分原因在于相干传输和灵活栅格WSS的潜力。

随着流量的增长,一些核心网络链路将变得拥塞,并出现关键问题:是否值得简单地将瓶颈链路升级为灵活栅格?平行光纤是否会成为这些链路的更好选择?如果瓶颈链路没有连接,这是否减少了由于无法在它们之间设置灵活栅格路径的好处?因此,引入灵活栅格能力的岛是否更有意义,如果是这样,那么这些岛在哪里,应该有多大的好处,以及应该在什么阶段引入?

许多运营商在单一供应商子域中构建其核心网络,在某些情况下,这些子域之间不需要光学透明度。在这种情况下,每个子域都可以有自己的迁移策略。然而,当一些长途连接通过具有不同技术的子域而需要透明度时,灵活栅格岛中的频谱适应性对固定栅格域中更严格的频谱分配没有额外的限制。

最新安装的固定栅格全光交换已经配备了基于LCoS的WSS,允许交换任意大小的媒体通道,从而便于向灵活栅格的迁移。迁移配备基于LCoS的WSS的固定栅格全光交换通常可以通过升级其软件来实现低成本迁移。然而,旧的全光交换配备了基于MEMS的WSS。这些全光交换可以通过替换WSS或在网络中与灵活栅格就绪的全光交换共存来轻松迁移到灵活栅格。

因此,考虑到光谱,由于创建了灵活栅格岛,从而存在光连接的混合。图2.6所示为3路DP-QPSK 100Gb/s光纤连接路由的示例。当连接A通过使用50GHz媒体信道的灵活栅格岛透明传输时,连接B的滤波器压缩到37.5GHz,从而适应信号带宽。允许连接C使用分配给连接B的固定介质通道的一部分,这是可能的,因为C将被丢弃在灵活栅格岛内。

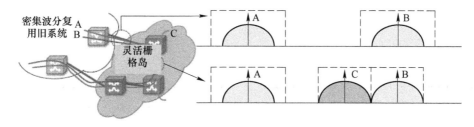

图 2.6 固定和灵活栅格互操作性

尽管如此,能力衰竭不是迁移背后的唯一动力。还有其他驱动因素可以逐步部署灵活栅格技术:

(1)在短期内(2014—2016 年),为特定连接使用更高的比特率和高阶调制格式将能够实现高性价比的 400Gb/s(或更高)信号。

(2)在中期(2017—2019 年),商业可切片比特率可变转发器(Sliceable Bit Rate Variable Transponders,SBVT)的出现将是增加灵活栅格区域到固定栅格部分的关键事件,尽管频谱尚未用尽,但分裂多个流量的能力将是有益的。SBVT 是具有多个调制器集成度的 BVT,因此它们能够根据需要创建大的超级信道或更小的个体信道。

(3)从长远来看(2020 年以后),由于处理数百个流量或甚至一些流量导致容量耗尽,最终将可能需要在具有不同网络体系结构的网络中部署灵活栅格。然后,传统的固定栅格设备将完全升级到核心的灵活栅格。

对于上述所有情况,由于诸如流量不确定性等多个方面,无法为未来计算精确的解决方案,导致不能在开始时将灵活栅格迁移技术作为逐步的连续升级步骤进行规划。因此,解决好每个迁移步骤并将其作为下一个时期输入的精确数据似乎是处理迁移问题的最实际方法。

图 2.7 所示为考虑用于执行逐步网络规划的迁移流程图,其中假设过程的参与者列表如下:①管理核心网络的网络管理系统(Network Management System, NMS)实施故障、配置、管理、性能和安全(Fault, Configuration, Administration, Performance, and Security, FCAPS)功能;②规划部门管理规划过程,即分析网络性能和查找瓶颈、接收潜在客户的需求、评估网络扩展和新架构等;③包含网络中已安装的所有设备的清单数据库,无论它们是否在运行;④工程部门执行设备安装和设置;⑤负责每个迁移步骤的计算解决方案的网络规划工具。由于需要解决与网络重新配置、规划和维度相关的几个子问题,所以使用集成的、适应性强的和面向服务的规划工具可以实际获得全球优化的解决方案[41]。

作为一般的方法,我们认为,当规划工具收到因不同原因发生在不同系统中的请求时,就会开始迁移步骤:

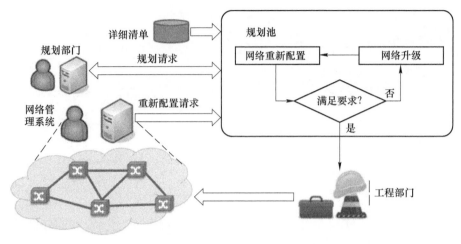

图 2.7 迁移流程图

（1）运营商分析由 NMS 检测收集的数据，可以尝试迁移步骤来提高当前网络的性能。例如，已经在网络的某些部分中检测到瓶颈，并且其当前配置将不能分配预期流量，因此可以尝试重新配置。请注意，这些触发器是异步产生的（即没有预定义的时间表）。

（2）规划人员要求网络重新配置来服务新客户或覆盖新的领域。与 NMS 的重新配置相反，规划请求可以与其他网络部门（如工程部门）更好地同步。

规划工具分两个阶段解决迁移问题。首先，网络重新配置旨在重新配置现有网络资源和服务流量以满足目标要求。这个问题的解决方案存在于可以在网络中完成的一组操作中，而无需购买和安装新的灵活栅格设备。因此，此过程的目的是在购买和安装新设备之前尽可能多地利用当前可用资源。

其中，形成这种重新配置阶段解决方案的一些可能的行动是：①修改中心站的物理内连接；②移动物理设备，如 BVT，从网络不同部分中的一个位置移动到另一个位置；③设置和拆除光连接。此外，已经购买和安装的网络资源尚未激活，可在此阶段投入运行。因此，重新配置过程应该处理库存数据，以决定是否必须激活这些资源。值得强调的是，为了实施这种重新配置，工程部门要执行需要调度的手动操作，因此不会立即处理。事实上，这些手动干预通常在低活动期间进行，因为它们可能需要临时切割某些服务，因此整个重新配置过程可能持续数周。

在网络重新配置不足以满足所有要求的情况下，网络升级过程即迁移问题的第二阶段就开始了。网络升级涉及几个网络规划和维度子问题，如将选定地区迁移到灵活栅格，扩大网络覆盖新领域，将核心扩展到边界等。显然，总体目标是找到迁移总成本最小化的解决方案，包括采购、安装和配置新设备。

当找到解决方案时,调用重新配置阶段以保证满足所有要求。如果解决方案是可以接受的,则通常需要由规划部门的运营商接受,然后将其发送给工程部门,后者又组织和安排在网络中实际实施解决方案的一套流程。虽然整个过程可能需要数周甚至数月的时间才能完成,一旦安装了新设备的子集来部分地重新配置网络,就可以启动新的迁移请求。

因此,从技术角度来看,从固定栅格到灵活栅格的逐步迁移不仅是一个可行的过程,而且也是升级核心光网络的最佳途径。

2.8 城域/核心网结构

国家 IP/MPLS 网络通常接收来自接入网络的客户端流并执行流聚合和路由。设计 IP/MPLS 网络的问题在于找到整套路由器和链路的配置,以便在最小化 CAPEX 的同时传输给定的流量矩阵。为了最小化端口数量,通常会创建由执行客户端流聚合的城域路由器,并提供路由灵活性的中转路由器组成的路由器层次结构。

由于链路长度的原因,国家 IP/MPLS 网络已被设计在固定栅格 DWDM 光网络之上,因此设计问题通常通过多层 IP/MPLS 封装于光的方法来解决,其中传输路由器放置在光交叉连接[42]。此外,多层 IP/MPLS 封装于 DWDM 网络利用疏导来实现高频谱效率,弥补用户流量和波长信道容量之间的差距。

随着灵活栅格技术的出现,这种经典的多层网络架构已被运营商和研究人员普遍认为是继承的固定栅格背景的一部分。例如,参考文献[43]的作者分析了根据灵活栅格网络中使用的频率切片宽度来部署多层 IP/MPLS 封装于灵活栅格架构所需的 CAPEX。该文献表明,使用不同的流量模式,当光路容量低时,对能够在窄切片宽度(12.5GHz 或更低)下运行的光学设备进行投资更为合适,而 25GHz 在光路容量增加时工作更好。

然而,具有更细粒度的灵活栅格技术也允许在光层进行疏导,因此可以降低输入流的聚合水平。灵活栅格技术与固定栅格网络的根本区别开启了考虑不同网络设计的可能性,这些网络设计可能更适合于灵活栅格。由于大多数网络运营商具有相对较小的核心网络(通常为 20~30 个节点),服务于更大的城域和/或聚合网络,所以现在要解决的关键问题是:运营商应该遵守这种设计,还是应该关注更大的核心网络,以更好地利用灵活栅格技术的能力?

与这种分层多层网络相反,可供选择的网络架构可以通过平铺先前的多层方法并推进到由通过基于灵活栅格的核心网络连接的多个 IP/MPLS 城域网组成的单层网络来设计(图 2.8)。与该架构相关的 CAPEX 强烈依赖于城市地区的数量和规模,因为除了别的,它们还规定了每个区域所需的城域路由器的数量和大小,核心路由器与核心区域互联的数量和大小,以及所需 BVT 和/或 SBVT 的数量和特性。因此,需要一个旨在找到全局最优解的网络规划过程。

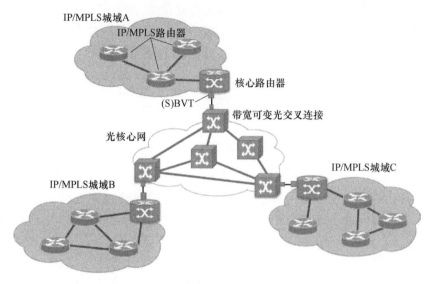

图 2.8 城域/核心网平面架构

对于拥有数百或数千个中心局的国家网络,由一个单一步骤组成的网络优化程序显然是不可能的。参考文献[44]的作者提出了两个步骤,其中包括将网络划分为通过基于灵活栅格的核心网络互联的一组 IP/MPLS 区域。每个 IP/MPLS 区域和核心网络都是独立设计的。划分问题的目的在于使由光纤网络传送的总的聚合流量最大化。以这种方式所产生的区域的内部流量被间接地最小化。这是重要的,因为光交换技术的单位比特成本通常比 IP/MPLS 的成本便宜,并且光核心网络中的聚合流占用许多光谱资源,因此这是最经济有效的疏导和光路由。

为了提供有关建议架构的一些数据,基于由 1113 个位置组成的 BT 网络[44]的实际问题提出了数值评估。连接度为 4 以上的位置被选为潜在的核心位置(总共 323 个位置)。通过考虑每个位置附近的住宅和商业场所的数量来获得流量矩阵。如果它们在 100km 范围内,则潜在的区域只能来源于该位置。最后,考虑了三个切片宽度(50GHz、25GHz 和 12.5GHz)。

通过研究几种切片宽度的性能,以获得最高的光谱效率。光谱效率定义如公式(2.1)所示:

$$\sum_{\substack{a \in A \\ a' \neq a}} \sum_{a' \in A} \frac{b_{aa'}}{\Delta f \cdot B_{\mathrm{mod}}} \bigg/ \sum_{\substack{a \in A \\ a' \neq a}} \sum_{a' \in A} \frac{b_{aa'}}{\Delta f \cdot B_{\mathrm{mod}}} \qquad (2.1)$$

其中:$b_{aa'}$ 表示属于区域集合 A 中的两个不同区域的位置 a 和 a' 之间的比特率;Δf 为所考虑的切片宽度;B_{mod} 为所选调制格式的频谱效率[(b/s)/Hz]。注意,计算切片数量的上限操作是在选定的切片宽度下传输所请求的数据流。

为了解核心网频谱效率的行为,图 2.9 所示为核心路由器的数量与频谱效率和切片宽度的函数关系。当核心路由器的数量(即城市区域的数量)增加时,网络频谱效率急剧下降,因为需要在核心网络上传输更多具有较低业务量的流量。注意,由核心网络传输的流量矩阵具有 $|A|\cdot(|A|-1)$ 单向流。让我们考虑光谱效率为 80% 的阈值(图 2.9 中的垂直虚线)。那么当选择分别为 50GHz、25GHz 和 12.5GHz 切片宽度时,最大的区域数量是 116、165 和 216。显然,光网络选择的栅格粒度越粗,所选择的频谱效率阈值的区域越大,因此所需的核心路由器数量越少。

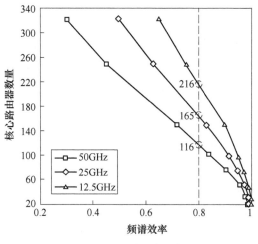

图 2.9 频谱效率分析

表 2.2 关注每个切片宽度在定义的频谱效率阈值中的这些解决方案的特性。25GHz 和 12.5GHz 单元中的百分比表示相对于 50GHz 值的相对差异。可以观察到,每个地区的平均位置数量低于 10 个,低于最大区域的 20 个。这种有限区域的大小简化了这些 IP/MPLS 网络的设计。事实上,相对于 50GHz 切片宽度,使用 12.5GHz 栅格可以减少每个区域的位置数量的 45%。

表 2.2 频谱效率 = 0.8 时的详细结果

项 目	切片宽度/GHz		
	50	25	12.5
核心路由器	116	165(42%)	216(86%)
最大城域面积	19.66	15.04(-23%)	15.04(-23%)
平均城域面积	9.94	6.97(-30%)	5.46(-45%)

续表

项 目	切片宽度/GHz		
	50	25	12.5
最大核心路由器容量/(Tb/s)	58.0	45.1(-22%)	35.3(-39%)
	50	25	12.5
平均核心路由器大小/(Tb/s)	28.5	20.1(-29%)	15.7(-45%)
最大面积流量大小/(Gb/s)	72.33	56.06(-22%)	50.52(-30%)
平均流量大小/(Gb/s)	32.68	23.84(-27%)	21.12(-35%)
最大核心流量大小/(Gb/s)	989.06	602.16(-39%)	404.51(-59%)
平均核心流量大小/(Gb/s)	264.95	129.47(-51%)	82.73(-69%)

此外,核心路由器的交换容量与区域的大小成正比。当使用50GHz片宽时,它们需要高达58Tb/s(28.5Tb/s)的能力,12.5GHz 时减少到35.3Tb/s(平均为15.7Tb/s)。因此,更细的切片宽度可能使路由器保持单个机箱尺寸——效率更高,性价比更高。

还详细说明了区域内部数据流的大小(在给定区域内至少有一个终端路由器的流)。在参考区间内,当使用50GHz切片宽度时,内部流量的大小可达72Gb/s,平均为32Gb/s,当使用12.5GHz切片宽度时,最大值下降到50Gb/s,平均为21Gb/s。区域流量矩阵的平均大小由于区域面积变小(低于220个单向流)也变小了。

最终,检查光核心网络中聚合数据流的大小。在参考时间间隔内,使用50GHz切片宽度时,聚合流量的大小高达989Gb/s,平均为264Gb/s,当使用12.5GHz切片宽度时,下降到404Gb/s,平均为82Gb/s。请注意,当选择50GHz和12.5GHz切片宽度时,光核心网络流量矩阵的大小从14000增加到48000个单向流(从核心路由器的数量容易计算)。然而,当移动到最优的光谱粒度时,流量的平均大小会减小到近70%。

总而言之,结果表明,使用12.5GHz切片宽度时,更简单和更小的区域足以在灵活栅格核心网络中获得良好的光谱效率。在灵活栅格核心网络中完成的疏导可以大大减少在IP/MPLS处完成的疏导。在这种情况下,可以减少IP/MPLS路由器和端口的容量和数量,因为这是建议网络运营商重新考虑其网络设计以从网络容量和CAPEX技术方面获得最大收益的主要原因。

2.9 结 论

随着新技术的应用,传输网络正在迅速变化。灵活栅格允许以更细的粒度划分光谱,并且任意宽的频谱时隙可以通过网络进行设置和配置。灵活速率允许收发器以不同的调制格式发挥作用,以达到给定光路的最佳频谱效率。灵活栅格需要新颖的LCoS技术来实现精细的光学滤波器控制,而灵活速率则使用相干传输中的最新发展来提供调制格式的变化。将这两个概念集成在一起允许配置大量带宽管道,其中多个子信道一起使用形成超级信道,在每秒太比特流量范围内提供带宽。对于核心传输网络来说,这是一个根本性的新方向,它有希望实现高度灵活的未来光传输,从而充分利用可用的光纤频谱资源。

  光连接的这种灵活性将使城域网网络变得更加灵活,但在某种意义上可能会陷入困境,因为随着网络的演进和发展,可能在节点之间建立新的直接连接。从今天的固定栅格网络向更加灵活的未来网络的演进将需要一个迁移策略——也许从具有灵活栅格能力的岛开始。

  核心网络将最终从固定光谱的静态管道演变为动态灵活的资源,能够在需要的节点之间建立任意数量的频谱资源,同时承载多个每秒太比特流量数据。这些变化将与DWDM的原始概念一样彻底,并将使我们的核心网络在可预见的未来继续满足指数级增长的带宽需求。

参 考 文 献

[1] ITU-T Rec. G. 694. 1, Spectral grids for WDM applications: DWDM frequency grid

[2] S. T. Warr, M. C. Parker, R. J. Mears, Optically transparent digitally tunable wavelength filter. Electron. Lett. 31(2), 129-130 (1995)

[3] M. C. Parker, A. D. Cohen, R. J. Mears, Dynamic holographic spectral equalization for WDM. IEEE Photon. Technol. Lett. 9(4), 529-531 (1997)

[4] M. C. Parker, A. D. Cohen, R. J. Mears, Dynamic digital holographic wavelength filtering. IEEE J. Lightwave Technol. 16(7), 1259-1270 (1998)

[5] M. C. Parker, S. D. Walker, A. Yiptong, R. J. Mears, Applications of active AWGs in dynamic WDM networking and routing. IEEE J. Lightwave Technol. Spec. Issue Opt. Netw. 18(12), 1749-1756 (2000)

[6] K. Zhu, B. Mukherjee, Traffic grooming in an optical WDM mesh network. IEEE J. Sel. Areas Commun. 20(1), 122-133 (2002)

[7] M. Bertolini, O. Rocher, A. Bisson, P. Pecci, G. Bellotti, Benefits of OTN Switching Introduction in 100Gb/s Optical Transport Networks, in *Proceedings of OFC/NFOEC 2012*, Paper NM2F. 2, March 2012

[8] G. Shen, R. S. Tucker, Energy-minimized design for IP over WDM networks. J. Opt. Commun. Netw. 1(1), 176-186 (2009)

[9] A. Nag, M. Tornatore, B. Mukherjee, Optical network design with mixed line rates and multiple modulation formats. J. Lightwave Technol. 28(4), 466-475 (2010)

[10] G. Shen, R. S. Tucker, Sparse traffic grooming in translucent optical networks. J. Lightwave Technol. 27(20), 4471-4479 (2009)

[11] M. Batayneh, D. A. Schupke, M. Hoffmann, A. Kirstaedter, B. Mukherjee, Optical network design

for a multiline-rate carrier-grade Ethernet under transmission-range constraints. IEEE/OSA J. Lightwave Technol. 26(1),121-130 (2008)

[12] C. Meusburger, D. A. Schupke, A. Lord, Optimizing the migration of channels with higher bitrates. J. Lightwave Technol. 28,608-615 (2010)

[13] P. Chowdhury, M. Tornatore, B. Mukherjee, On the energy efficiency of mixed-line-rate networks, in *Proceedings of OFC*, Paper OWY3, San Diego, March 2010

[14] O. Bertran-Pardo J. Renaudier, G. Charlet, P. Tran, H. Mardoyan, M. Salsi, M. Bertolini, S. Bigo, Insertion of 100Gb/s coherent PDM-QPSK channels over legacy optical networksrelying on low chromatic dispersion fibres, in *Proceedings of Globecom' 09*, Paper ONS. 04. 1, December 2009

[15] G. Charlet, Coherent detection associated with digital signal processing for fiber optics communication. C. R. Phys. 9,1012-1030 (2008)

[16] A. Bocoi et al. , Reach-dependent capacity in optical networks enabled by OFDM, in *OFC' 09*, San Diego, OMQ4, March 2009

[17] A. Klekamp, O. Rival, A. Morea, R. Dischler, F. Buchali, Transparent WDM network with bitrate tunable optical OFDM transponders, in *Proceedings of OFC*, Paper NTuB5, San Diego, March 2010

[18] O. Rival, A. Morea, Elastic optical networks with 25-100G format-versatile WDM transmission systems, in *Proceedings of OECC*, Paper, Sapporo, July 2010

[19] A. Morea, O. Rival, Advantages of elasticity versus fixed data rate schemes for restorable optical networks, in *Proceedings of ECOC 2010*, Paper Th. 10. F. 5, September 2010

[20] A. Klekamp, F. Buchali, R. Dischler, F. Ilchmann, Comparison of DWDM network topologies with bit-rate adaptive optical OFDM regarding restoration, in *Proceedings of ECOC 2010*, Paper P. 5. 05, September 2010

[21] A. Morea, O. Rival, Efficiency gain from elastic optical networks, in *Proceedings of ACP*, November 2011

[22] O. Rival, A. Morea, N. Brochier, H. Drid, E. Le Rouzic, Upgrading optical networks with elastic transponders, in *Proceedings of ECOC 2012*, Paper P5. 12, September 2012

[23] A. Morea, O. Rival, N. Brochier, E. Le Rouzic, Datarate adaptation for night-time energy savings in core networks. J. Lightwave Technol. 31(5),779-785 (2013)

[24] A. Morea, G. Rizzelli, M. Tornatore, On the energy and cost trade-off of different energy-aware network design strategies, in *Proceedings of OFC/NFOEC 2013*, Paper OM3A. 4, March 2013

[25] M. Jinno, H. Takara, B. Kozicki, Y. Tsukishima, Y. Sone, S. Matsuoka, Spectrum-efficient and scalable elastic optical path network: architecture, benefits, and enabling technologies. IEEE Commun. Mag. 47(11),66-73 (2009)

[26] M. Jinno, H. Takara, B. Kozicki, Concept and enabling technologies of spectrum-sliced elastic optical path network (SLICE), in *Proceedings, Communications and Photonics Conferenceand Exhibition (ACP)*, Paper FO2, November 2009

[27] K. Christodoulopoulos, I. Tomkos, E. Varvarigos, Spectrally/bitrate flexible optical network plan-

ning, in *Proceedings of ECOC 2010*, Paper We. 8. D. 3

[28] B. Kozicki et al. , Opt. Express 18(21) ,22105-22118 (2010)

[29] A. Morea, O. Rival, A. Fen Chong, Impact of transparent network constraints on capacity gain of elastic channel spacing, in *Proceedings of OFC 2011*, Paper JWA. 062, March 2011

[30] B. Kozicki, H. Takara, Y. Tsukishima, T. Yoshimatsu, T. Kobayashi, K. Yonenaga, M. Jinno, Optical path aggregation for 1-Tb/s transmission in spectrum-sliced elastic optical path network. IEEE Photon. Technol. Lett. 22(17) ,1315-1317(2010)

[31] H. Takara, B. Kozicki, Y. Sone, T. Tanaka, A. Watanabe, A. Hirano, K. Yonenaga, M. Jinno, Distance-adaptive super-wavelength routing in elastic optical path network (SLICE) with optical OFDM, in *Proceedings, ECOC 2010*, Paper We. 8. D. 2

[32] J. K. Fischer, S. Alreesh, R. Elschner, F. Frey, M. Nölle, C. Schubert, Bandwidth-variable transceivers based on 4D modulation formats for future flexible networks, in *Proceedings of ECOC' 2013*, Paper Tu. 3. C. 1, London, September 2013

[33] Q. Zhuge, X. Xu, M. Morsy-Osman, M. Chagnon, M. Qiu, D. V. Plant, Time domain hybrid QAM based rate-adaptive optical transmissions using high speed DACs, in *Proceedings of OFC/NFOEC' 2013*, Paper OTh4E. 6, Anaheim, Los Angeles, March 2013

[34] G. Bosco, V. Curri, A. Carena, P. Poggiolini, F. Forghieri, On the performance of Nyquist-WDM Terabit superchannels based on PM-BPSK, PM-QPSK, PM-8QAM or PM-16QAM subcarriers. J. Lightwave Technol. 29(1) ,53-61 (2011)

[35] A. Carena, V. Curri, G. Bosco, P. Poggiolini, F. Forghieri, Nyquist superchannels with elastic SD-FEC (32 Gbaud) subcarriers spectral spacing & constellation simulations on SMF. J. Lightwave Technol. 30(10) ,100-101 (2012)

[36] R. Dischler, A. Klekamp, F. Buchali, W. Idler, E. Lach, A. Schippel, M. Schneiders, S. Vorbeck, R. -P. Braun, Transmission of 3x253-Gb/s OFDM-superchannels over 764 km field deployed single mode fibers, in *Proceedings of OFC 2010*, Paper PDPD2, San Diego March 2010

[37] A. Mayoral, O. Gonzalez de Dios, V. López, J. P. Fernández-Palacios, Migration steps towards flexi-grid networks. J. Opt. Commun. Netw. 6(11) ,988-996 (2014)

[38] M. Ruiz, A. Lord, D. Fonseca, M. Pióro, R. Wessäly, L. Velasco, J. P. Fernández-Palacios, Planning fixed to flexgrid gradual migration: drivers and open issues. IEEE Commun. Mag. 52, 70-76 (2014)

[39] M. Ruiz, O. Pedrola, L. Velasco, D. Careglio, J. Fernández-Palacios, G. Junyent, Survivable IP/MPLS-Over-WSON multilayer network optimization. IEEE/OSA J. Opt. Commun. Netw. 3, 629-640 (2011)

[40] O. Pedrola, A. Castro, L. Velasco, M. Ruiz, J. P. Fernández-Palacios, D. Careglio, CAPEX study for multilayer IP/MPLS over flexgrid optical network. IEEE/OSA J. Opt. Commun. Netw. 4, 639-650 (2012)

[41] L. Velasco, P. Wright, A. Lord, G. Junyent, Saving CAPEX by extending flexgrid-based core optical networks towards the edges (Invited Paper). IEEE/OSA J. Opt. Commun. Netw. 5, A171-

A183 (2013)

[42] S. Frisken, H. Zhou, D. Abakoumov, G. Baxter, S. Poole, H. Ereifej, P. Hallemeier, High performance 'drop and continue' functionality in a wavelength selective switch, Paper PDP14, OFC' 06, Anaheim March 2006

[43] S. K. Korotky, Semi-empirical description and projection of internet traffic trends using a hyperbolic compound annual growth rate. Bell Labs Tech. J. 18(3), 5-22 (2013)

[44] J. Perelló, A. Morea, S. Spadaro, A. Pagès, S. Ricciardi, M. Gunkel, G. Junyent, Power consumption reduction through elastic data rate adaptation in survivable multi-layer optical networks. Photon. Netw. Commun. J. 28(3), 276-286 (2014)

第 3 章 弹性光网络的优点

Alexandros Stavdas, Chris Matrakidis, Matthias Gunkel, Adrian Asensio,
Luis Velasco, Emmanouel Varvarigos, and Kostas Christodoulopoulos

本章介绍弹性光网络(EON)这新模式如何改变我们对网络的认知。这里描述了 EON 的运行方式以及潜在收益,并通过用例概述了灵活栅格技术如何有利于多层弹性及服务城域网,最终实现数据中心互联。

3.1 引　言

本节概述了弹性光网络(EON)的特点,为我们开启了感知网络的新方向。我们有两个明确的目标:一是使 EON 的运行方式不再神秘;二是验证 EON 平台的有效性。

3.1.1 灵活栅格与弹性光网络

通常在文献中,术语"灵活栅格""无栅速"或者"弹性光网络"在用于命名系统(以及使用该系统的网络)时可以互换使用,这些系统没有服从 ITU-T 的灵活栅格信道间隔要求。与 50GHz/100GHz 信道间隔不同,EON 系统是由传统 WDM 系统中两种关键技术制约产生的:①作为最原始调制模式的非归零开关键控(Non-return-to-zero On-off Keying,NRZ OOK)技术的使用,②在石英光纤的第三个衰减窗口分离整个 C 波段频谱带宽的难度。NRZ OOK 系统以 10Gb/s 或更高线速率部署时,会伴随着相当多的信道限制(主要是色散和光纤的非线性特性),同时其信道间隔至少是光带宽的 2~3 倍,以确保光分/插有足够的光隔离度。

根据第 2 章中的介绍,弹性光网络能够克服这些限制。然而,如图 3.1 所示,

A. Stavdas(✉) · C. Matrakidis
伯罗奔尼撒半岛大学,希腊的黎波里
e-mail:astavdas@uop.gr

M. Gunkel
德国电信,德国波恩

A. Asensio · L. Velasco
西班牙巴塞罗那加泰罗尼亚理工大学

E. Varvarigos, K. Christodulopoulos
希腊佩特雷大学,里奥帕特拉斯分校

构造一个完全的"无栅格"系统是非常困难的;EON的信道宽度在占用更少的带宽时可能会变得更加紧凑,同时信道的中心频率也发生了偏移(类似于"传统WDM系统中的波长转换"),但是在我们利用光带宽时总会有一个基频,这与其使用的光解复用技术的局限性有关。"光谱基频(偏移)"通常是一个基于6.25GHz或12.5GHz的100GHz标准间隔的整数片段。此外,我们会在3.1.2节介绍,"灵活栅格"在描述整个系统的本质时准确度较低,这是由于光信道带宽的变化特性,以及使用窄栅格在EON中能够更有效地利用光带宽,见图3.1。

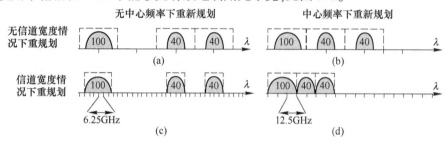

图3.1 ITU-T 网格和EON模式下的WDM

ITU-T REC G.694.1[1]定义了这本书后面将使用的术语如下:

(1)频率栅格:是指一组可用于表示合法标称中心频率的参考频率,这些频率可被用于定义应用程序。

(2)频率插槽:分配给插槽的频率范围,在灵活栅格中不可用于其他插槽。一个频率插槽由它的标称中心频率和它的插槽宽度来定义。

(3)插槽宽度:灵活栅格中频率插槽的总宽度。

对于灵活的DWDW栅格,合法频率插槽有一个6.25GHz栅格的标称中心频率,该频率在193.1THz中心频率附近,缝宽为12.5GHz的倍数,见图3.1。

只要两个频率插槽不重叠,任何频率插槽的组合都是允许的。

3.1.2 解密EON

要阐述EON的属性,需要介绍以下内容:

(1)波特率:它是由信号源产生的速率符号,近似等于传输系统的电子带宽。波特率是一个基于技术的重要的系统性能参数。该参数规定了收发器的光学带宽,在3.1.1节中进行了讨论,它规定了相应流量需要的最小缝宽。

(2)调制格式:对于给定的波特率,调制格式定义了每个符号正在传输的相等的比特数目。

(3)线路速率:实际上,它是指在源和目的节点之间流量传输的信息速率(相邻或远程)。线速率依赖于多个子系统参数,主要包括标称中心频率、波特率和调制格式,以及是否存在偏振复用和所使用的FEC类型,如图3.2(a)所示。

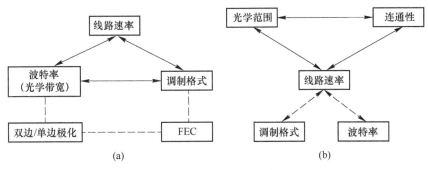

图 3.2 EON 参数之间关系
(a)子系统级;(b)系统级。

示例:假设一个系统的波特率为 50Gbits/Symbol,其中使用相当于 2 比特/符号的 QPSK 调制格式。等效信息速率为 100Gb/s,系统的带宽为 50GHz。两种偏振应该同时被调制,等待 FEC 使用的每个载波线路速率将是 200Gb/s,实际的信息速率可能会低点。ITU-T REC G.694.1[1]中隙宽度的粒度为 12.5GHz,频率插槽可以低至 50GHz。而实际上,可能需要更大的频率插槽,额外的带宽被分配在信号的每一侧,以确保中间节点有足够的光隔离度来保证光分/插和波长切换。实际所需的保护频段取决于带宽可变的光交叉连接(Bandwidth Variable Optical Cross Connect,BV-OXC)的脉冲响应,但是针对基于 LCoS 的系统,每一侧 12.5GHz 是足够的。

弹性光网络与传统波分复用或波长交换光网络(Wavelength Switched Optical Networks,WSON)的重要区别如下:假设需要传输 1Tb/s 的流量,根据前面的例子,需要一个线路速率为 200Gb/s 的具有 5 个载波的系统。在这种情况下,当多个流被生成并作为单个实体从源到目的节点进行传输时(通常被称为超级通道),中间节点没有分/插,此 5 载波系统不必使用中间光谱保护带来分离相应的子信道。

利用联通性来换取(聚合)线路速率是 EON 大趋势之一。如图 3.3 所示,可以看到,前面例子里的 5 个载波每个能够提供 200Gb/s 线路速率。在图 3.3(a)中,这些载波被用于连接源节点 A 和其他 4 个节点:从 A 到 D 通过 2 个独立的载波可提供共 400Gb/s 的速率,从 A 到 G 通过 1 个载波可支持 200Gb/s,从 A 到 E 1 个载波可支持 200Gb/s,A 到 F 通过 1 个载波也可支持 200Gb/s。另外,如图 3.3(b)所示,采用一个可支持 1Tb/s 聚合速度的超级信道,5 个载波仅用于节点 A 到节点 C 的互联。在后一种情况下,不需要保护带来分离 5 个载波,而在前一种情况下见图 3.3(a),由于传输节点 E、B 和 C 分别存在光交叉连接的可能性,因此指向节点 F 的载波和指向节点 D 的载波需要具有横向的保护带。

如图 3.2(b)所示,弹性光网络(EON)不仅能够用联通性换取线路速率,也能换取光距:在给定的波特率下,较高的星座调制格式增加了线路速率,但是降低了

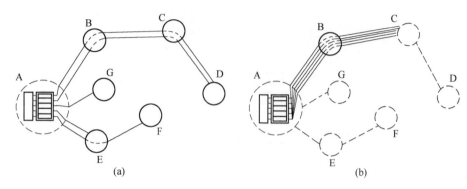

图 3.3 节点互联和链路容量之间的协定
(a)联通度为 4;(b)联通度为 1。

光距。如果调制格式固定而波特率变化,虽然每种情况下不同的原因使物理性能下降,但结果是相同的。然而,可变波特率系统也被称为可变光带宽,其在技术上更具有设计挑战性。

为了说明 EON 中这些新特点的含义,考虑一个 EON 节点。如图 3.4 所示,节点的客户端流量通常通过 OTN/MPLS 成帧器/交换机被转发至带宽可变转发器,但是分配给它们的流数量是动态变化的。

在此例中,节点配备有 2 个可切片带宽可变转发器(Sliceable Bandwidth Variable Transponder,S-BVT),每个包含 4 个带宽可变转发器(BVT)。具有不同容量的流量可通过 S-BVT 电子子系统被分解(图 3.4 中未标示出)为一定数量且标称速率相同的流量。例如,指定含 4 个数据流的一组为"1",含 3 个数据流的一组为"7",含 2 个数据流的一组为"6",其他独立的数据流被指定为"2""4"和"5"。带宽变量转发器(BVT)可以支持不同的调制方式,通常包括 QSPK、16-QAM 及 64-QAM,如图 3.4 所示。为此,进行如下的选择:使用 QPSK 分别将数据流"2""4"和"5"转发至 BVT-3、BVT-5 和 BVT-6。包含 3 个数据流的组"7"被重新复用,构成了更大容量的流量,然后被转发至 BVT-8,因此这个 BVT 当前采用 64-QAM 的调制方式。最后,包含 4 个数据流的组"1"被复用为 2 个较大的流,它们分别被转发至 BVT-1 和 BVT-4,这里的带宽变量转发器采用相邻频率时隙并且在这种情况下形成超级信道的 16-QAM 调制方式。包含 2 个数据流的组"6"没有被复用,而是直接转发至采用 QSPK 调制方式的 BVT-2 和 BVT-7,该调制方式再次形成超级信道。最终还有 4 个潜在的输入流量(图 3.4 中为标*处)没有被使用,这是因为没有更多的 BVT 可用。

在这个例子中,我们确定了以下权衡方案:我们选择"7"中的流量合成一组一起被转发至一个单独的 BVT,释放被其他流量使用的 BVT。在网络级相当于增加

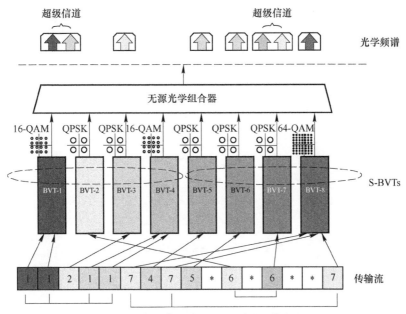

图 3.4　两个 S-BVT 中具有 8 个 BVT 的节点(感谢 Emilio Riccardi)

了资源,该资源可被用于得到更高节点间的连接性。尽管如此,采用能够显著降低光距的 64-QAM 是可行的。如果希望增加光距,含有 3 个流量的组"7"应该采用 16-QAM,但这是以牺牲额外的 BVT 为代价的,同时将节点的"可连接资源"降低了一个数量级(BVT)。为了进一步增加光距,流量"2""4"和"5"均采用 QPSK,但是在使用更宽的频率插槽时会降低节点的连接度。

这里举例说明了图 3.2 中所描述的不同参数之间的关系,以及光弹性网络中到达率、连接性和容量之间出现的权衡关系。

最后,为了给出一些定量的结果,我们比较了 22 个节点网络上的两种情况,如图 3.5 所示,包括显而易见的端到端路径、固定网格和 EON 的情况。第一种情况采用的是统一的流量矩阵,第二种情况是使用均匀分布随机数产生的流量矩阵。

在固定栅格情况下,信道间隔为 50GHz,并使用 100Gb/s 的收发器。而在上述的 EON 情况下,仅使用 QPSK 和 16-QAM 调制,及超级信道间具有 25GHz 保护带的偏振复用方式(分别是 2000km 和 500km 范围)。假设每条链路包括一个光纤对,可以分配 4THz 带宽。

在这种情况下,使用最短路径路由和首选即中(first-fit)波长/频谱分配方法计算了每种情况下可以在网络中传输的最大容量。结果如图 3.6 所示。更多复杂的设计方法将在下一章节介绍,能够给出一个潜在收益的粗略估计。

从图 3.6 可以看出,即使使用这个简单的方法,相对于固定栅格网络的情况,EON 可以成倍增加两种流量矩阵场景下的传输容量。

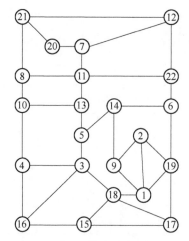

图 3.5　含 22 节点的 BT 核心网

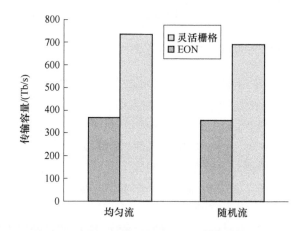

图 3.6　含 22 节点的 BT 核心网络中固定栅格和 EON 情况下的最大传输容量

3.2　采用灵活栅格的先进网络特征

利用现代光通信网络中的 EON 能力,可以有多种应用场景。更具体地说,EON 的灵活性可以与多层协作的思想结合起来以应对网络故障。

3.2.1　通用多层恢复

欧洲运营商在国家骨干网络中的互联网业务继续保持 30%～35% 之间的年增长率。在这种情况下,运营商计划在灵活的 DWDM 层增加新的传输能力来连接骨干网络路由器。目前,DWDM 层由固定栅格技术组成。在未来 2～3 年内,可选择的技术有可能是基于灵活栅格的。

在传统的分组网络中,IP/MPLS对故障(如光纤中断)进行响应。光层网络故障的发生可能是突然的、不可避免的,并随着传输流量动态变化。事实上,在当今聚合网络和骨干网络中,除了正常稳定和可预见的流量增长外,它是最具有观察性的动态流量。在网络体系中流量高度聚集的情况下,不可预测的动态引起的故障比用户行为(如调度服务)动态引起的故障频率更高。

下述仅在数据报层保持恢复反应的传统方法可能会造成路由器接口和转发器相对低的利用率,在光层相当于 λ。这样做的原因是:IP 接口承载着在节点处因随机到达而增加的数据报业务,转发数据包也是一个随机过程。因此,多重服务流一起获得了统计效率增益。尽管数据报流量统计复用到 λ,但是仅依赖第三层回收机制 IP/MPLS 网络中的这些 λ 仅能够被填充 50%。如果发生故障,λ 剩余的 50% 容量会保留备份。由于 DWDM 层没有任何动态对策,光学鲁棒性通常由与第一主路径不相交的第二备份路径 1+1 的创建来保证。随之而来的是第二个转发器接口,可在整个网络中产生更多的波长和链路。与内在无效性直接相关的是抑制整个网络增益的高资本支出。因此我们发现仅依赖 IP/MPLS 层的恢复机制很简单并被广泛采用,但它们并不划算。

最近提出的融合传输网络结构(在分组层设备集成的意义上,如路由器,光传输层设备,如 OXC 或 ROADMs),运营商的目标是建立一个网络,该网络具有自动化的多层恢复特性,使接口利用率大大提高。推动这种新方法的一个关键因素是将流分成不同的服务种类。例如,电视、VoIP 服务或者金融交易都是一些关键的应用,它们需要实时处理并保证低丢包率。在进一步的服务中,它们被汇集并分配给高优先级的业务类。与此相反,尽力而为业务类的典型代表是电子邮件或文件传输协议(File Transfer Protocol,FTP)流,它们可能会有一些延迟或数据包丢失。

多层恢复的核心理念是对于尽力而为数据流需要接受比现在更多的丢包。然而,要优先保证高优先级业务,并以与现在相同的方式提供服务。由于差异化地对待不同的服务等级,尽力而为业务的容量会在一个相当大的延迟后被光学恢复。实际上,这个恢复时间介于几秒钟到几分钟之间。一方面,相比 IP 恢复机制,如快速重路由(Fast Re-Route,FRR),这个时间是很庞大的。另一方面,相比光缆中断或物理接口故障的持久性,它是非常短的。

在传输层,多层恢复的概念依赖于灵活的光子技术,该技术通过无色无端口的多维 ROADM 来实现,如图 3.7 所示。与分组层的保护切换相比,这里的保护切换与最小成本相关。一些研究证明,在实际网络场景下,这个多层恢复概念具有可行性和技术经济优势(如参考文献[3])。目前,一些运营商遵循这一方法并延伸至基于多层恢复的核心网络。与传统固定栅格技术有关的一般概念已经工作得很好,但 EON 可以带来更进一步的改进。

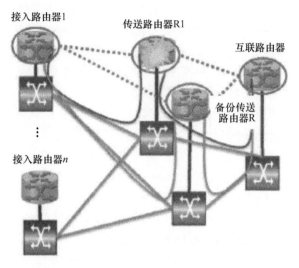

图 3.7 使用远程备份转换路由器的多层恢复

1. 基于弹性灵活速率收发器的多层恢复

作为对故障的反应,常规光网络试图通过寻找绕过无用链路的备份路径来尝试恢复。当通过光学刚性网络路由备份路径时,这个新的恢复路径可能超过了先前达到要求的光路径。在固定并给定调制方式的情况下,新的光路径可能会变得不可行。其后果是整个波长容量的丢失(如 100Gb/s)。对于运营商来说,这是一个相当大的缺陷,在网络的其他地方可能导致更多的瓶颈。未来软件可配置收发器的一个有希望的应用案例将受益于可达容量的均衡(图 3.2),可根据覆盖要求调整调制方式。实际上,这意味着原始接口容量的减少①。假设原始容量为 400Gb/s,通过每个 16-QAM 以 2×200Gb/s 来实现,然后切换到 QPSK,允许一个 2×100Gb/s 的容量代替丢失的整个接口容量。

因此,自动降低现有线速率提供至少一部分的原始容量,从而使 IP 路由器可进一步使用。与固定接收收发器相比,这种类型的光子弹性可以使运营商节省相当大的资本输出,因为它偶尔才需要中间信号的再生。这就是为什么灵活速率接口对于降低网络部署成本非常重要。

根据流量和服务等级,运营商有时可能需要在恢复路径上再次拥有完整的容量。这可以通过再次使用 2×100Gb/s QPSK 的灵活速率 BVT 来实现。但是并不是一直需要这个额外的接口,特别是根据服务等级协议(Service Level Agreement, SLA),尽力而为业务分组的丢失已经在可接受的阈值之下时。因此,在故障修复

---

① 在没有进一步限制的情况下(如光谱稀缺),这里假设在实际网络中以光纤接口最大容量运行。

之后,额外的恢复接口可能被关闭或用于其他目的。

2014年,参考文献[4]公布了一种新的方法,该方法在时域中调整了符号调制。采用这种方法,单独的 QPSK 和单独的 16-QAM(如分别为 2000km 和 500km 距离)之间相当大的差异可以通过中间距离值消除。对于典型的核心距离正好落在上述到达距离之内的中小国家运营商来说,这一点尤为重要。为了量化这种灵活速率收发器的收益,正在进行经济技术研究。

2. 多层恢复收发器的可切片性

一方面,由于如云端服务等业务增长的不可预测性;另一方面,由于数据报流的普遍突发性,导致在当前网络中总是有大量无法使用的容量,并在节点之间提供了具有固定容量的线路,这导致光层的接口没有被充分利用。特别是在早期的光传输网络中,接口利用率本来就很低。

在这种情况下,能够在电自适应比特率下以逻辑和物理的方式将大容量的转发器(如 400Gb/s 或 1Tb/s)分割成多个不同目的地的虚拟转发器,对于改善网络经济性来说可能是非常有益的。一开始,即使是单个 S-BVT 也能够提供足够的总容量,并以较低的比特率服务所有目的端,如 100Gb/s[5]。随后,当流量增加时,它能够以较高的比特率仅服务于少数目的端。最后,它可能仅支持到达单个目的端的单个巨大流量。所有的这一切都将被电子控制和调整。

光谱切片过程由相关的 IP 路由器进行监视和驱动。它们控制不同服务类别并将它们分配给频谱带宽切片,从而实现显著的配置灵活性。在光层出现故障的情况下,对服务等级进行适应性处理是有利的。一个综合控制平面可针对高优先级和尽力而为业务对光子载波的不平等分配问题进行优化。除了诸如路径成本、延迟和共享风险组之类的参数外,还可以根据各种特殊的 EON 参数来完成优化,如频谱分片切片或光纤分段状态的可用性。

因此,下一个阶段可能是在基于服务类别差异的真实多层恢复概念中研究 S-BVT 的适用性。

对于上面介绍的两种应用案例,网络体系结构至少需要以下 3 个主要部分:

(1) 一个灵活的 DWDM 层。具有无色、无向及灵活栅格 ROADMs,能够提供更快服务。那些光子设备也可用于物理层(L0)的弹性交换。

(2) 一个集成分组光控制平面。可提供基于软件的灵活性,包括路由、代替的路由频谱分配(Routing and Spectrum Assignment,RSA)、路由和波长分配(Routing and Wavelength Assignment,RWA)、信令功能以及在网络故障情况下的弹性路径选择。一个高效的集成控制平面解决方案也包含了分组层和弹性光层之间合适的信息交换数量。

(3) 标准接口。该接口允许使用相同协议配置所有 IP 路由器。多层控制平面的出现可以通过 UNI 来简化 MPLS 和 GMPLS 设备的配置。然而,IP 层服务需要超过控制平面功能的配置。出现故障后,通过添加新的路由器或在 IP 层更改度量能够帮助优化 IP 拓扑。这里有诸如 Internet 工程任务组(IETF)、网络配置协议(Network Configuration Protocol,NETCONF)和路由系统(Interface to the Routing System,I2RS)工作组的接口等标准化工作,但目前还不被所有的路由器厂商支持。

3.3 城域网中的灵活栅格:为宽带远程接入服务器(BRAS)提供流量

目前,城域网架构由两个主要聚合级别组成:①第一级(被称为多租户用户或 MTU 级)从终端用户光线路终端(Optical Line Terminal,OLT)收集业务;②第二级(被称为访问级别)聚集来自 MTU 的业务,大部分业务通过直连光纤连接(暗光纤)。IP 功能,即业务分类、路由、认证等,在宽带远程接入服务器(Broadband Remote Access Servers,BRAS)中实现,通常位于第二级聚合之后。

在过去几年中,主要的欧洲网络运营商将他们的光基础设施扩张到了区域网络。因此,建议在如每个区域两个过境点(第二个地点用于冗余的目的)的位置建立一个 BRASs 池,而不是在多个区域 BRAS 位置建立。在这种方式下,IP 设备的需求和相关的资本支出和运营成本将会降低。这些集中式服务器可以是物理的或虚拟的,遵循网络功能虚拟化(NFV)概念,并在该区域以私有或公共数据中心的方式呈现。在集中式场景中如图 3.8(a)所示,该区域光子网提供从第二个聚合级至远程 BRAS 的传输能力。代表性的场景是西班牙电信网络的区域 A[6],其中包括 200 个 MTU 交换机,62 访问级别的聚合交换机,以及一个由 30 个 ROADM 组成的光传输网络,ROADM 通过该网络连接到 2 个 BRAS 站点。

由于灵活栅格技术被认为是核心/骨干网络中 WDM 的替代方案[6-7],因此宽带远程接入服务器(BRAS)区域集中化似乎是一个适当的并具有吸引力的案例,可在区域和城域网络(Metropolitan Area Network,MAN)中验证灵活栅格技术。所验证场景假定在 MTU 交换机处使用灵活栅格转发器,并在 BRAS 服务器上使用可切片带宽可变转发器(S-BVT),从而利用灵活栅格技术中更精细的频谱粒度来消除聚集级别。这种情况如图 3.8(b)所示。

由于城域网和骨干网有很大的不同,在骨干网络中采用的相干检测(Coherent Detection,CO)收发技术并不适用于城域网。在城域网中 CO 的替代技术是值得研究的,例如直接检测(Direct-Detection,DD)收发器。

我们现在深入研究 BRAS 集中场景的细节。我们假设一个由 ROADM 节点(WDM 或灵活栅格)和光纤链路组成的区域光网络,该网络支持由层次结构较低并连接到该区域光网络的一组 MTU 交换机产生的业务。每个 MTU 交换机连接两个不同的 ROADM 以进行容错。根据网络情况(WDM 或灵活网格),MTU 交换机连接到可重构光分插复用器(ROADM)的方式发生了变化,但由于我们目前专注于光区域网络,因此这不起作用。反过来,两个 ROADM、源和选择的备用源,通过

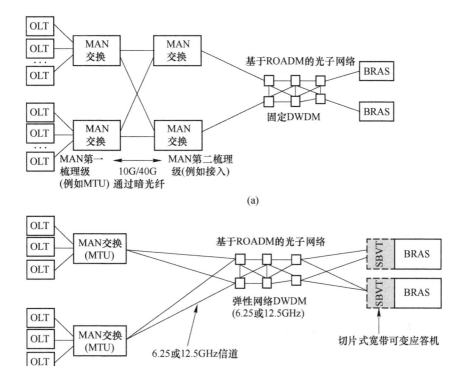

图 3.8 WDM 方法和灵活栅格方法
(a)WDM 方法;(b)使 BRAS 区域集中的灵活栅格方法。

两条光路连接到两个中心 BRAS 节点,并且出于保护的目的选择两条不相交的路径。这里有两个难处理的变量:①给定 BRAS 节点的位置,目标是最小化所有主要和备份路径的最长路径长度;②给定最长路径的距离(受限于所使用的收发器),目标是最小化 BRAS 位置的数量(该数量可以高于2)。为了解决相关问题,我们开发了最优整数线性规划(Integer Linear Programming,ILP)和启发式算法,应用它们来确定电信网络区域 A[6]的传输覆盖要求。

将我们的结果作为传输要求,来开发一个适当的 DD 收发器模型。第一次尝试是在参考文献[8]中提出的基于 OFDM 的 S-BVT。然后在参考文献[9]中提出了一种改进和具有鲁棒性的多频带(Multiband,MB)OFDM 物理损失方法,根据传输要求对性能进行了量化评估,并在 4 节点 ADRENALINE 光子栅格网络中进行了实验验证。所提出的 S-BVT 能够服务 $N \times M$ 的 MTU:调制器阵列产生 N 个可以针对不同目的端口的切片,并且每个 BVT 块(每块由 N 个调制器组成)仅使用一个带有简单且划算 DD 的激光源来服务 M 个带有单个光电前端的 MTU。服务于单个 MB-OFDM 切片(对应于单个光载波)的 MTU 数量受到数模转换器(Digital-to-

Analog Converter,DAC)和光电子器件带宽(参考文献[9]中为10GHz)的限制,目前的技术(假设器件具有,例如20GHz)认为 $N=8$ 和 $M=5$ 是可行的。

比较图3.8中给出的两种网络场景,我们进行技术经济分析。特别研究的情况是:①基于WDM技术;②基于灵活栅格,有两种变化:一是带有相干检测(CO),二是带有直接检测收发器(DD)。我们计算第一个方案(WDM)的成本,并以此为参考计算在灵活栅格方案下器件的目标成本,以节约30%的成本。成本计算基于参考文献[8]中提出的成本模型(参考文献[6]的扩展)。

(1) WDM解决方案:光网络由WDM ROADM组成,进入WDM网络之前,来自MTU交换机的业务在第二层聚合交换机处进行聚合。参考TID Region-A区域,我们有200个MTU交换机和62个聚合交换机。每个MTU交换机转发 $C=10Gb/s$,并连接到两个不同的聚合交换机上进行保护。假设负载平均分配给聚合交换机,每个交换机共需14个10Gb/s的端口(用于下行和上行链路)。我们还假设MTU和聚合交换机之间的通信是使用10Gb/s灰色短距离的收发器完成的,聚合交换机和BRAS服务器是通过10Gb/s有色收发器(通过WDM区域网络路由)完成的。在成本计算中,我们增加了以下成本:①MTU交换机收发器(灰色短接);②聚合交换机(140Gb/s容量,面向MTU的灰色收发器,面向WDM网络的有色收发器);③BRAS处的收发器(有色)。根据我们的成本模型,WDM案例[8]中的总成本是219.82 ICU(IDEALIST成本单位参考文献[6,10])。

(2) 灵活栅格解决方案:我们现在假设用灵活栅格网络代替WDM网络,因此在成本计算中包括了灵活栅格波长选择开关(WSS)的成本。我们检查收发器的两个变量:CO和DD。

对于相干检测(CO),我们假设在MTU使用10Gb/s的灰色短接收发器,在灵活栅格区域网络分/插端口处使用相干的100Gb/s灵活栅格BVT($10\times10Gb/s$复用转发器),在BARS服务器处使用相干400Gb/s S-BVT(功能为$4\times100Gb/s$)。假设每个ROADM均匀加载,因此它可支持14个MTU交换机。于是每个ROADM使用两个灵活栅格BVT。在BRAS节点,一个400Gb/s S-BVT支持两个不同的ROADM,这意味着我们总共需要15个S-BVT。在WDM场景下,为节省30%的成本,400G-SBVT的成本必须小于等于0.01ICU,这是不可能实现的。

对于直接检测(DD),我们假设在MTU处直接检测10Gb/s MB-OFDM收发器,在BARS服务器处检测DD MB-OFDM S-BVT(假设 $N=8$ 路数据流,每一路数据流在10Gb/s时服务 $M=5$ 个MTU)。如上所述,我们将假设每个可重构光分插复用器负载均衡,因此它可服务14个MTU。于是,每个可重构光分插复用器需要3个DD S-BVT流,总共需要10个DD S-BVT。在WDM场景下,为节省30%的成本,400G-S-BVT-DD的成本必须小于或等于2.9 ICU,这是相当有希望的,因为预计在2015年相同速率的协同S-BVT的成本大约为3 ICU[6],而DD S-BVT的成本将会更低。

总而言之,通过比较 WDM 和灵活栅格城域网,我们可以发现,为核心网络设想的 CO 灵活栅格收发器是昂贵的,而直接 DD 收发器似乎是在城域网中应用灵活栅格方案中的一个可行解决方案。

3.4　成本与能量最小化的多层网络规划

充分提高弹性光网络的灵活性,不仅可以节省频谱,还可以节省网络成本和能量消耗。目前,光网络和其边缘处的 IP 路由器通常不考虑这两个技术领域的规模,这种做法对于 EON 似乎是非常低效的。EON 设想使用具有多个配置选项的可调谐(可变带宽)转发器(BVT),从而产生不同的传输参数,如光路的速率、光谱和可达距离。因此,在光网络中作出决定通常会影响边缘 IP 路由器的规模。这与传统的固定栅格 WDM 系统形成对比,传统系统两层之间的相互依赖性较弱,动态性较差。在弹性光网络中,我们仍然可以独立地度量这两层,如按顺序地,但是如果两个层是共同规划的,那么用于优化和提高的空间非常大。除了多层网络操作获得以外,还存在如弹性恢复方面的增益。

为了更仔细地查看多层规划问题,我们对网络进行了建模如下:假设光网络由采用灵活栅格技术的 ROADM(可重构光分插复用器)组成,并通过单根或多根光纤连接。在每个光交换机处,零个、一个或多个 IP/MPLS 路由器被连接起来,这些路由器包括光域的边缘路由器。短距离收发器被插入到 IP/MPLS 路由器上,使可重构光分插复用器具有灵活(可调谐)的转发功能。转发器用于将 IP 路由器发送的电数据报转换至光域。假设,可以控制灵活转发器的多个传输参数,影响它们的速率、频谱和它们可以传输的光学范围。在光路的目的地,数据报被转换回电信号,由相应的 IP/MPLS 路由器转发和处理。这可以是:①最终目的地,在这种情况下,业务被进一步转发到更低一层网络至其最终目的地;②中间 IP 跳,在这种情况下业务将重新进入光网络,最终转发至其目的区域。注意,这里的连接都是双向的,因此在上述描述的相反方向上,光路也被建立,并且使用的转发器同时作为发送器和接收器。

根据参考文献[6]中的成本模型和相关数据(Cisco CRS-3[11]),我们将 IP/MPLS 路由器模拟为模块化设备,内置(单个或多个)机箱。机箱提供指定数目的插槽(如16),插槽具有标称传输速率(如400Gb/s)。在每个插槽中,可以安装相应速度的线卡,每个线卡以特定速度提供指定数量的端口(如 40Gb/s 的 10 个端口)。参考文献[6]中提到的参考路由模型的每个线卡机箱有 16 个插槽,可以使用多种类型的机箱(机架卡,机架卡机箱),最多可以互联 72 个线卡机箱。

按照上面的模型,多层网络规划模型分为两个层次的问题:①IP 路由(IP routing,IPR),②路由和调制等级(Routing and Modulation Level,RML),以及频谱分配

(Spectrum Allocation,SA)。在 IPR 问题中,我们决定在 IP/MPLS 路由器上安装一些模块,研究如何将流量映射到光路上(光连接),以及哪些中间的 IP/MPLS 路由器将会被用于到达域目的地。在 RML 问题上,我们决定如何进行路由光路,并选择灵活转发器的传输配置以备使用。在频谱分配时,我们将光谱时隙分配给光路,避免时隙重叠(将相同的时隙分配给多于一条的光路),并确保每个光路在它的路径(频谱持续性约束)中利用相同的频谱段(频谱时隙)。IP 路由问题的变化也被称为业务量疏导,而 RML SA 问题也被称为是远距离自适应 RSA。前面已经讨论过,距离适应性在光路由(RML)、IP 层路由(IPR)和频谱分配(SA)之间建立了相互依赖的关系,使得这些子问题很难解耦,除非我们可以牺牲效率并支付较高的资本支出和运营成本。

如上所述,已经开发了多种算法来解决多层规划问题,包括优化和启发式算法[12-14]。其目的是最小化资本支出,而一些算法也要考虑使用的频谱和/或能量消耗。

参考文献[12]的结果表明,当比较 EON 和 WDM 网络时,对于国家网络(德国电信,德国)和泛欧网络(GEANT),到 2020 年我们可以节约大约 10%。请注意,这些节省是针对保守场景计算的,同时假设灵活转发器(BVT)的成本比同等最大传输速率(400Gb/s)的固定转发器的成本高 30%。对整个多层网络进行规划,而不是按顺序规划 IP 网络和光网络,可以为路径长度变化较大的拓扑节省 15%,对于 GEANT 而言,这种情况较少,其中大多数连接通过相同转发器配置参数来建立,BVT 增加的传输选项没有被利用。在参考文献[15]中,节能的百分比是 25%,高于相关的成本节约,因为在这种情况下,我们假设 BVT 和固定转发器的参考能耗水平相近。

3.5 互联数据中心

3.5.1 动机

如上所述,传输网络目前被配置为基于超负荷容量的大型静态粗管道。其合理性是保证流量需求和提供服务质量。考虑到具有联合数据中心(Data Centre,DC)[16]的基于云的场景,每个数据中心之间的容量根据一定量的预计传输数据来提前确定。一旦运行,数据中心本地资源管理器内部的调度算法会周期性运行,尝试优化一些成本函数,并根据可用比特率函数在数据中心之间进行数据传输,如虚拟机(Virtual Machine,VM)迁移和数据库(Database,DB)同步。因为数据中心业务随着时间变化很大,因此静态连接配置增加了高昂成本,这是由于在一定时间内未被使用的大量连接容量较少,而该时间段有一定数量的数据需要传输。

图 3.9 所示为在一天时间内进行虚拟机(VM)迁移和数据中心数据库同步所需要的标准化比特率。注意到数据库同步主要是与用户的活动有关,而虚拟装置

迁移是与本地资源管理器运行的调度算法实现的特定策略相关。

图3.10所示为当两个数据之间静态光连接的比特率设置为200Gb/s时,在一天时间内数据库同步的比特率利用率。如图3.10所示,在空闲时间段,这样的连接很明显没有充分被利用,而在高活跃期间,连接会被持续使用。请注意,在空闲时间段,网络运营商不能将未使用的资源重新分配给其他用户,而在高活跃期间将使用更多的资源来降低传输时间。

鉴于上述情况,很明显,数据中心之间的连接需要新的机制来提供传输网络的重新配置和适应性,以减少过度配置带宽的数量。为了提高资源利用率并节省成本,需要动态数据中心间连接。

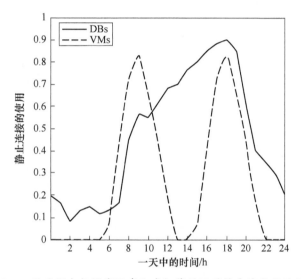

图3.9 一天时间内数据库同步和虚拟装置迁移静态连接的使用情况

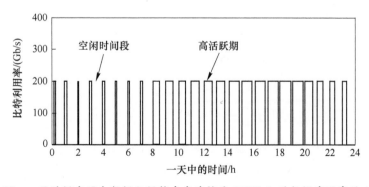

图3.10 一天时间内两个数据之间静态光连接为200Gb/s时数据库同步的比特率

3.5.2　动态连接请求

为了实现动态云和网络的交互,允许按需连接配置,参考文献[17]中介绍了 cloud-ready 传输网络。为互联在地理位置上分散的数据中心,cloud-ready 传输网络可以利用光弹性网络(EON)按需提供比特率;可以根据用户的需求,使用所需频谱带宽创建光连接。此外,通过在核心中部署弹性光网络(EON),网络提供商可以改善频谱利用率,从而获得一种经济高效的解决方案来支持其服务。

图 3.11 举例说明了支持 cloud-ready 传输网络的参考网络和云控制架构。在数据中心的本地资源管理器向弹性光网络控制平面请求连接操作来确定所需的比特率。

与当前静态连接相反,当需要执行数据传输时,动态连接允许每个数据中心资源管理器请求到远程数据中心的光连接,并且还要在所有数据传输完成时请求释放连接。此外,在弹性光网络中,精细光谱粒度和宽范围的比特率使得光连接的实际比特率与连接需求相匹配。在请求连接并根据当前网络资源可用性协商其容量之后,所得到的比特率可以通过调度算法用于统筹传输。

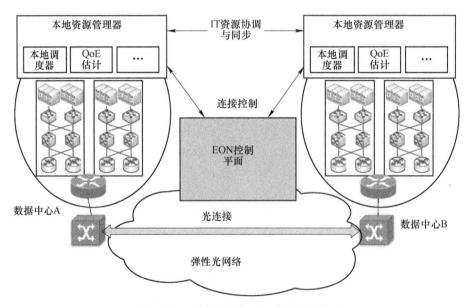

图 3.11　支持数据中心间连接的架构

使用图 3.11 所示的架构,本地资源管理器能够动态地向控制平面请求光连接,控制平面控制弹性光网络并协商其比特率。如图 3.12(a)所示,本地资源管理器和弹性光网络控制平面之间的消息序列可以用于建立和拆除一个光连接。一旦本地资源管理器中相应模块完成要执行的数据传输计算,则向远程数据中心发送一个光连接的请求。在该示例中,本地资源管理器发送一个 80Gb/s 的连接请求。为了找到该请求的路由和频谱资源,执行弹性光网络控制平面进行内部运算。假设没有足够的资源提供给所需的比特率,弹性光网络控制平面在 t_1 时刻通过算法计算出一个最大的比特率,然后向源资源管理器发送一个包含该信息的响应。接收到最大可用比特率时(该示例中为 40Gb/s),资源管理器重新计算传输并且以相应的可用比特率请求新的连接。当传输完成时,本地资源管理器向弹性光网络控制平面发送消息以拆除连接,并释放所使用的资源(t_2 时刻),使得它们可以被分配给任何其他连接。

但是,在动态连接方法中,无法保证请求时资源的可用性,而且由于传输不能在期望的时间内完成,因此网络资源的缺乏可能会导致传输时间长。请注意,连接的比特率无法重新协商,且在连接保持期间保持不变。为了减少所需连接资源不可用带来的影响,参考文献[18]的作者提出了使用动态弹性连接的方法。

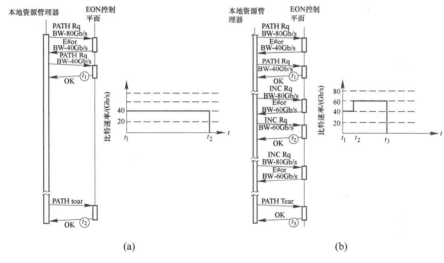

图 3.12 动态连接和弹性连接
(a)动态连接;(b)弹性连接。

在动态弹性连接模型中,每个本地资源管理器管理与远程数据中心连接,以便于在最短的总时间内完成数据传输。资源管理器不仅要求具有连接建立和拆除的操作,而且要求弹性操作;本地资源管理器能够以已经建立连接的比特率来请求增量。图 3.12(b)介绍了本地资源管理器和弹性光网络控制屏幕之间交换的消息,用来建立和拆除光连接并且提高比特率。在图 3.12(b)的例子中,t_1 时刻以最初请求的较少比特率(如最初请求的是 40Gb/s 而不是 80Gb/s)建立连接后,本地资源管理器发送周期性的重新请求来提升连接的比特率。在这个例子中有些资源在连接建立后被释放。收到提高连接比特速率的请求后,t_2 时刻为该连接分配要增加的资源,这样减少了总传输时间;在该示例中,连接被增加到了60Gb/s。对于数据中心运营商和网络运营商来说这是有利的。注意,这对于数据中心运营商和网络运营商都是有利的,因为可以实现更好的性能,可以立即使用未使用的资源。

值得注意的是,虽然应用程序可以完全控制连接过程,但是物理网络资源在多个客户端之间共享;因此,连接建立和弹性操作由于网络资源不足可能被阻止。所以,应用程序需要执行某种周期性重传来增加可分配的比特率。这些重传可能会对弹性光网络控制平面的性能产生负面影响,并且不能保证实现更高的比特率。

3.5.3 转换模式请求

为了实现改进网络和云资源管理的目的,在参考文献[19]中作者建议使用软件定义网络(SDN),在本地资源管理器和弹性光网络控制平面之间增加一个被称为应用服务编排器(Application Service Orchestrator,ASO)的新模块。资源管理器使用其本地语言来请求传输操作(如数据量和最大传输时间),并将应用开发者从理解和处理网络的细节和复杂性中解放出来。部署在弹性光网络控制平面顶部的应用服务编排器层向底层网络提供了一个抽象层,并实现了一个用来请求这些传输操作的北向接口,可以用来传输网络连接请求。值得注意的是,在将连接请求发送给应用服务编排器(ASO)的情况下,ASO 将作为本地资源管理器和网络之间的一个代理。图3.13 为支持动态的控制架构和转换模式请求。

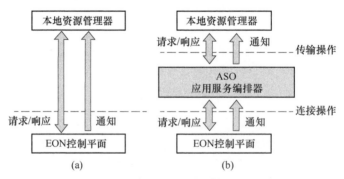

图 3.13 支持的控制架构
(a)动态连接;(b)转换模式请求。

应用服务编排器(ASO)将传输请求转换成连接请求,并将其转发到负责网络的 EON 控制平面。如果在请求时没有足够的可用资源,那么在每次释放特定资源时,将从 EON 控制平面发送通知(类似于计算机中的中断)到应用服务编排器(ASO)。在接收到通知时,SDN 决定是否增加与传输相关的比特率,并向相应的本地资源管理器通知比特率的变化。该数据中心间连接模型可有效地将动态弹性模型中的轮询转换至网络驱动传输模型。

图 3.14 所示为请求传输操作消息在本地资源管理器 ASO 和 EON 控制平面之间进行交换的例子。

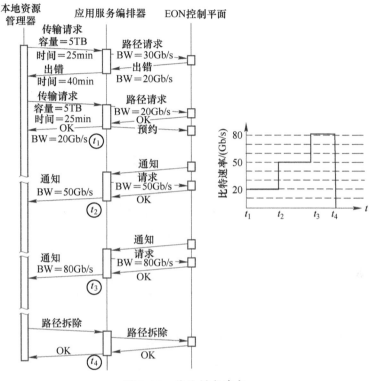

图 3.14 传输模式请求

为了在 25min 内传输 5TB 的数据,本地资源管理器向 ASO 发送传输模式请求。收到请求时,ASO 将其转换为网络连接语言,向 EON 控制平面发送请求以找到可用最大频谱宽度,考虑到本地策略和当前的业务等级协商(Service Level Agreement,SLA),然后在传输所需数据的最佳完成时间内将响应发送回资源管理器,本例中为 40min。资源管理器组织数据传输,并在建议完成时间内发送一个新的传输请求,建立新的连接,并在 t_1 时刻的响应消息中发送其容量;此外,SDN 请求 EON 控制面板来通知该连接路由中更多的可用资源。控制平面中的算法对相应物理链路中频率的可用性进行监测。当资源的可用性允许增加一些连接的可分配比特率时,SDN 控制器自动地执行弹性频谱操作,以确保约定的传输完成时间。每当 SDN 控制器通过执行弹性频谱操作来修改任何连接的比特率时,都会向源资源管理器发送一个包含新的吞吐量信息的通知。在这个例子中,一些网络资源被释放,并且由控制平面通知给 SDN。假设这些资源能够被分配给连接,它的比特率就可以提高到 50Gb/s,并且 EON 在 t_2 时刻向资源管理器通知增加的比特率。

然后数据中心资源管理器可以根据实际吞吐量优化传输,同时委托并确保完成到达 SDN 的传输时间。类似地,在 t_3 时刻,更多的网络资源被释放并成为可用资源;然后连接容量被提高到 80Gb/s。最后,在 a_4 时刻拆除连接,相应的网络资源被释放。

最后,提出的网络驱动模式为网络运营商实施政策提供了机会,可以动态地管理一组客户的连接比特率,并同时满足他们的 SLA[20]。

总而言之,EON 可以提供互联数据中心的基础设施。在控制平面和数据平面中,这些要求涉及支持动态和弹性连接的能力,因为数据中心间流量在一天中变化很大。

3.6 结　　论

本章总结了 EON 的特点,这些特点按照我们认识网络的方式开辟了新的方向。EON 的操作模式已揭开神秘面纱,概述了潜在的收益。通过使用案例证明了 EON 模式的实用性,概述了灵活栅格技术如何有利于多层弹性,并有利于服务城域网及最终有利于数据中心互联。

参 考 文 献

[1] ITU-T G. 694. 1, Spectral grids for WDM applications: DWDM frequency grid, February 2012

[2] R. Ramaswami, K. N. Sivarajan, Routing and wavelength assignment in all-optical networks. IEEE/ACM Trans. Netw. 3 (5), 489-500 (1995)

[3] M. Gunkel, A. Autenrieth, M. Neugirg, J. Elbers, Advanced multilayer resilience scheme with optical restoration for IP-over-DWDM core networks—how multilayer survivability might improve network economics in the future, in *International Workshop on Reliable Networks Design and Modeling (RNDM)*, 03. 10. 2012, St. Petersburg, Russia, 2012

[4] Curri et al., Time-division hybrid modulation formats: Tx operation strategies and countermeasures to nonlinear propagation, in *Proceedings OFC*, 2014

[5] A. Autenrieth, J. Elbers, M. Eiselt, K. Grobe, B. Teipen, H. Grie Evaluation of technology options for software-defined transceivers in fixed WDM grid versus flexible WDM grid optical transport networks, in *Proceedings ITG Photonic Networks*, 2013

[6] F. Rambach, B. Konrad, L. Dembeck, U. Gebhard, M. Gunkel, M. Quagliotti, L. Serra, V. López, A multilayer cost model for metro/core networks. J. Opt. Commun. Netw. 5, 210-225 (2013)

[7] O. Gerstel, M. Jinno, A. Lord, S. J. Ben Yoo, Elastic optical networking: a new dawn for the optical layer? IEEE Commun. Mag. 50 (2), S12-S20 (2012)

[8] M. Svaluto et al., Experimental validation of an elastic low-complex OFDM-based BVT for flexi-grid metro networks, in *ECOC*, 2013

[9] M. Svaluto et al., Assessment of fl exgrid technologies in the MAN for centralized BRAS architec-

ture using S-BVT, in *ECOC*, 2014

[10] Idealist deliverable D1. 1, Elastic optical network architecture: reference scenario, cost and Planning flexible optical networks, in Optical Fiber Communication Conference (Optical Society of America, 2014)

[11] Cisco CRS-3, http://www. cisco. com/c/en/us/products/collateral/routers/carrier-routing-system/data_sheet_c78-408226. html

[12] V. Gkamas, K. Christodoulopoulos, E. Varvarigos, A joint multi-layer planning algorithm for IP over flexible optical networks. IEEE/OSA J. Lightwave Technol. **33**(14), 2965-2977(2015)

[13] O. Gerstel, C. Filsfils, T. Telkamp, M. Gunkel, M. Horneffer, VHLopez, A. Mayoral, Multilayer capacity planning for IP-optical networks. IEEE Commun. Mag. 52(1), 44-51(2014)

[14] C. Matrakidis, T. Orphanoudakis, A. Stavdas, A. Lord, Network optimization exploiting grooming techniques under fixed and elastic spectrum allocation, in *ECOC*, 2014

[15] V. Gkamas, K. Christodoulopoulos, E. Varvarigos, Energy-minimized design of IP over flexible optical networks. Wiley Int. J. Commun. Syst. (2015) doi:10. 1002/dac. 3032

[16] I. Goiri, J. Guitart, J. Torres, Characterizing cloud federation for enhancing provider's profit, in *Proceedings IEEE International Conference on Cloud Computing*, 2010, pp. 123-130

[17] L. Contreras, V. López, O. González De Dios, A. Tovar, F. Muñoz, A. Azañón, J. P. Fernandez-Palacios, J. Folgueira, Toward cloud-ready transport networks. IEEE Commun. Mag. **50**, 48-55 (2012)

[18] L. Velasco, A. Asensio, J. L. Berral, V. López, D. Carrera, A. Castro, J. P. Fernández-Palacios, Cross-stratum orchestration and flexgrid optical networks for datacenter federations. IEEE Netw. Mag. **27**, 23-30(2013)

[19] L. Velasco, A. Asensio, J. L. Berral, A. Castro, V. López, Towards a carrier SDN: an example for elastic inter-datacenter connectivity. OSA Opt. Express **22**, 55-61(2014)

[20] A. Asensio, l. Velasco, Managing transfer-based datacenter connections. IEEE/OSA J. Opt. Commun. Netw. **6**, 600-669(2014)

第4章 路由和频谱分配

Luis Velasco, Marc Ruiz, Kostas Christodoulopoulos, Manos Varvarigos, Mateusz Żotkiewicz, and Michal Pióro

为了正确地分析、设计、计划和运行灵活栅格网络,必须考虑路由和频谱分配(RSA)问题。该问题涉及两个基本约束:一是连续性约束,确保路由中沿着链路分配的频谱资源是一致的;二是邻接约束,用于保证频谱连续性。此外,由于先进可调谐转发器被设计用于灵活栅格网络,因此在优化过程中需要考虑其配置因素及物理层因素。由于 RSA 的复杂性,可以采用有效的方法在合理的时间内解决实际问题。在本章中,我们将回顾 RSA 优化问题的不同变体,回顾解决这些变体问题的不同方法,以及与适用场合相关的对变体问题的不同要求。我们从一般的 RSA 方法开始分析网络生命周期,讨论在每个特定网络周期内问题的不同解决方法,从离线网络规划到运行中的网络规划。我们研究了三个代表性用例:①用于离线规划的用例,在设计请求矩阵时需要考虑到物理层损伤;②用于离线规划的用例,要设计和定期升级弹性栅格网络;③网络运行中的弹性带宽配置。

4.1 引 言

在部署灵活栅格网络之前,需要进行一些工作。从服务层的输入和已部署资源状态开始,要开展规划工作,以产生相应的建议用于给定时间段内的网络设计。接下来,验证网络设计并手动实现。在网络运行时,可以持续监控其容量,并将结果数据用作下一个计划周期的输入。一旦请求意外增加或网络发生变化,可以重新启动规划过程。

规划(网络设计和规模确认)通常包含指定要设置的节点和链路,并确定要购

L. Velasco(✉) · M. Ruiz
加泰罗尼亚理工大学,西班牙巴塞罗那
e-mail: lvelasco@ac.upc.edu

K. Christodoulopoulos · M. Varvarigos
佩雷特大学,希腊阿哈伊亚州

M. Żotkiewicz · M. Pióro
华沙技术大学,波兰华沙

买的设备以服务预期流量,同时最小化资本支出(CAPEX)。为此,需要对流量请求进行路由,并分配部分光谱,从而建立光路。注意,路由和频谱分配(RSA)问题是需要解决的优化问题的一部分。

一旦网络运行,分配算法就需要实时解决 RSA。此外,网络的重新配置需要解决优化问题,同时获得的解决方案要在网络中立即实施[1]。注意,这与传统的网络规划相反,传统的网络规划中结果和建议都需要手动干预,因此需要较长时间才能在网络中实施。在线规划则包含 RSA 问题,如在典型用例网络恢复中,RSA 问题涉及一组业务请求。

因此,当网络尚未运行,网络规划问题可以通过离线解决,通常没有严格的时间限制。相反,当网络运行时,通常需要严格控制问题的求解时间。

着眼于离线规划和在线规划这两部分,本章节的贡献如下:

(1) 我们提出两种可选择的整数线性规划(ILP)方法,可对 RSA 问题中的网络规划变体进行建模,命名为链路—路径和节点—链路。提出了几种在最优性和复杂性之间取得良好权衡的问题求解方法,此外还分析了针对单个请求的 RSA 算法。

(2) 提出了两个用于离线规划的用例:一是路由和频谱分配问题在考虑物理层的情况下得以扩展;二是针对渐进网络设计(Gradual Network Design,GRANDE)问题,网络通过定期更新以应对每年的业务增长。

(3) 为了能阐明在线分配的概念,提出了弹性带宽分配问题。

4.2 基本的离线规划问题

本节介绍一些与 RSA 和需要解决 RSA 的离线规划问题相关的基本概念。

4.2.1 基本概念

RSA 问题在于为一组请求找到可行的路由和频谱分配。类似于固定栅格网络中的路由和波长分配(RWA)问题,必须强制执行频谱连续性约束。在灵活栅格情况下,频谱分配由一个频隙来表示,因此在没有频谱转换器的情况下,沿着给定的路由路径的链路必须使用相同的频隙。此外,分配的频谱切片在频谱中也必须是连续的,这被称为频谱邻接约束。RSA 问题在参考文献[2-3]中被证明为 NP 完全的(Non-deterministic Polynomial Complete,NP-Complete)。因此,必须有一种有效的方法在具体时间内解决实际问题。

由于频谱邻接约束,WDM 网络中开发的 RWA 问题方法不适用于弹性栅格光网络中的 RSA 问题,需要对其进行调整以包含频谱邻接约束。尽管很多文献针对用于 RSA 的 ILP 方法进行了研究,但我们还是采用了参考文献[4]中的方法,因为基于频隙分配的方法可以有效解决 RSA 问题。

频隙的定义可以用数学公式表述如下。我们假设为每个请求 d 预定义一组频

隙 $C(d)$，其请求 n_d 个频谱切片。令 q_{cs} 为一致性系数，当频隙 $c \in C$ 使用了切片 $s \in S$ 则 q_{cs} 等于1，否则等于0。因此，频谱邻接约束 $\forall c \in C(d)$ 可由 q_{cs} 的正确定义来建立，使得 $\forall i,j \in S: q_{ci} = q_{cj} = 1, i < j \Rightarrow q_{ck} = 1, \forall k \in \{i,\cdots,j\}, \sum_{s \in S} q_{cs} = n_d$。认为每个集合 $C(d)$ 包含 S 可定义的 d 所请求的所有可能的频隙。由于 $|C(n)| = |S| - (n-1)$，需要定义的完整频隙集合 C 的大小为 $|C| = \sum_{n \in N}[|S| - (n-1)] < |N| \cdot |S|$。

表4.1中的算法用来计算 $C(d)$。注意频隙的计算量是很小的，因此预计算阶段不会增加额外的复杂性。

表 4.1 $C(d)$ 预先计算

输入：S,d	
输出：$C(d)$	
1：	初始化：$C(d) \leftarrow 0_{[|S|-n_d+1 \times |S|]}$
2：	**for each** i 在 $[0,|S|-n_d]$ 时
3：	**for each** s 在 $[i, i+n_d-1]$
4：	$C(d)[s] = 1$
5：	**return** $C(d)$

因此，可以将RSA问题定义为从给定的集合中为每个请求找到适当光路(即路由和频隙)的问题，从而分配的频隙中的可用切片数量可以保证每一个请求按所要求的比特率进行传输。注意，通过预计算给每个请求分配的频隙集，可以消除邻接约束带来的复杂性。

最后，在不失一般性的情况下，可以考虑将保护频带作为所请求频谱中的一部分，即在 n_d 中。

4.2.2 基本的 RSA 问题

基本的RSA问题是为给定业务矩阵中的每个请求找到一条光路，目的是最小化或最大化某些目标函数。这个问题可能存在几个备选方案。例如可以假定用需要服务的业务矩阵来表示整个业务，或者可以阻止某些请求，即不提供服务。其他特性，如选择调制方式和/或计算光路可达范围将在下一小节中考虑。这些问题可以正式说明如下：

(1) 给定：
① 连接图 $G(N,E)$，其中 N 是地址集合，E 是光纤连接对的地址集合。
② 光谱特性(频谱宽度和频谱切片宽度)和调制方式的集合。
③ 具有相当数量比特率的业务矩阵 D，比特率可在 N 中的每对位置之间

交换。

（2）输出：D 中每个请求的路由和频谱分配。

（3）目标：一个或多个。最小化被阻塞的比特率数量，最小化使用的切片总量,等等。

在下文中,基于参考文献[4]的方法提出了针对上述问题的 ILP 模型。由于拓扑结构已经给定,可以为业务矩阵中的每个请求预计算 k 个不同的路径,因此这个方法通常称为链路—路径[5]。此外,由于针对每个请求都使用了预计算的频隙,因此称这个方法为链路—路径—频隙—分配(Link-Path-Slot-Assignment,LP-SA)。

定义了以下集合和参数：

（1）拓扑：

N——地址 n 的集合；

E——光纤链路 e 的集合。

（2）请求和路径：

D——请求 d 的集合,为每个请求 d 提供元组 $\{o_d, t_d, b_d\}$,其中 o_d 和 t_d 为源和目的节点,b_d 为 Gb/s 级的比特速率；

P——预计算路径 p 的集合；

$P(d)$——请求 d 的预计算路径的子集合,$|P(d)|=k, \forall d \in D$；

r_{pe}——如果路径 p 使用链路 e,则此参数等于 1。

（3）频谱：

S——频谱切片 s 的集合；

$C(d)$——请求 d 的预计算频隙集合；

q_{cs}——如果频隙 c 使用切片 s,则此参数等于 1。

（4）决策变量：

w_d——二进制,如果无法服务请求 d,则此参数等于 1；

x_{dpc}——二进制,如果请求 d 的路由通过路径 p 和频隙 c,则此参数等于 1。

LP-SA 方法表示如下：

$$(\text{LP-SA}) \min \sum_{d \in D} b_d \cdot w_d \tag{4.1}$$

遵循：

$$\sum_{p \in P(d)} \sum_{c \in C(d)} x_{dpc} + w_d = 1, \forall d \in D \tag{4.2}$$

$$\sum_{d \in D} \sum_{p \in P(d)} \sum_{c \in C(d)} r_{pe} \cdot q_{cs} \cdot x_{dpc} \leq 1, \forall e \in E, s \in S \tag{4.3}$$

式(4.1)中目标函数最大限度地减少了不提供服务(拒绝)的比特率数量。只要请求被接受,则式(4.2)的约束确保为每个请求选择一条光路,否则这个请求就不被服务,即被拒绝。式(4.3)的约束用于保证每个链路中的每个切片最多被分配给一个请求。

LP-SA 模型的大小为 $O(|D|\cdot k\cdot|C|)$ 个变量和 $O(|E|\cdot|S|+|D|)$ 个约束。例如,对于 22 个节点、35 条链路的 BT 网络,考虑 $|S|=80$,$|D|=100$ 和 $k=10$,上述模型的大小为 80000 个变量和 2900 个约束,因此需要注意 RSA 问题的规模。

4.2.3 作为 RSA 问题的拓扑设计

之前的 RSA 问题假设 E 中的链路已经建立,但这并不能保证它们能承担全部的业务请求,如果它们承担不了,就要将那些必须被拒绝的业务最小化,下面考虑另一个版本的 RSA:假设 E 中的链路足以承载业务矩阵指定的请求,实际上并不是所有的链路都会被使用。因此,我们的目标是尽可能减少那些承载整个请求所需的链路数量。每个已建立的链路由于在端节点和一些中间节点要安装包含放大器的光接口,会增加网络的 CAPEX,因此通过最小化链路数量而产生的网络拓扑将降低 CAPEX 成本。

此问题可正式表述如下:

(1) 给定:

① 连接图 $G(N,E)$。

② 光谱特性和调制方式集合。

③ 业务矩阵 D。

(2) 输出:

① D 中每一个请求的路由和频谱分配。

② 需要配置的链路。

(3) 目标:最小化被配置链路的数量以传输给定的业务矩阵。

就像我们在前一个问题中所做的那样,可以为业务矩阵中的每个请求预计算 k 个不同的路由。但是,由于只有部分链路能最终被建立,因此需要大量增加每个请求预计算出的路由 k 的数量,以抵消某些链路变得无效的情况。鉴于这个原因,我们提出了一种称为节点-链路的 ILP 模型[5],它包括优化过程中的路由计算。与之前类似,由于每个请求都要使用预计算的频隙,所以我们称该方法为节点-链路及频隙-分配(node-link slot-assignment, NL-SA)。

(1) 已定义的新参数:

g_{ne} ——如果链路 e 经过节点 n,则该变量等于 1。

(2) 决策变量为:

x_{dec} ——二进制数,如果请求 d 使用链路 e 中的节点 c,则该变量等于 1;

z_e ——二进制数,如果链路 e 被建立,则该变量等于 1。

(3) NL-SA 模型表述如下:

$$(\text{NL}-\text{SA})\min \sum_{e \in E} z_e \tag{4.4}$$

服从：

$$\sum_{e \in E} \sum_{c \in C(d)} g_{ne} \cdot x_{dec} = 1, \forall d \in D, n \in \{o_d, t_d\} \tag{4.5}$$

$$\sum_{e \in E} \sum_{c \in C(d)} g_{ne} \cdot x_{dec} \leqslant 2, \forall d \in D, n \in N \setminus \{o_d, t_d\} \tag{4.6}$$

$$\sum_{\substack{e' \in E \\ e' \neq e}} g_{ne'} \cdot x_{de'c} \geqslant x_{dec}, \forall d \in D, c \in C(d), n \in N \setminus \{o_d, t_d\}, e \in E(n)$$

$$\tag{4.7}$$

$$\sum_{d \in D} \sum_{c \in C(d)} q_{cs} \cdot x_{dec} \leqslant z_e, \forall e \in E, s \in S \tag{4.8}$$

式(4.4)的目标函数最小化要建立的链路数量。式(4.5)~式(4.7)的约束为每个请求指定光路。请求 $d \in D$ 的光路由链路 $e \in E$ 和信道 $c \in C(d)$ 来指定，其中 $x_{dec} = 1$。具体来说，式(4.5)的约束确保为每一个请求创建一条光路，并且其端节点即为请求的源和目的地。式(4.6)的约束保证每条光路都是在沿着路由方向上使用相同频隙的链路的集合，同时式(4.7)的约束确保路由不包含任何循环。最后式(4.8)的约束防止任何链路中的任何频谱切片被多个请求使用，同时防止对正在使用切片进行建链。

NL-SA 模型的规模为 $O(|D| \cdot k \cdot |C|)$ 个变量和 $O(|E| \cdot |S| + |D|)$ 个约束。对于 BT 网络，这个模型的规模为 280000 个变量和 6200000 个约束，显著高于 LP-SA 模型的规模。

4.2.4　以 RSA 问题为目的的网络规划

很明显，因为一些其他费用需要纳入考虑，所以其最小化要建立的链路数量和最小化 CAPEX 可能有所不同。出于这种原因，需要扩展以前的问题，从而考虑到全部的成本和规划全部的网络资源。

网络规划问题可表述如下：

(1) 给定：

① 连接图 $G(N,E)$。

② 光谱特性和调制方式集合。

③ 流量矩阵 $\boldsymbol{D}$。

④ 每个组件的成本，如光交叉连接(Optical Cross Connect, OXC)，转发器(Transponder, TP)类型和再生器要详述其容量和可达范围。

(2) 建立的每个链路的成本要精确输出：

① $\boldsymbol{D}$ 中每一个请求的路由和频谱分配。

② 需要配置的链路。

③ 网络规划包括每个位置的 OXC、TP 和再生器类型。

(3) 目的:最小化 CAPEX 来传输给定的业务矩阵。

尽管我们并没有提出任何明确的 ILP 模型来解决这个问题,但可以使用合适的 CAPEX 模型从 NL-SA 方法中获得解(参见参考文献[6]的例子)。然而很明显地看到,即使采用最先进的计算机硬件和最新的商业解决方案如 CALEX[7],所得模型的规模也会变得更大并且更难以处理。在下一节中,我们将讨论一些替代解决方法。

4.3 解决技术

正如在上一节中介绍的,网络规划的 ILP 或混合 ILP(Mixed ILP,MILP)模型可能会导致数以千万的(整数或二进制)变量的问题。为了降低其复杂性,在本节中提出了寻找近似最优解的替代方法。

4.3.1 大规模优化

大规模优化(Large-Scale Optimization,LSO)方法的目标是对基于经典分支定界(classical Branch & Bound,B&B)算法的精准方法进行改进,以获得 MILP 模型的解[8]。在不同的方法中,如列生成(Column Generation,CG)和 Benders 这样的分解方法已成功应用于解决通信网络设计问题。

当采用预计算的变量(例如 LS-PA 可预计算路径)来解决海量的实例问题时,需要囊括足够的变量来确保至少一个接近最优的解。同样,CG 提供了一种方法来查找简化变量集,以生成高质量解。基本上 CG 包含两个迭代求解的子问题(见表 4.2):约束主(或只是主要)问题,它是初始 MILP 的线性松弛,每次基于新变量的迭代都会令其增加,同时通过代价问题来找到新的变量提供给主约束问题。在每次迭代中,将主约束问题的对偶变量作为输入数据来解决代价问题。当找不到更多变量时,迭代算法结束,例如约束主问题的当前解决方法不能进一步改进。由于 CG 不能保证整数最优解,因此最终需要采用 B&B 算法。当在 B&B 树的每个节点处应用 CG 时,所得的算法称为分支定价算法。注意,在网络问题的背景下,变量基本为路径,这种技术也称为路径生成。最近的研究证明,这种方法是为链路-路径 RSA 模型生成预计算光路的有效方法[9]。

表 4.2 路径生成算法

输入:G,D
输出:解
1: $P^* \leftarrow$ 初始化路径集合
2: $L \leftarrow$ 初始化主要问题(基于实变量的 MILP)
3: 当 $P^* \neq \phi$ 时执行

续表

输入: G, D	
输出: 解	
4:	从 P^* 的所有路径向 L 添加新列
5:	解 ← 解出 L
6:	$[\lambda, \pi]$ ← 解出方法中的对偶变量
7:	P^* ← 代价问题 $(G, D, [\lambda, \pi])$
8:	MILP ← 基于二进制变量的 L
9:	解 ← 解出 MILP

Benders 分解法是一种迭代过程,它基于困难变量的固定子集,解决包含剩余变量的主问题。为了获得初始问题的最优解,需要通过解决子问题来寻找新约束,将其添加到主节点,并改进整体解。注意,与 CG 分解相反,Benders 分解向已解决的线性模型问题补充了不等量,从而加强了约束下限,并加快了整数最优解收敛速度。B&B 与该方法的结合会产生不等量或切割,如切割平面,可衍生为分支 & 切割算法。

但是,当获得解的时间至关重要时,若网络处于运行状态,则可以通过放宽最优条件来更快找到近似最优的解,从而在解的质量和计算时间之间取得更好的平衡。

4.3.2 元启发式算法

启发式算法是产生次优可行解的一种实用方法。元启发式算法(高级策略)指导针对特定问题的启发式算法,避免迭代改进带来的缺点,避免局部最优,以提高性能。虽然文献中已经出现了种类繁多的元启发式方法,但我们重点介绍两种:贪婪随机自适应搜索程序(Greedy Randomized Adaptive Search Procedure, GRASP)[10]和有偏随机密钥遗传算法(Biased Random-Key Genetic Algorithm, BRKGA)[11]。其他一些常用的元启发式算法是:蚁群优化,模拟退火和禁忌搜索[12]。此外,路径重连(Path Relinking, PR)强化策略被视为一种增强启发式解决方案。

GRASP 进程是一种基于多重启动随机搜索技术的迭代两阶段元启发式算法。在第一阶段,运行构造算法以获得问题的贪婪随机可行解。大致来说,从包含最优元素的受限候选表(Restricted Candidate List, RCL)中随机选择元素,并通过迭代添加这些元素来构建解。RCL 的大小由参数 $\alpha \in [0,1]$ 决定,分别是纯贪心配置和纯随机配置的 α 极值。然后在第二阶段,由局部搜索技术去探索一个被恰当定义的邻域,尝试用其改善当前解。重复这两个阶段直到达到停止标准(如迭代次数),一旦进程结束,将在所有 GRASP 迭代中找到最佳解返回。表 4.3 给出了一种 GRASP 元启发式算法的改编。

近来提出的这种元启发式算法,它是一类遗传算法(Genetic Algorithm,GA),可以有效解决与相关 RSA 优化问题[13]。与其他元启发式算法相比,BRKGA 在更短的运行时间内提供了更好的解决。与 GA 一样,每个单独的解由 n 个基因组成的数组表示,称为染色体,其中每个基因可以在实区间[0,1]中可以取任何值。每个染色体编码问题的解和适应度值,即为目标函数值。个体的集称为种群,经历几代演变。在每一代,选择当前一代的个体进行配对并产生后代,从而构成下一代种群。在 BRKGA 中,将种群的个体分为两类:由最佳适应度的个体构成的精英集和非精英集。精英个体从一代到下一代不断复制,从而可以跟踪良好的解。通过组合两个元素来生成大多数新个体,即随机选择一个精英和另一个非精英交叉。遗传概率定义为子代继承其精英父代基因的概率。最后,为了避免局部最优,在每一代引入少数突变个体(随机生成)以完善种群。确定性算法(称为解码器)将任何输入的染色体转换成为优化问题的可行解,并计算其适应度值。在 BRKGA 框架中,唯一与问题相关的部分是染色体内部结构和解码器,因此只需要定义它们就可以完全确定一个 BRKGA 启发式算法。

表 4.3　GRASP 算法

输入: $G, D, \alpha, maxIter$	
输出: $BestSol$	
1:	$BestSol \leftarrow \phi$
2:	**for** $1..maxIter$ **do**
3:	$Sol \leftarrow \phi; Q \leftarrow D$
4:	**While** $Q \neq \phi$ do
5:	**for each** $d \in Q$ **do**
6:	评估质量 $q(d)$
7:	$qmin \leftarrow min\{q(d):d \in Q\}; qmax \leftarrow max\{q(d):d \in Q\}$
8:	$RCL \leftarrow \{d \in Q: q(d) \geqslant qmax - \alpha(qmax - qmin)\};$
9:	从 RLC 中随机选择一个元素 d
10:	$Q \leftarrow Q\backslash\{d\}; Sol \leftarrow Sol U\{d\}$
11:	$Sol \leftarrow ddocalSearch(Sol)$
12:	$Sol.fitness \leftarrow computeFitness(Sol)$
13:	**if** $BestSol = \phi$ OR $Sol.fitness > BestSol.fitness$ **then**
14:	$BestSol \leftarrow Sol$
15:	**return** $BestSol$

可以通过扩展元启发式算法来建立混合方法,以提高初始元启发式算法的性能。扩展性最强的混合方法之一是将 PR 作为一种强化策略,用于搜索连接启发

式解的轨迹。它从所谓的初始解开始,转向所谓的向导解。为了确保 PR 仅用于高质量解,必须在所有迭代期内维护和精心管理精英集(Elite Set,ES)。凭借其"高质量"的属性,我们不仅参考他们的代价函数值,同样考虑他们添加到 ES 集合的多样性。GRASP + PR 已成功应用于许多应用,包括弹性栅格碎片整理[14]。

4.3.3 单一请求的 RSA 算法

最后,我们来分析针对单一请求解决 RSA 问题的特殊情况。在这种情况下,最短路径算法(如 k-最短路径[15])可被调整为包含频谱可用性;在第二步骤中,可以使用任何启发式算法(如第一拟合,随机选择等)来实现频谱分配。

在 k 个最短路径中,从源节点 o 开始每个节点 i 用聚合度量 $m(i)$ 标识,并且其前节点标识为 $pre(i)$。因此,路由 o-i 由链路子集 $E(o,i) \subseteq E$ 定义,从节点 i 开始重复访问前节点直至源节点 o。

此时,如果链路 e 中的切片 s 是空闲的,则令 η_{es} 等于 1,否则置 0,频隙 c 中的连续切片集合为 $S(c)$。然后,标签可通过 $\eta_s(i)$ 进行扩展,对于每个 $s \in S$,$\eta_s(i)$ 为切片 s($\eta_s(i) = \prod_{e \in E(o,i)} \eta_{es}$)的聚合状态。节点 i 的下游节点 j 仅在至少一个频隙可用时才更新标签,如式(4.9)所示,即只有当 $\sigma(i,j) = 1$ 时标签更新。

$$\sigma(e = (i,j)) = \begin{cases} 1 & \exists c \in C(d) : \eta_s(i) \cdot \eta_{es} = 1, \forall s \in S(c) \\ 0 & \text{其他} \end{cases} \quad (4.9)$$

注意,所提的频谱可用性扩展的复杂度可以忽略不计。此外,在找到最短路径之后再执行频谱分配,可增加使用任意启发式算法的灵活性。

在接下来的章节中,我们将前文所提出的技术应用于离线和在运行的规划的不同用例。

4.4 实例 I:可调谐转发器和物理层补偿

在这个实例中,将展示 4.2 节中的 ILP 模型是如何被扩展以增加额外的补偿的,如物理层损伤(Physical Layer Impairments,PLI)。

基于多载波方案(如电生或光生 OFDM 和奈奎斯特 WDM)到单载波方案的传输技术,已经提出了多种实现方式,包括灵活栅格转发器(简称带宽可变转发器——BVT)[16],通常在接收机端、发射机端采用某种数字信号处理(DSP)。这些 BVTs 可以支持多种传输参数,如调制方式和/或使用的波特率和/或频谱。经常采用软件定义光学这个术语来描述这些技术。

光路的传输质量(Quality of Transmission,QoT),如由其误比特率(Bit Error Ratio,BER)衡量,取决于其传输参数、左侧保护带及与其共享链路频谱邻接的光路的传输参数。诸如噪声、色散和干涉效应之类的 PLI 累积并恶化光路的 QoT。为了使 QoT 保持在可接受状态,可能必须以多段方式重新生成并建立长距离的端到端连接,其中再生器作为恢复信号质量的"加油站"。灵活栅格网络中存在多自由度使这种网络中的连接建立问题比固定栅格 WDM 网络中的更复杂。BVT 的适应性和传输参数,PLI 和传输范围之间的相互依赖性大大增加了问题的复杂性。

我们提出了一种在灵活栅格网络中描述物理层效应和转发器可调性的方法,并对这种输入的 ILP 算法进行概述。假设可调谐转发器:每种类型的转发器都有相应的配置,并且每种配置具有特定的光可达范围,定义为采用该配置的转发器在可接受的 QoT 下的传输距离。因此,如上所述,光可达范围不仅取决于具体光路的传输配置,还取决于频谱相邻的干扰光路的存在,以及干扰光路使用的传输配置和保护带。可能的配置组合数量会很庞大,PLI 分析模型可能无法囊括所有的影响,或者某些项的实验测量会受限。因此,似乎解决物理损伤的唯一可行方法是采用某种简化方式,以更粗糙但更安全的方式获取 PLIs,在不忽略优解的情况下减少参数和解空间。在下文中,我们假设对于给定的传输配置和保护带距离,光路在受到相邻光路最坏情况干扰(四波混频,交叉相位调制,串扰)的条件下,定义了传输范围。

考虑一个具有代价 c 的 BVT 转发器,它可以使用具有 u 个频谱切片的带宽和来自其频谱邻接光路的具有 g 个频隙的保护带将其调谐为 rGb/s,可以接受的 QoT 达到 1km 距离的传输距离。这里定义了一个可得到 PLIs 的物理可行性函数 $l = f_C(r,u)$,该函数可通过实验或使用分析模型来获得[17-18]。

通过使用可用转发器的函数 f_C,我们定义(到达-率-频谱-代价)传输元组对应于转发器的可行配置。术语"可行"用于表示包含 PLI 约束的元组定义,而代价参数在当同时存在具有不同的能力和代价的转发器时使用。上述定义是通用的,可用于描述任何类型的灵活、甚至固定栅格光网络。例如,参考文献[19]中的混合线速率固定栅格网络,它可以用以下传输元组表示:(3000km,10Gb/s,50GHz,1),(1600km,40Gb/s,50GHz,3),(800km,100Gb/s,50GHz,6)。通过使用上述方法可以列举出可行的传输选项,以便与物理层效应结合。

问题可表述如下:

(1) 给定:

① A 连接图 $G(N,E)$。

② 转发器的传输配置,物理层和再生器的可用性或缺失,通过传输元组 $t = (l_t, r_t, u_t, c_t)$ 表示以速率 r_t(Gb/s) 达到 l_t 的传输,这里使用 u_t 频谱切片,并用于类型(代价)为 c_t 的转发器。

③ 业务矩阵 D。

(2) 输出:为 D 中的每个请求进行路由和频谱分配。

(3) 目标:最小化被阻塞的比特速率数量。

我们接下来提出的方法是参考文献[20]中提出方法的扩展,考虑到 4.2.1 中给出的信道频隙的定义,所以称为转发器配置-链路-路径-频隙-分配(transponder configuration-link-path-slot-assignment,TC-LP-SA)。就如之前的LP-SA方法一样,为每个源-目的对预计算 k 条路径。对于每条路径 p 和每个传输元组 $t = (l_t, r_t, u_t, c_t)$,如果路径的长度小于 l_t,则定义一个可行的路径-传输元组对 (p,t)。我们用 T 表示所有可用元组的集合,并用 $T(p)$ 表示路径 p 上的可行元组。

与上一节中提出的方法有两个主要差异:①在新方法中,允许用于服务一个请求的频隙数量可以有不同的选择;②根据所选择的路径和传输元组,请求可以被分解进入多个光路。除了为请求分配路由和频隙外,该解决方案还可对转发器的传输配置进行选择。

定义以下集合和参数:

(1) 拓扑

N——位置 n 的集合;

E——光纤链路 e 的集合。

(2) 请求与路径

D——请求 d 的集合。对于每个请求 d,给出元组 $\{o_d, t_d, b_d\}$,其中 o_d 和 t_d 为源节点和目的节点,b_d 为 Gb/s 级的比特率;

P——预计算路径 p 的集合;

$P(i,j)$——节点 i 和 j 之间预计算路径的子集,对于所有 $(i,j) \in N^2$,具有基数 $|P(i,j)| = k$;

$t = (l_t, r_t, u_t, g_t, c_t)$ 为传输元组:最大可达范围 l_t,速率 r_t (Gb/s),频谱切片 u_t,保护带 g_t,转发器类型(代价) c_t。所需切片总数为 $n_t = u_t + g_t$;

$T, T(p)$——路径 p 的可行传输元组;

(p,t)——可行的路径传输元组;

r_{pe}——如果路径 p 使用链路 e,则其等于1。

(3) 频谱:

S——频谱切片 s 的集合;

$C(t)$——传输元组 t 的预计算频隙的集合。注意,n_t 为频隙大小;

q_{cs}——如果频隙 c 使用切片 s,则其等于1。

(4) 决策变量:

w_d——二进制,如果无法提供请求 d,则其等于1;

x_{dptc}——二进制,如果请求 d 使用路径 p、传输元组 t 和频隙 c,则其等于1。

(5) TC-LP-SA 模型

$$(\text{TC LP SA}) \min \sum_{d \in D} b_d \cdot w_d \tag{4.10}$$

服从

$$\sum_{n \in N} \sum_{p \in P(o_d,n)} \sum_{t \in T(p)} \sum_{c \in C(t)} r_t \cdot x_{dptc} + b_d \cdot w_d \geq b_d, \forall d \in D \quad (4.11)$$

$$\sum_{n \in N} \sum_{p \in P(n,t_d)} \sum_{t \in T(p)} \sum_{c \in C(t)} r_t \cdot x_{dptc} + b_d \cdot w_d \geq b_d, \forall d \in D \quad (4.12)$$

$$\sum_{i \in N} \sum_{p \in P(i,n)} \sum_{t \in T(p)} \sum_{c \in C(t)} x_{dptc} = \sum_{j \in N} \sum_{p \in P(n,j)} \sum_{t \in T(p)} \sum_{c \in C(t)} x_{dptc}, \quad (4.13)$$
$$\forall d \in D, n \in N \setminus \{o_d, t_d\}, t \in T$$

$$\sum_{d \in D} \sum_{p \in P(d)} \sum_{t \in T(p)} \sum_{c \in C(t)} r_{pe} \cdot q_{cs} \cdot x_{dptc} \leq 1, \forall e \in E, s \in S \quad (4.14)$$

如前所述,式(4.10)表示的目标函数最大限度地减少了无法提供(拒绝)的业务请求数量。式(4.11)和式(4.12)中约束确保建立足够速率的(一个或多个)光路,来服务一个请求并保证这个请求被满足;否则请求不被满足,即被拒绝。式(4.13)中约束保留了放置再生器的中间节点处的光路流量。如上所述,假定再生器使用与初始转发器相同的传输元组,并放宽频谱连续性,这意味着再生后可以使用不同的频隙。式(4.14)中约束保证每个链路中的每个切片最多被分配给一个请求。

TC-LP-SA 方法的规模为 $O(k \cdot |D|^2 \cdot |T| \cdot |C|)$ 个变量和 $O(|E| \cdot |S| + |D| \cdot |N| \cdot |T|)$ 个约束。

4.5 实例Ⅱ:渐进网络设计问题

在例中,我们将聚焦规划阶段,并研究运营商核心网络的升级问题,以便随着传输业务的增加而扩展其容量,将其称为渐进网络设计(GRANDE)问题。与第Ⅲ部分中提出的模型相比,其网络规划是在考虑新场景的情况下进行的,在 GRANDE 问题中已经部署的设备可以重复使用,以减少 CAPEX 成本的提升。

在以下小节中,我们首先说明 GRANDE 问题并讨论其中的 ILP 模型。鉴于其规模的大小,提出了一种基于路径生成的方法,并提出了 BRKGA 启发式方法作为替代。给出了两个真实网络示例的数值模拟结果。

4.5.1 问题说明

GRANDE 问题可表述如下:

(1) 给定:

① 连接图 $G(N,E)$,其中 N 表示可能的 OXC 位置集合,而 E 是连接位置对的链路集合。

② 子集 $N_{in} \subseteq N$ 和 $E_{in} \subseteq E$ 包含已安装的 OXC 和链路。

③ 光谱特性。

④ 业务矩阵 D。

⑤ 安装新的 OXC 和新的光纤链路的成本。

(2) 输出：

① 具有用来传输请求集合 D 的附加设备的网络拓扑。

② D 中每个请求的路由和频谱分配。

(3) 目标：最大限度降低了传输给定业务矩阵进行网络升级所产生的 CAPEX 成本。

值得注意的是，为了应对新的业务请求，通常需要采用会导致服务中断的手动操作来实现 GRANDE 解决方案（参见参考文献[21]）。在这方面，GRANDE 问题侧重于优化业务路由和网络规模，允许服务中断。

4.5.2 数学模型

4.2.3 节中为网络规划问题提出了一种比 GRANDE 简单的节点—链路方法。虽然在涉及拓扑设计时，使用节点-链路方法似乎比使用链路-路径方法更有效，但即使对于中等规模的网络实例，由于其变量和约束的数量太多会使问题难以解决。尽管链路-路径方法需要每个请求的预计算路径集，但是可以采用下一部分中描述的路径生成技术，就可以生成实现最优解所需的适当的路径集合。鉴于此，我们为 GRANDE 问题提出了一种链路-路径方法。ILP 模型扩展了 4.2.2 节中提出的 LP-SA 方法，它通过增加约束来应对已部署的设备。

我们遵循的最小化升级 CAPEX 的方法包括将已安装设备的成本设置为零，并最大限度地减少总网络的 CAPEX。CAPEX 被分为不同的组件，如安装新节点或新链路的成本。

我们注意到，当没有足够的可用资源时，确保整个业务矩阵传输的约束可能会导致不可行问题。这种约束使得路径生成变得困难，因此在所提出的方法中我们允许业务请求被拒绝，但是这样成本代价很大。当使用的预计算路由太少时，请求可能会被拒绝。

除了到目前为止已描述的符号之外，还定义了以下附加参数：

fn_n——如果 OXC 已经安装在位置 n，则其等于 1；

fe_e——如果已经建立了链路 e，则其等于 1；

cd_d——请求 d 被拒绝的相关成本；

cn_n——在位置 n 安装新 OXC 的成本；

ct——向现有 OXC 添加新链路的成本；

ce_e——安装链路 e 的成本。

还定义了新的决策变量：

y_n——二进制变量，如果 OXC 安装在位置 n，则其等于 1。

GRANDE 问题的 ILP 模型如下：

$$(GRANDE) \min \sum_{d \in D} cd_d \cdot w_d + \sum_{e \in E} (1 - fe_e) \cdot (ce_e + 2 \cdot ct) \cdot z_e +$$
$$\sum_{n \in N} (1 - fn_n) \cdot cn_n \cdot y_n \tag{4.15}$$

服从

$$\sum_{p \in P(d)} \sum_{c \in C(d)} x_{dpc} + w_d = 1, \forall d \in D \tag{4.16}$$

$$\sum_{d \in D} \sum_{p \in P(d)} \sum_{c \in C(d)} r_{pe} \cdot q_{cs} \cdot x_{dpc} \leq z_e, \forall e \in E, s \in S \tag{4.17}$$

$$\sum_{d \in D} \sum_{p \in P(d)} \sum_{c \in C(d)} g_{ne} \cdot r_{pe} \cdot x_{dpc} \leq |D| y_n, \forall n \in N, e \in E \tag{4.18}$$

式(4.15)表示的目标函数最大限度地减少拒绝业务的成本加权和(该项被赋予了相对于设备成本来说较大的系数 c)和附加设备的 CAPEX 成本。值得强调的是,当所有请求都可以使用已经部署的节点和链路进行路由时,目标函数的值为0。

式(4.16)的约束确保为每个请求分配光路,或者拒绝请求。式(4.17)的约束保证每个链路中的每个切片最多用于传输一条光路,另外还要建立一些可适应任何请求的链路。式(4.18)的约束确保 OXC 的安装位置至少有一条光路。注意同一个节点的光路数量不能超过请求的数量。

GRANDE 模型的规模为 $O(|D| \cdot k \cdot |C| + |N| + |E|)$ 个变量和 $O(|E| \cdot |S| + |E| \cdot |N| + |D|)$ 个约束,与 LP-SA 方法一致。

如上所述,原始拓扑中未建立的节点和链路的存在使得路径集难以预先计算。一方面,路径穿过已建立的资源不会增加 CAPEX,但会增加请求被拒接的可能性。另一方面,包含未建立资源的路径会导致解决方案具有较低的或为零的请求拒绝率,但会增加 CAPEX 成本。下一节会介绍一种解决这个问题的方法,该路径生成算法旨在通过同时减少请求拒绝损失和减少网络 CAPEX 来找到最小化目标函数的最优路径。

4.5.3 路径生成算法

为了找到高质量的解,我们提出了一种基于表 4.4 中描述的路径生成算法。我们修改了该算法,以便当代价算法在找不到更多新路径或达到最大迭代次数时停止。这就允许了对问题规模的控制,使问题规模与获得最优整数解所需的计算量成正比。因此,停止生成路径并且花更多的时间来解决最终的初始问题是合理的。

GRANDE 路径生成背后的具体代价问题如下:

首先,我们推导出初始(主)问题式(4.16)~式(4.18)的对偶。我们为松弛 GRANDE 问题的约束定义了以下对偶变量:λ_d 在式(4.16)的约束条件下无约束,式(4.17)的约束有 $\pi_{es} \geq 0$,式(4.18)的约束 $\mu_{ne} \geq 0$。最后,在主问题 L 中 GRAN-

DE 中的所有变量都放宽为连续的，$0 \leq x_{dpc}, w_d, y_n, z_e \leq 1$，即主问题 L 包含与初始 GRANDE 模型相同的变量集和约束集，但变量定义在连续域。

对于主问题 L，可以很容易地从其拉格朗日函数导出对偶问题，该函数是通过将约束移动到目标函数并乘以其相关对偶变量得到的。在对各组件进行分组和重新排序后，取决于初始变量和对偶变量的拉格朗日函数如下：

表 4.4　代价问题算法

输入：G, D, S, 对偶变量 $[\lambda, \pi, \mu]$	
输出：P^*	
1：	**for** D 中的每个 d **do**
2：	$incCost \leftarrow 0; P^* \leftarrow \phi$
3：	**for** $C(d)$ 中的每个频隙 "c" **do**
4：	利用式(4.20)计算链路度量 h_e
5：	$P^* \leftarrow$ 最短路径 (o_d, t_d)
6：	利用式(4.19)计算减少的成本 u_{dP^*c}
7：	**if** $u_{dP^*c} > incCost$ **then**
8：	$incCost = u_{dP^*c}$
9：	$incPat = P^*$
10：	**if** $incPath \neq \phi$ **then**
11：	$P^* \leftarrow P^* \cup incPath$

$$L(x, y, z, \lambda, \pi, \mu, \gamma, \rho)$$
$$= \sum_{d \in D} w_d \cdot (cd_d - \lambda_d) + \sum_{n \in N} y_n \cdot \left((1 - fn_n) \cdot cn_n - |D| \cdot \sum_{e \in E} g_{ne} \cdot \mu_{ne}\right)$$
$$+ \sum_{d \in D} w_d \cdot (cd_d - \lambda_d) + \sum_{n \in N} y_n \cdot \left((1 - fn_n) \cdot cn_n - |D| \cdot \sum_{e \in E} g_{ne} \cdot \mu_{ne}\right)$$
$$+ \sum_{e \in E} z_e \cdot \left((1 - fe_e) \cdot (ce_e + 2 \cdot ct) - \sum_{s \in S} \pi_{es}\right) + \sum_{d \in D} \lambda_d \quad (4.19)$$

目前，对偶问题 (D) 被定义为对偶空间中的最大化问题，其中括号中的变量是与对偶中的每个约束都相关的初始变量。

$$(D) \max \sum_{d \in D} \lambda_d \quad (4.20)$$

服从

$$[x_{dpc} \geq 0] \lambda_d \leq \sum_{e \in E} r_{pe} \cdot \left(\sum_{s \in S} q_{cs} \cdot \pi_{es} + \sum_{n \in N} g_{ne} \cdot \mu_{ne}\right),$$
$$\forall d \in D, p \in P(d), c \in C(d) \quad (4.21)$$

$$[y_n \geq 0] |D| \cdot \sum_{e \in E} g_{ne} \cdot \mu_{ne} \leq (1 - fn_n) \cdot cn_n, \forall n \in N \quad (4.22)$$

$$[z_e \geq 0] \sum_{s \in S} \pi_{es} \leq (1 - fe_e) \cdot (ce_e + 2 \cdot ct), \forall e \in E \quad (4.23)$$

由于代价问题的目标是增加当前尚未纳入考虑的路径,这将变为增加新的对偶约束,从而使当前最优对偶解不可行。从对偶问题的公式来看,式(4.21)是唯一一个为路径变量定义的约束;因此,候选路径 p^* 被添加到该问题中的唯一条件是必须违反这个约束。令 u_{dp^*c} 为使用新路径 p^* 和频隙 c 的请求 d 被减少的成本;只有当减少的成本是严格的正数时,p^* 才成为一条候选路径,即

$$u_{dp^*c} = \lambda_d - \sum_{e \in E} r_{pe} \cdot \left(\sum_{s \in S} q_{cs} \cdot \pi_{es} + \sum_{n \in N} g_{ne} \cdot \mu_{ne} \right) > 0 \quad (4.24)$$

因此,根据式(4.24)代价问题可表述如下:对于 D 中的每个请求,找到路径 p^* 和频隙 $c \in C(d)$,最大化降低成本 u_{dp^*c},前提是 $u_{dp^*c} > 0$。注意,选择降低成本最多的路径,可以使主问题目标函数中具有最高的降低率。

解决代价问题的算法如表4.4所示。对于每个请求 d,计算 $C(d)$ 中的每个时隙最短路径。对于给定的频隙 c,用于计算最短路径的链路量度 h 设置如下(表4.4中的第4行):

$$h_e(c) = \sum_{s \in S} q_{cs} \cdot \pi_{es} + \sum_{n \in N} g_{ne} \cdot \mu_{ne} \quad (4.25)$$

一旦找到路径(表4.4中第5行),就使用式(4.24)计算降低成本,若高于现有成本,则该路径被存储为当前路径。在搜寻该请求的所有可能的频隙后,当前路径被置于集合 P^* 中,集合 P^* 包含所有请求的已生成路径(表4.4中第6~9行)。我们已经提出了一种路径生成方法,来替代按照自然链接度量预先计算最短路径的方法。但是,当问题实例过大而无法采用该方法时,就需要使用其他启发式算法。下一小节介绍了解决 GRANDE 问题的 BRKGA 启发式算法的详细信息。

4.5.4 BRKGA 启发式算法

正如4.3.2节所指出的那样,BRKGA 启发式算法唯一与问题相关的部分是染色体结构和解码器算法。表4.5给出了解码器算法的伪代码。这种解码器使用染色体对请求集进行排序,因此在每个染色体都包含 D 中的每个请求 d 的一个基因。

首先给出所有可用节点和链路的拓扑,每个节点和链路的度量进行正确初始化,促进已建立的节点和链路的使用(表4.5中的第1~3行),这些信息随后将用于 RSA 算法。接下来,使用输入染色体中的基因值(表4.5中第4行)对请求进行分类。

表 4.5　解码器算法

输入:G,D,染色体 chr,建立成本	
输出:解、适应度	
1：	使用已安装的节点和链接初始化解
2：	初始化节点和链接的度量
3：	如果已建立则设置为 0,否则设置为其成本
4：	根据 chr 中的基因对 D 进行排序
5：	**For** D 中的每一个 d
6：	d.lightpath ← RSA(G,d)
7：	**if** d.lightpath = ϕ **then**
8：	**Return** *INFEASIBLE*
9：	allocate(G,d)
10：	*Solution.D* ← *Solution.D* ∪ d
11：	**if** 已建立新节点和/或链接 **then**
12：	将新安装的设备的度量设置为 0
13：	*Solution.Equip* ← *Solution.Equip* ∪ {installedequip}
14：	适应度 ← 计算出的 CAPEX(解)

下节将评估,利用从实际网络实例获得的网络和流量方案来解决 GRANDE 问题的性能。

4.6　实例Ⅲ:弹性带宽配置

如果我们回过头来考虑网络生命周期,则可以使用规划离线 RSA 算法(4.2 节)来设计网络,然后逐步重新设计网络以适应业务变化(4.5 节)。我们设想了一个灵活的网络,可以在两个不同的层级上实现动态业务变化。第一级是建立新连接,可能需要部署新的设备(GRANDE 问题)。鉴于新一代转发器的传输速率会很高(参考文献中已经出现了 400Gb/s 或 1Tb/s 的设计[16-17]),经过相对较长的时间,一个需要新转发器的新连接才会到来。第二级是通过调整可调谐转发器来缓冲速率变化,如调整调制方式和/或频隙的数量。

因此,在该例中,我们假设光路径可以动态地扩展/收缩频谱,以遵循中小型动态业务的变化(如每日业务周期)。由光路释放的切片可以在不同的时刻被分配给不同的光路,从而获得统计复用增益。统计复用减少了给定业务所需的频谱和切片总数,或者以问题的对偶形式减少在切片数量给定情况下业务变化引起的阻塞。

4.6.1 频谱分配策略

参考文献[22]的作者发现了用于时变业务请求的三种其他频谱分配策略(见图4.1)。特别的,频谱分配策略对分配的中心频率(Central Frequency,CF)和分配的频谱宽度做出了以下限制:

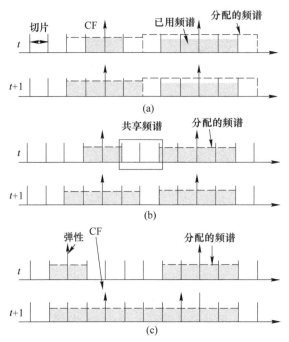

图4.1 灵活栅格网络中变速率业务的三种频谱分配策略
注:观察两个时间间隔:给出了 t 之前和 $t+1$ 之后的频谱适配。
(a)固定;(b)半弹性;(c)弹性。

(1)固定:指定的 CF 和频谱宽度都不会随时间变化如图4.1(a)所示。在每个时间段,请求可以利用被分配频谱的全部或一小部分来传输该时段所请求的比特速率。

(2)半弹性:指定的 CF 是固定的,但分配的频谱可能会有所不同如图4.1(b)所示。频谱增量/减量的实现,可通过对称地分配/释放频率切片,即在已经分配的频谱的每一端同时保持 CF 不变。频率切片可以在相邻请求之间共享,但是在一个时间间隔内最多被一个请求使用。

(3)弹性:允许非对称频谱扩展/缩减(相对于已分配的频谱),如图4.1(c)所示,这可能导致中心频率的短暂位移。但光谱中光路的相对位置仍保持不变,即不进行光谱中的重新分配。

动态光路自适应问题在参考文献[23]中得到了解决,它可以表示为:

(1) 给定:

① 核心网络拓扑表示为图 $G(N,E)$,N 是一组光节点,E 为连接两个光节点的双向光纤链路集合;每条链路由两根单向光纤组成。

② 对于 E 中的每条链路,S 为给定频谱宽度的可用切片集合。

③ L 为已经在网络上建立的光路的集合;每条光路 l 由元组 $\{R_l, f_l, s_l\}$ 定义,其中有序集合 $R_l \in E$ 表示其物理路径,f_l 为其中心频率,s_l 为频率切片的数量。

④ 到达的光谱自适应请求的光路径 $p \in L$ 和所需的频率切片数 $(s_p)^{req}$。

(2) 输出:如果使用半弹性和弹性策略,则对于给定光路径 p 的频谱分配,有下列新值:$\{R_p, f_p, (s_p)'\}$ 和 $\{R_p, (f_p)', (s_p)'\}$。

(3) 目标:最大化可提供的比特速率数量。

对于固定频谱分配策略,已分配的频谱不会随时间改变,因此,业务任何超过已建立光路容量的部分都将丢失。关于半弹性和弹性策略,相应的光路自适应算法分别在表 4.6 和表 4.7 中给出。在下文中,我们将讨论这些算法的细节。

表 4.6 半弹性频谱分配算法

输入: $G(N,E), S, L, p, (s_p)^{req}$	
输出: $(s_p)'$	
1:	**if** $(s_p)^{req} \leq s_p$ **then**
2:	$(s_p)' \leftarrow (s_p)^{req}$
3:	**else**
4:	$L^+ \leftarrow \phi, L^- \leftarrow \phi$
5:	**for each** $e \in R_p$ **do**
6:	$L^- \leftarrow L^- \cup \{l \in L : e \in R_l, \text{adjacents}(l,p), f_l < f_p\}$
7:	$L^+ \leftarrow L^+ \cup \{l \in L : e \in R_l, \text{adjacents}(l,p), f_l > f_p\}$
8:	$s_{max} \leftarrow 2 * \min\{\min\{f_p Y \mid X - f_l - s_l, l \in L^-\}, \min\{f_l - f_p - s_l, l \in L^+\}\}$
9:	$(s_p)' \leftarrow \min\{s_{max}, (s_p)^{req}\}$
10:	Return $(s_p)'$

半弹性算法:对光路 p 和要分配的所需频谱切片数量请求弹性操作,已给定 f_p 保持不变。由于实现了灵活栅格,则 $(s_p)^{req}$ 必须是偶数。如果要求弹性谱减少,则光路 p 的元组变为 $\{R_p, f_p, (s_p)^{req}\}$(表 4.6 中第 1~2 行)。相反,当要求弹性扩展时,通过迭代路由 p 的每个链路,找到每个频谱侧的频谱相邻的光路集合(表 4.6 中第 4~7 行)。随后计算没有 CF 移位的可用频谱的最大值 s_{max},并且实际分配给 p,$(s_p)'$ 被计算为值 s_{max} 和所请求的频谱值之间的最小量(表 4.6 中第 8~9

行)。光路 p 的元组现在表示为 $\{\{R_p, f_p, (s_p)'\}\}$。

弹性算法:因为这里 p 的 CF 可变,因此本算法与上面说明的半弹性算法存在差异。当前,$s_{\max}$ 的值仅受最近的频谱相邻路径之间可用切片数量的约束。$s_{\max}$ 是沿已分配频谱的左侧链路的最小可用切片和右侧链路最小可用切片之和(表 4.7 中第 9 行)。最后,通过计算新的 CF 值来获得返回值 $(f_p)'$,以便最小化 CF 移位(表 4.7 中第 11 行)。

表 4.7 弹性频谱分配算法

输入: $G(N,E), S, L, p, (s_p)^{req}$	
输出: $(f_p)', (s_p)'$	
1:	**if** $(s_p)^{req} \leq s_p$ **then**
2:	$(s_p)' \leftarrow (s_p)^{req}$
3:	$(f_p)' \leftarrow f_p$
4:	**else**
5:	$L^+ \leftarrow \phi, L^- \leftarrow \phi$
6:	**for each** $e \in R_p$ **do**
7:	$L^- \leftarrow L^- \cup \{l \in L: e \in R_l, \text{adjacents}(l,p), f_l < f_p\}$
8:	$L^+ \leftarrow L^+ \cup \{l \in L: e \in R_l, \text{adjacents}(l,p), f_l > f_p\}$
9:	$s_{\max} \leftarrow \min\{f_p - f_l - s_l, l \in L^-\} + \min\{f_l - f_p - s_l, l \in L^+\}$
10:	$(s_p)' \leftarrow \min\{s_{\max}, (s_p)^{req}\}$
11	$(f_p)' \leftarrow \text{findSA\_MinCFShifting}(p, (s_p)', L^+, L^-)$
12:	**Return** $(f_p)', (s_p)'$

4.6.2 频谱扩展/收缩策略

为了实现频谱的动态共享,我们需要定义频谱扩展/收缩(Spectrum Expansion/Contraction,SEC)策略来规范其实施方式[24]。在其所提出的频谱共享框架下,一个连接与跟它频谱相邻的连接共享频隙。

第一个策略是固定策略,在该策略中每个连接被赋予特定数量的频谱,并且不与其他连接共享。该策略为其他策略能在连接之间实现动态频谱共享构建了基础。

第二个策略是动态高扩展-低收缩(Dynamic High expansion-Low contraction,DHL)策略,针对路径 p 上的一个连接要增加其传输速率的需求,首先扩展其较高的频隙,直到其达到在路径 p 的某个链路上已由上部频谱相邻连接占用的频隙。然后,如果需要额外的带宽,它会扩展其较低的频隙,直到它达到在 p 的某个链路上已由底部频谱相邻连接占用的频隙。如果连接需要进一步增加其速率并且没有更高或更低的空闲频隙空间,则发生阻塞(对于超出的速率)。注意,因为 DHL 策略总是会去填充空闲得更高的频隙,因此它间接进行了频隙碎片整理。当一个连接因其速率降低而减少其频隙时,设计该连接首先释放较低的频隙,如果这些频隙减少到零,则会释放更高的频隙。

另一项 SEC 策略是动态交替方向(Dynamic Alternate Direction, DAD)策略,旨在围绕参考频率对称地使用频谱。当一个连接希望增加其传输速率,在 DAD 策略下从其较高的频隙开始,交替使用较高和较低的频隙,直到达到已经分别由上部或底部频谱相邻连接占用的频隙。如果需要额外的频隙,则向另一个方向扩展,在这种情况下会丢失对称性。之后会不断检测是否可以向使用更少频隙的方向扩展,使用同一时间其他连接释放的频隙。如果连接需要更多频隙却没有更高或更低的空闲频隙,就会发生阻塞。当连接由于其速率降低而减少频隙时,首先从使用更多时隙的方向释放频隙,一旦有相同数量的更高和更低的频隙,就减少较低的频隙。因此,扩展和收缩的过程都被设计为服从对称的频谱利用率,使得连接的 CF 不会频繁地改变,并且接近于低拥塞时使用的参考频率。

参考文献[25]提出了利用频谱相邻连接的更先进的 SEC 策略。

4.7 结　　论

本章回顾了 RSA 相关的优化问题以及可用于解决这些问题的可用技术。

首先介绍本章中使用的符号,使用频隙对频谱邻接约束进行建模,即固定频谱宽度的连续频率切片集合。将所需频谱宽度的频隙分配给光连接,这极大地简化了频谱分配问题。

在介绍符号之后,给出了链路路径、转发器配置-链路路径和节点-链路模型与简单的离线规划问题的关联。通过比较这些方法的规模,发现链路-路径方法的规模远低于节点-连接方法。尽管如此,这些非常简单的问题其规模也很大,导致除了使用商业解算装置来求解数学模型之外,还需要对求解方法进行评估。

基于上述情况,本章提出了大规模优化技术和元启发式算法,提出使用列生成和 Bender 分解方法处理大规模问题的实例,详细介绍了提供近似最优解的 GRASP 和 BRKGA 元启发式框架。此外,还介绍了一种计算单连接请求的 RSA 问题算法。

之后提出并解决了三个说明性用例:考虑 PLIs 的供应问题,设计和定期升级灵活栅格网络的 GRANDE 问题,以及弹性带宽配置,这里分配给连接的频谱可以根据时变的传输速率需求进行调整。

参 考 文 献

[1] L. Velasco, D. King, O. Gerstel, R. Casellas, A. Castro, V. López, In-operation network planning. IEEE Commun. Mag. 52,52-60 (2014)
[2] K. Christodoulopoulos, I. Tomkos, E. Varvarigos, Elastic bandwidth allocation in flexible OFDM based optical networks. IEEE J. Lightwave Technol. 29,1354-1366 (2011)
[3] Y. Wang, X. Cao, Y. Pan, A study of the routing and spectrum allocation in spectrum-sliced elastic optical path networks, in *Proceedings IEEE INFOCOM*, 2011
[4] L. Velasco, M. Klinkowski, M. Ruiz, J. Comellas, Modeling the routing and spectrum allocation problem for flexgrid optical networks. Photon. Netw. Commun. 24,177-186 (2012)
[5] M. Pióro, D. Medhi, *Routing, Flow, and Capacity Design in Communication and Computer Networks* (Morgan Kaufmann, San Francisco, 2004)
[6] O. Pedrola, A. Castro, L. Velasco, M. Ruiz, J. P. Fernández-Palacios, D. Careglio, CAPEX study for multilayer IP/MPLS over flexgrid optical network. IEEE/OSA J. Opt. Commun. Netw. 4,639-650 (2012)
[7] CPLEX optimizer, http://www-01.ibm.com/software/commerce/optimization/cplex-optimizer/index.html
[8] A. Land, A. Doig, An automatic method of solving discrete programming problems. Econometrica 28,497-520 (1960)
[9] M. Ruiz, M. Pióro, M. Zotkiewicz, M. Klinkowski, L. Velasco, Column generation algorithm for RSA problems in flexgrid optical networks. Photon. Netw. Commun. 26,53-64 (2013)
[10] T. A. Feo, M. Resende, Greedy randomized adaptive search procedures. J. Global Optim. 6,109-133 (1995)
[11] J. Gonçalves, M. Resende, Biased random-key genetic algorithms for combinatorial optimization. J. Heuristics 17,487-525 (2011)
[12] M. Gendreau, J. Potvin, *Handbook of Metaheuristics*, 2nd edn. (Springer, Berlin, 2010)
[13] L. Velasco, P. Wright, A. Lord, G. Junyent, Saving CAPEX by extending flexgrid-based core optical networks towards the edges (Invited Paper). IEEE/OSA J. Opt. Commun. Netw. 5, A171-A183 (2013)
[14] A. Castro, L. Velasco, M. Ruiz, M. Klinkowski, J. P. Fernández-Palacios, D. Careglio, Dynamic routing and spectrum (re)allocation in future flexgrid optical networks. Comput. Netw. 56,2869-2883 (2012)
[15] J. Yen, Finding the k shortest loopless paths in a network. Manag. Sci. 17,712-716 (1971)
[16] A. Autenrieth, J.-P. Elbers, M. Eiselt, K. Grobe, B. Teipen, H. Griesser, Evaluation of technology options for software-defined transceivers in fixed WDM grid versus flexible WDM grid optical transport networks, in *ITG Symposium on Photonic Networks*, 2013
[17] M. Svaluto Moreolo, J. J. Fabrega, L. Nadal, F. J. Vilchez, G. Junyent, Bandwidth variable tran-

sponders based on OFDM technology for elastic optical networks, in *International Conference on Transparent Optical Networks (ICTON)*, 2013

[18] A. Klekamp et al. ,Limits of spectral efficiency and transmission reach of optical-OFDM superchannels for adaptive networks. IEEE Photon. Technol. Lett 23(20), 1526-1528 (2011)

[19] O. Rival, A. Morea, Cost-efficiency of mixed 10-40-100Gb/s networks and elastic optical networks, in *OFC*, 2011

[20] K. Christodoulopoulos, P. Soumplis, E. Varvarigos, Planning flexgrid optical networks under physical layer constraints. IEEE/OSA J. Opt. Commun. Netw. 5, 1296-1312 (2013)

[21] M. Ruiz, A. Lord, D. Fonseca, M. Pióro, R. Wessäly, L. Velasco, J. P. Fernández-Palacios, Planning fixed to flexgrid gradual migration: drivers and open issues. IEEE Commun. Mag. 52, 70-76 (2014)

[22] M. Klinkowski, M. Ruiz, L. Velasco, D. Careglio, V. Lopez, J. Comellas, Elastic spectrum allocation for time-varying traffic in flexgrid optical networks. IEEE J. Sel. Areas Commun. 31, 26-38 (2013)

[23] A. Asensio, M. Klinkowski, M. Ruiz, V. López, A. Castro, L. Velasco, J. Comellas, Impact of aggregation level on the performance of dynamic lightpath adaptation under time-varying traffic, in *Proc. IEEE International Conference on Optical Network Design and Modeling (ONDM)*, 2013

[24] K. Christodoulopoulos, I. Tomkos, E. Varvarigos, Time-varying spectrum allocation policies in flexible optical networks. IEEE J. Sel. Areas Commun. 31, 13-25 (2013)

[25] E. Palkopoulou, I. Stakogiannakis, D. Klonidis, K. Christodoulopoulos, E. Varvarigos, O. Gerstel, I. Tomkos, Dynamic cooperative spectrum sharing in elastic networks, in *Optical Fiber Communications Conference (OFC)*, 2013

第 5 章 弹性光网络传输

Antonio Napoli, Danish Rafique, Marc Bohn,
Markus Nölle, Johannes Karl Fischer, and Colja Schubert

5.1 引 言

自 2001 年网络泡沫以来,光通信系统的体量增长显著[1]。在此期间,信道速率从 10G 到 40G 到现在的商用 100G[2-4,104]。在撰写本文的同时,200G 的解决方案已进入市场,400G 和 1T 转发器的第一个原型样机正处于开发阶段[5-7]。

从技术上讲,这代表了从强度调制直接检测(DD)系统向使用相干检测和数字信号处理(DSP)的多电平多相位正交幅度调制(QAM)系统的逐步转变。通过 DSP、先进调制方式和相干检测这三个要素的同时存在,使当前商业光通信系统的实现成为可能。

回顾历史,第一个商业波分复用(WDM)光学系统建立于 20 世纪 90 年代初。在 20 世纪末,政府和社会机构在电信基础设施方面投入大量资金。前者部署了大量的光缆,后者投资了先进光子技术的研究和开发。2001 年网络泡沫崩溃时,相当多的公司受到严重影响,被迫破产,被其他公司收购,或规模大大缩减,一些国有运营商被私有化。

互联网热潮的开始,标志着网络泡沫只剩下最后余波。新的服务,如 Google 和 YouTube 进入网上市场,彻底改变了人们使用互联网的方式。这大大增加了网络容量需求,并且促使运营商在其光网络(作为骨干网服务)上部署更多具有更高数据传输速率的光通道,以增加带宽满足容量需求,同时最小化资本支出(CAPEX)。当时(2003 年)高速电子技术尚不能与光技术均衡竞争,因此长距离光学系统都是色散管理的,如群速度色散(Group Velocity Despersion,GVD)通过色散补偿光纤进行在线补偿。一些研究评估了以低成本提供高带宽的几种方案,同

A. Napoli(✉) · D. Rafique · M. Bohn
Coriant R&D GmbH,德国慕尼黑
e-mail:antonio.napoli@coriant.com

M. Nölle · J. K. Fischer · C. Schubert
弗朗霍夫通信研究院海因里希赫兹研究所,光子网络与系统部,德国柏林

时考虑到新的大型建设(如部署新型光纤)明显受限,所以绝大多数方案都采用了数字化方法来补偿光学损伤。这些研究最初专注于 DD 系统;例如 CoreOptics(现为思科)采用最大似然序列估计(Maximum Likelihood Sequence Estimation,MLSE)算法[8]开发了一款具有 10G/s 均衡器的商用芯片,但该均衡器只能补偿因缺乏相位信息而导致的有限数量的失真(在 DD 中较典型)。同时,Taylor 的实验[9]强调 DSP 应用于信号相干检测的强大功能(其中,关于相位和幅度的保留信息能够充分利用先进的补偿技术),以及完全补偿线性损伤的能力,如 GVD 和偏振模色散(Polarization Mode Dispersion,PMD)[3,4,10]。这些研究并行直至 2007 年,当时市场上出现了第一个用于光学相干接收器的专用集成电路(Application-Specific Integrated Circuit,ASIC)原型样机,此后,DD 被降级在低成本城域网上应用。

高速电子设备,如互补金属氧化物半导体(CMOS)技术的最新发展使得制造用于 DSP 的 ASIC 成为可能,并且其重要性和影响也很快受到关注,用于光网络设备的复杂、专门的 ASIC 完成了商业化。类似的改变发生在高速数模转换器(DAC)和模数转换器(Analog-to-Digital Converter,ADC)设备中,其取样速率和分辨率性能都很出色[11]。当前的 DSP ASIC 包括多达 1.5 亿个的门,每个门的大小为 20nm 或更小,通过多核架构实现 400Gb/s 的最大信号处理能力,一个双核处理器每个核可处理 200Gb/s,四核处理器每个核可处理 100Gb/s 的信号。商用 DAC/ADC 板在约 5.5 有效位数(Effective Number of Bit,ENOB)的分辨率和 64GSamples/s 的采样率[12]下可以实现≥32GBd 的传输符号率。下一代 DSP ASIC 的目标容量约为 1Tb/s,如使用四核 ASIC 符号率≥40GBd[5]。

这些创新带来许多好处:现在可以生成具有高频谱效率(Spectral Efficiency,SE)的多电平多相位调制方式;元件缺陷可以通过 DSP ASIC 来抑制;光纤线性传播效应可以在数字域中完全补偿,从而简化链路设计(复杂性从链路转移到转发器);采用先进的 DSP 算法可以显著提高系统性能。然而,并不是所有类型的损伤都可以进行数字补偿,特别是非线性光纤传播效应仍然是增加系统容量所要面对的主要挑战。如参考文献[13-16]中提出的诸如自相位调制(Self-Phase Modulation,SPM)和交叉相位调制(Cross-Phase Modulation,XPM)的影响,仅能被部分减轻。

所有这些都需要应对不断增长的带宽需求[17],目前已经提出了几种扩大 SE×(距离)乘积的策略。其中,值得一提的是以下三种方法:①生产高性能光纤(如低衰减和低非线性)和混合放大方案(如集中和分布式放大)[18-20];②多模或多核传播[21];③弹性光网络(EON)方案[17,22]。

当前普遍认为,EON 是满足现有固定栅格光学系统升级需求的最有希望的候选方案之一,因为:①它支持逐步地平滑部署;②优化频谱分配;③因为只有转发器和光节点两个网络元件需要升级,所以网络升级的总体成本是可承受的。

EON 架构源于移动通信，包括软件定义网络（SDN）技术原理。EONs 的主要思想是通过使用具有缩小尺寸的频隙实现灵活的信道分配，从而在整个网络中有效利用光谱。例如，国际电信联盟电信业务部门（ITU-T）推荐的频率栅格从目前固定的 50/100GHz 密集 WDM（DWDM）栅格转换到粒度≤12.5GHz 的灵活栅格。

此外，波长选择开关（WSS）技术（如硅晶体）的最新进展也为这些光栅的商业化生产铺平了道路。灵活性和颗粒度的增加使得在需要新光路时能够设计定制化的频率栅格，同时多个子载波复用可形成超信道，并且最小化信道间串扰[23]。

考虑到这一点，ITU-T 已经对 G.694.1 和 G.872 标准进行了调整，以在 ITU 栅格中建立灵活性[24]。ITU-T 第 15 研究组定义了一个新的 DWDM 概念，从 G.694.1 标准开始，采用标准化标称中心频率（粒度 6.25GHz），信道宽度（12.5GHz 的倍数）和频隙的概念。这种方案中，在光谱（媒体信道）内，数据平面连接基于可分配、可变大小的频率范围进行切换，为 EONs 提供了第一块基石。这种技术可被诸如采用超信道的多载波 DWDM 传输使用。

一旦为灵活架构进行 ITU 栅格标准化，当前的转发器和可重构光分插复用器（ROADM）也将遵循相同路径发展。在这种情况下，光转发器将朝着带宽可变转发器（BVT）[25,26]发展，它能够根据需要通过扩展或收缩带宽来动态地调整频谱，这可以通过基于覆盖范围和容量之间的动态权衡来改变子载波的数量、码速率和所采用的调制方式来实现[26]。然而，当 BVTs 以低比特率传输时，它的部分能力未被用到。因此，引入切片式 BVT（S-BVT）的概念[25]，以进一步提高网络内弹性和效率水平。S-BVT 可以点对多点传输，可以改变到达每个目的地的业务速率，以及改变目的地数量（如多路传输）。

这些功能可通过结合了透明 DSP 算法的高质量硬件模块实现。BVT 必须能够：①生成从低 SE、长距离，如二进制相移键控（Binary PSK, BPSK），到高 SE QAM 格式的大量调制方式；②根据实际业务情况适配数据、符号、码率；③在具有足够系统余量的情况下能够通过不同的网络和距离进行传播。例如，高阶调制方式中以 16-QAM 到 256-QAM 为例，可在短距离内提供超高数据速率（从而最大化 SE），被证明是点对点连接的最佳选择。另外，跨洋链路上的大容量传输需要诸如正交相移键控（QPSK）或 BPSK 之类的鲁棒性高的（因此较低阶的）调制方式，以便以 SE 为代价实现覆盖范围最大化。

本章探讨了采用（S）-BVT 架构 EON 背景下的传输，其结构如下：5.2 节通过关注当前的技术和部件，描述了 EON 的主要系统损伤和挑战，描述了 DSP 架构以及用于抑制部件和传播损伤的先进解决方案。5.3 节通过关注具有可变码速率的先进调制方式及其优化的发展历程来探讨 BVT。最后，5.4 节给出了未来光学系统的展望，5.5 节得出结论。

5.2 系统损伤及其抑制

5.2.1 节对下一代弹性光网络的部件损伤和传输介质损伤的不同进行了区分，突出了技术局限性以及部件、传输介质和网络设备的某些特性。5.2.2 节在部件和光纤传播补偿方面，介绍了现代光通信系统的一些先进的抑制技术。

5.2.1 系统损伤

光通信系统由发射机、传输信道和接收机三个主要模块组成。在目前带宽需求呈指数增长的背景下，对这三个模块将会有最大程度的要求。可以预见，下一代 EON 将通过单模光纤进行超过 40Tb/s 容量的传输（相对于当前已部署系统的四倍增长），以满足当前的业务预测[5]。因此，全球的部件制造商、系统供应商和网络运营商正共同致力于改进部件技术，以降低系统成本并研究高效的网络架构。

1. 发射机损耗

下一代 BVT（参见 5.3 节）将能够生成以变码速率传输的高阶调制方式。因此，其部件必须满足严格的带宽要求，以便将因带宽限制而导致的退化最小化。由置于发射机内的 DSP 单元对剩余的退化进行补偿（见 5.2.2 节）。

激光器是发射机最重要的设备之一。EONs 所需的激光器的特性应有：整个 C 波段的可调谐；最小输出光功率为 16dBm；线宽 ≤100kHz；频率稳定度 ≤1.5GHz。我们找到了包含以下几种功能的 DSP 单元：①数字脉冲整形器（例如，在奈奎斯特 DWDM 传输情况下，对各个子载波进行数字预滤波以形成超信道）；②数字 GVD 预补偿，某些情况下信道的非线性预失真；以及最后，数字预补偿（见 5.2.2 节）。

在 DSP 之后，我们碰到的主要部件是 DAC、驱动器放大器和同步正交（In-phase Quadrature，IQ）马赫-曾德尔调制器。

DAC 支持多电平高阶调制方式的生成。商用 DAC 采用 20nm 及以下的 CMOS 技术，电带宽约为 16GHz 和 64G Samples/s，对 DAC 的进一步限制由振幅分辨率表示。当前，DAC 可以提供多达 8 个量化比特，由于频率依赖性、时钟抖动等引起的衰减，每个比特降低到约 5.5 ENOB，最后一点对于生成高阶调制方式（如 128-QAM）至关重要。

DAC 之后是驱动器放大器，它为接下来的调制器设置幅度电平。此外，它引入了诸如存储效应、电带宽受限和非线性之类的几种劣化。通过使用数字预失真可以抑制这些影响。

最后一个部件是 IQ 马赫-曾德尔调制器，这是一个非线性设备，其特性在于带宽、消光比和非线性三个主要参数。在没有使用调制器数字预失真技术的情况下，驱动放大器将稳定调制器的输入，使其以线性方式运行。这一方面会产生无失真的信号，但另一方面它会显著降低调制器输出端的光功率，所以在信号进入光纤前可能需要增加光放大器。除了正弦特性之外，调制器还受到有限消光比（由来自生产过程中的调制器缺陷引起)的影响,会进一步降低其输出。如今,商用调制器实现了大约 20~25dB 的消光比(Extinction Ratio,ER),这些值不会对低阶调制方式(如 QPSK)造成影响,但会对诸如 64-QAM 的方案造成严重影响。

总的来说,上述模块存在电带宽限制。例如,商用设备的这条组件链的等效带宽低于 10GHz。这会导致严重的退化,因为 BVT 的主要特征之一就是能发送可变码速率,使数据速率可变或者前向纠错(FEC)阈值可调整。在这两种情况下,带宽限制意味着要使用数字预补偿技术。最终,我们得出结论,高阶调制方式的生成和接收需要增加光功率,并增加传输的光信噪比(Optical Signal-to-Noise Ratio,OSNR)。这可以通过在光场进入光纤之前放置附加的光放大器来实现。在下一节中,我们将解释为什么这种方法不能通用。

2. 信道损伤

光信道受到两种类型的损伤影响。第一种与传输介质直接相关,非理想的工业流程和材料导致生产出有瑕疵的光纤,降低了传输性能。第二种取决于一些用于补偿传播损伤或用于构建网络之类的部件,第一种通常称为光纤传播损伤。我们回顾了衰减、线性效应(如 GVD,PMD),以及非线性效应,如 SPM,XPM 和四波混频(Four-Wave Mixing,FWM)。此外,还存在诸如光纤接头、机械应力、物理劣化、连接器等损伤,这些损伤在系统部署中是典型的。

在采用直接检测的阶段,通过定制化的链路设计和在线光学补偿器补偿传播损伤。通过相干检测和 DSP,使线性效应在数字领域得到完全的补偿。但是衰减和非线性效应在 DSP 中仍无法补偿。一种方案是为了解决衰减而安装掺铒光纤放大器(Erbium-Doped Fiber Amplifier,EDFA)以保持光功率恒定。然而,这种解决方案降低了 OSNR,即传输质量,这是由于每个放大器都增加了噪声,从而降低了 OSNR。关于非线性补偿问题已经提出了很多方法,但都没有明确的方案进行实际实施,这部分将在 5.2.2 节进行讨论。

通过部署新的工程光纤,可以减少这两种损伤(由 EDFA 引起的噪声累积和非线性效应)。例如,最近出现在市场上的超低损耗光纤,这种类型的光纤显著地减少了所需光放大器的数量,从而增加了 OSNR,并且还实现了高阶调制方式下的无差错传输。类似地,可以实现具有超非线性的光纤,从而能支持更高的发射功率,并且在足够的 OSNR 等级下可以接收高阶调制方式。这两种解决方案都是可实现的,但它们的部署成本仍然很高。衰减恢复的另一种可能是利用拉曼放大器,这是由于分布式的放大具有降低光纤中非线性效应的优点,并且可引入低噪声系数。最优网络设计结合了拉曼放大器和 EDFA。例如,在参考文献[27]中展示了联合这些设备可为新型光纤带来的巨大好处。

下一代 EON 中的进一步劣化是由级联滤波器引入的。EON 将以新型的基于 WSS 的 ROADM 为特征,采用粒度≤12.5GHz 的 WSS,具有优化网络带宽分配的巨大优势,因此可以显著减小在当前的50GHz固定系统中相对较大的保护频带。另外,当光信道通过具有这种配置的级联窄带光滤波器时,它们会遭受退化,这种退化可能会在上述的光纤传播损伤中占主导。最后,目前的WSS并不理想,这大大限制了信道可以通过的滤波器数量(见5.2.3节)。

3. 接收机损伤

与发射机相比,接收机硬件问题较少,除了将模拟信号转换为数字信号所需的ADC,其余部分专用于DSP ASIC单元,该ASIC单元明显地比发射机中ASIC单元规模更大且更复杂。

此外,本地振荡激光器需要较低的线宽以便能够接收高复杂调制方式,就如发射机处的激光器那样。光接收器,特别是联合跨阻放大器,需要足够的带宽以避免在高码速率接收情况下的失真。最后,ADC受DAC的相同特性(ENOB,电带宽和足够的采样率)的影响,如果我们增加码速率和/或调制方式的顺序,该特性将变得相关。

DSP ASIC通过数学算法补偿系统损伤。目前的ASIC受到20nm CMOS技术的限制,该技术为了目标功耗和物理尺寸对最大门数设置了一个上限。这降低了在实际中实现非线性抑制技术的可能性,如数字反向传播(Digital Back-Propagation,DBP)需要大量的门[14]。降低ASIC复杂度的一种可能方法是部分补偿光学域中的传播损伤或使用更好的部件/光纤。另一个方法是根据特定需求定制ASIC,如用于城域光网络较低的前向纠错开销(Forward Error Correction-Overhead,FEC-OH),以及用于超长距离的较高FEC-OH。相同的理念可应用于GVD补偿。总的来说,必须设计用于DSP ASIC的模块化系统,该系统通过采用自适应码速率和可变调制方式,原则上可适应不同距离上的传输。

5.2.2 EON的数字信号处理

在EON中,DSP在BVT中的作用体现在两个方面:①补偿传输损伤;②减少非理想硬件带来的损失,以便生成高级调制方式。在第一部分,我们通过比较数据辅助算法和盲算法来研究DSP架构。而在第二部分,我们阐释了在发射机上使用的新型DSP算法,它可以减少组件缺陷带来的影响,并在接收机处补偿非线性效应。

1. 数字信号处理结构

相干接收机中典型信号处理结构的常见步骤如下:

(1) 光学前端缺陷的重采样和校正(纠偏和正交化)。

(2) 静态信道损伤修正(GVD补偿)。

(3) 动态信道损伤的均衡(偏振旋转,PMD,定时恢复,匹配滤波)。

(4) 本地振荡器和信号光之间的频偏补偿,最后载波相位恢复。

(5) 信号估计、解码和 FEC[10]。

使用均衡器内导出的信息,可以对几个信道和信号参数进行估计,从而利用它们进行光学监测。在 S-BVT 中,DSP 算法调制方式必须透明,这样才能够灵活地选择不同的比特率和频谱效率。

2. 盲 DSP 结构

传统的盲 DSP 接收机采用时域均衡,只提供动态信道均衡器[10]和载波相位估计[28]两个 DSP 功能,并且需要已接收调制方式的相关信息。一个盲 DSP 接收机的基本构造如图 5.1(a)所示[29]。由于动态均衡器的更新标准取决于调制方式[28],因此该方法对于透明调制方式的 BVT 来说吸引力较小。

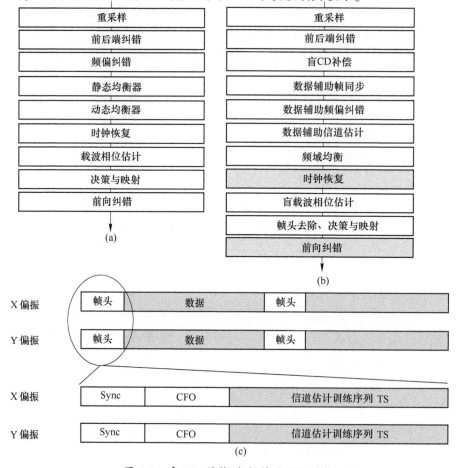

图 5.1 盲 DSP 结构、数据辅助 DSP 结构

(a)盲相干接收机的 DSP 结构;(b)一个示例性数据辅助 DSP 实现的 DSP 结构[29];
(c)用于帧同步(Frame Synchronization,Sync)的周期性插入的训练序列(Training Sequences,TS)的结构和位置,载波频偏估计(CFOE)和信道均衡。

3. 数据辅助 DSP 结构

关注数据辅助均衡方法的主要原因与周期性插入导频或训练符号的可能性有关[30-32]。对于每种载荷调制方式,插入的训练序列都可以是相同的,都需要较小的开销(通常≤3%),并且能够实现透明方式的信道均衡。通常不同类型的训练符号被插入并用于帧同步、载波频偏估计(Carrier Frequency Offset Estimation,CFOE)和信道估计(如图 5.1(c)所示。基于数据辅助相干接收机的 DSP 模块类似于盲 DSP,如图 5.1(b)所示。在无线通信系统中已研究过的不同类型的训练序列近来在光通信中也已被采用。通常用于信道估计的训练序列是恒包络零自相关(Constant Amplitude Zero Autocorrelation,CAZAC)[30]或成对的 Golay(格雷)序列。参考文献[33]对比了不同训练序列及其在光学系统中的性能差异。总的来说训练序列的选择仍然是一个开放式的研究课题。

4. 发射机的数字信号处理

在本节中,我们将商用设备的系统性能与理想设备的系统性能进行比较,给出了由组件带来的损耗。接下来,为了应对组件的种种限制,我们介绍了一些先进的 DSP 技术来进行数字化预失真。

1) 组件质量对系统性能的影响

为了评估系统级的劣化,在考虑某些设备实际参数值的前提下,我们在参考文献[34]中对一些先进调制方式的性能进行了数值评估。例如,DAC 的带宽限制在约 18GHz 时,幅度分辨率约为 6ENOB。此外,IQ 调制器具有有限的消光比(ER)(≤25dB)。这些特性如果没有得到补偿将造成最大覆盖距离的显著减少。总的来说,引入的劣化的增长遵循调制方式和码速率的函数。

参考文献[34]针对远距离链路选择了最适合的调制方式,即 QPSK、8-QAM 和 16-QAM。然后,针对以下三种给定情况评估它们的传输性能:理想情况(仅考虑光纤传播效应),当前可用情况(组件限制是基于参考文献的)以及 3~4 年内情况(组件限制是基于估计的)。通过采用 VPI 传输制造软件获得数值结果,如参考文献[10,26]所述进行 DSP 建模,既不应用数字预补偿也不应用非线性抑制。

通过与高斯噪声模型比较证实了数值结果。我们传播了一个连续的超高密度 WDM(Ultradense WDM,UDWDM)频谱,信道间隔 = $1.15 \times R_s$(其中 R_s 是码速率),具有奈奎斯特脉冲形状且滚降 = 0.2。我们模拟了具有相同 1.23THz 带宽的 DWDM 系统的所有情况,超信道的数量根据不同的调制方式而变化。图 5.2(a)给出了具有 40×200Gb/s 16-QAM 超高密度 WDM(UDWDM)配置的三种情况的结果示例。采用现实组件的情况下,当从上光谱移动到下光谱时,各个发射器具有明显的带宽限制。

图 5.2(b)显示了在 BER=1×10^{-3} 最大发射距离与发射功率的关系。通过使

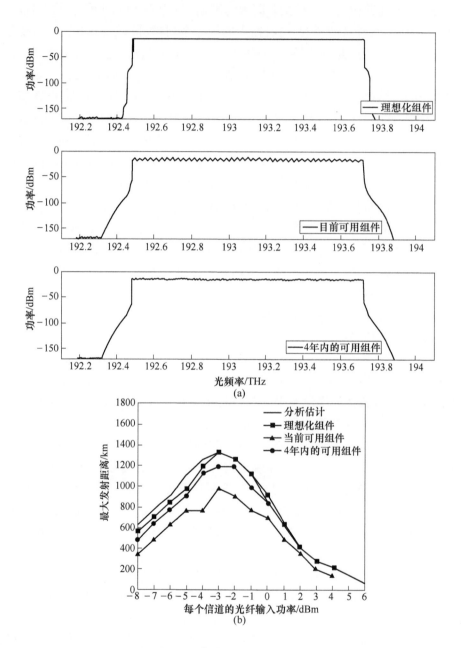

图 5.2 实验结果示例与对比
(a)针对不同考虑情景下的 40×200Gb/s PM-16-QAM 光谱;(b)针对不同考虑情景下的覆盖范围与功率的对比。
注:图中黑线是利用高斯噪声(Gaussian Noise,GN)模型获得的。

用 GN 近似方法得到结果，如实心黑色曲线。根据这些结果，我们观察到理想情况和具备 3~4 年内组件估计值的情况相比，能达到相当的性能，这给我们提供了明确的建议，即组件的估计值是必需的。

2）高级数字预补偿技术

EON 以码速率≥40GBd、数据速率≥400Gb/s 预期传输。我们知道，最先进的 DAC 的电带宽<18GHz，在没有明显的 back-to-back 损失下无法产生 40GBd 的速率值[27]。因此，必须在发射机处利用补偿来减轻电带宽限制。

在参考文献[27]中，阐述了通过参考文献[12,115]中提出的 DAC 和射频（Radio Frequency,RF）驱动器的联合数字预均衡实现更好的覆盖性能。该算法还采用均方误差方法研究 DAC 的量化噪声和采用的码速率。我们研究了参考文献[12,20,35]中的几种技术，它们都在 OSNR 中以约 1dB 的 back-to-back 方式提高 OSNR 增益，大大增加了覆盖范围[27]。参考文献[36]提出了一种替代方法，通过星座设计来最小化量化噪声的影响，该方法可能对高阶调制方式和低倍数分辨率 DAC 有用。

在发射机处，除了电带宽的限制之外，其他组件也会引入明显的失真，如驱动放大器和 IQ 调制器。参考文献[37]提出了一种基于 Volterra 级数的新方法，以数字化预失真发射机的非线性特性（主要来自 RF 驱动器和调制器）。通过这种方法，在仿真和实验中对高达 128-QAM 的调制方式进行观察，其信号质量获得了明显改善。此外，还表明线性预补偿足以用于低阶调制方式，而对于 16-QAM 以上的调制方式则需要非线性预补偿。最后，参考文献[38]对一种基于均方误差的新方法进行了数值评估，该方法用于补偿由具有有限 ER 的 IQ-MZM 引入的限制。仿真报告显示，无论在要求较低的 OSNR 方面还是在显著降低调制损耗方面均有了明显的改进。

5.2.3 接收机的数字信号处理

本节介绍了一些补偿非线性效应的技术[39]，这些非线性效应是进一步扩展系统覆盖范围和接近香农极限的主要限制之一[40]。总体而言，密集封装信道的混合 EON 受到了非线性效应的极大影响，基于可变的调制方式和数据速率进行运行，预期通过 EON 来增加系统容量是以降低覆盖范围和系统余量为代价实现的[41]。

与非线性光纤损伤有关的主要问题是，由信号功率、噪声功率（如来自 EDFA）之间的相互作用及动态业务而引起的失真，它们都可以表示为随机过程，这使它们的抑制变得复杂[42]。由于上述情况，通过采用光学或电学非线性补偿仅可能实现部分抑制[13,14,43-45]。特别地，宽带数字非线性补偿已被证明可以实现显著的性能容限，但其代价是过高的复杂性。目前，还没有经济有效的解决方案可补偿光纤的非线性。然而，这个问题已经由几个研究小组解决，并提出了不同的方法。其中有:光谱反演(Spectral Inversion,SI)[23,46,47],DBP[13,14,33]和基于导频的非线性补偿(Pilot-Based Nonlinearity Compensation,PB-NLC)[16]。

1. 光谱反演

光谱反演(SI)的概念与 EON 架构非常吻合,可以将 SI 用于超信道,有效地消除任何线性和非线性光纤损伤,可以使用基于 χ^2 工艺(如 PPLN)[48]的光学器件或如参考文献[49]中所述的基于类再生器解决方案的光电子器件,在网络中无缝利用 SI。然而,与目前研究的小于 100GHz 光电子解决方案相比,全光学解决方案的优势在于这些器件的高带宽,它允许高达 50nm 的频谱反演器带宽。理想情况下,SI 需要放置在传输链路的中心,并且在链路的两端都需要对称信号。然而,近来显示通过预分频谱反演器[50]可以放宽功率对称条件,并且可以使用参考文献[51]中描述的附加技术来放宽中心频谱反演器位置。假设各种不同的超信道传输配置,其 SI 的核心思想如彩图 5.3(a)所示,该图显示了在链路中心通过 SI 的超信道非线性补偿(如信道内非线性补偿),考虑一个 ROADM,在这里 WDM 发送信道被解复用,且 SI 可以在重新复用信号之前应用于超信道。这个过程有效地抑制了影响超信道结构的所有线性和非线性光纤损伤,从而最大限度地减少了受通道非线性限制的动态业务分配。彩图 5.3(b)显示了在没有 SI(虚线)的情况和有 SI(实线)的情况下,基于 PM-16-QAM 的 200Gb/s、400Gb/s 和 1Tb/s 超信道的典型性能改进。

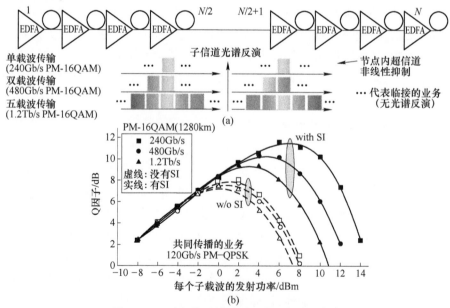

图 5.3 SI 的概念及其应用示例(彩图见书末)

(a)BVT 超信道光谱反演的概念;(b)Q 因子(dB)作为 PM-16-QAM 超信道的每个子载波发射功率的函数。

注:SI 光谱反演,N 个跨度。

2. 数字反向传播

DBP 是一直被探讨的非线性抑制方法之一,能够补偿线性和非线性效应[13-14]。DBP 的思想是将相干 DSP 接收机内的光信道进行反演。DBP 是针对从单信道到 DWDM 以及无补偿或补偿链路的不同场景提出的。在过去几年中进行的大量分析表明:一方面,DBP 可以根据所考虑的场景将覆盖范围扩大 10%~25%[52-53],并在 WDM 传输情况下将最佳发射功率提高 1~2dBm。另一方面,它呈现出相当复杂的缺陷,因为它需要实现多个 FFT 并且带宽受限,即人们最多只能对 SPM 进行补偿。此外,它可能需要那些通常不可用链路的有关信息。本节的其余部分重点介绍如何限制上述缺陷。

参考文献[14]提出了用于无补偿链路和补偿链路的两种不同的方法,以降低 DBP 方法的复杂性。

当通过无补偿的链路进行长距离传输时,由于大量跨度(span)的存在,导致使用完整的 DBP(每个跨度一个 DBP)可能变得不切实际。参考文献[14]探讨了反向传播跨度显著减少造成的影响,并评估了系统性能。例如,如图 5.4(a)所示,人们在大有效面积的纯硅芯光纤(Large effective Area Pure-Silica Core Fiber, LA-PSCF)上离线后处理了 11×112Gb/s 偏振复用(Polarization Multiplexing, PM)-QPSK 信道。显然,至少对于接近最佳区域的部分,仅有 50% 的数字反向传播跨度(DBP-28s)的情况与具有完全 DPB(DBP-56s)的情况的性能相当。此外,针对频域均衡器(Frequency Domain Equalizer, FDE)的改进是相当大的。

使用简化的 DBP 方法的另一个有趣的例子是色散补偿链路。参考文献[14]发现这是将来实际实施 DBP 的最有可能的方案。并提出利用色散图的特性来开发一种降低 DBP 算法复杂度的方法。图 5.4(b)阐述了其性能,其清楚地显示出参考文献[14]中提出的方法接近完整的 DBP,给出了 10×111Gb/s PM-DQPSK 的实验传输结果。参考文献[14]还比较了标准 DBP 和复杂度降低的 DBP 的复杂性,对于被分析的链路 DBP 所需的复杂度仅为 FDE 的两倍。最后,在参考文献[52]中,描述了一种自适应 DBP,通过 DSP 中可用的信号来自动导出 DBP 运行该算法所需的信息。

3. 无线电频率——导频

导频型(Pilot-tone, PT)—辅助相位噪声补偿用于补偿相干 OFDM 系统中的码内激光相位噪声[54]。参考文献[16]将其扩展到光纤非线性的抑制中。

这个思想是发送一个未调制的 PT,其位置取决于发送的信号。在 OFDM 传输中,PT 被放置在两个子载波之间,而对于单载波传输,如参考文献[16]中提出的那样可以放置在带外,在这两种情况下,都会降低光谱效率。

在接收机处滤除 PT,并用 PT 对信号沿着链路所经的相位噪声进行估计。理论上,因为激光相位噪声的处理与光纤非线性的处理相同,所以这种方法可以

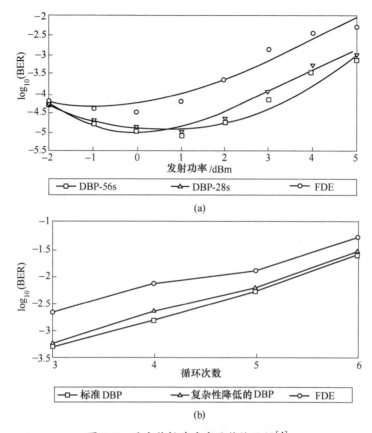

图 5.4 反向传播跨度实验传输示例[4]

(a)对于 11×112Gb/s PM-QPSK 的实验传输,发射功率与 $\mathrm{Log}_{10}(\mathrm{BER})$ 的关系;

(b)对于 10×111Gb/s PM-DQPSK 的实验传输,回路数与 $\mathrm{Log}_{10}(\mathrm{BER})$ 的关系。

FDE:频域均衡器。1 回路 = 475km。标准 DBP = 1DBP/span,复杂性降低的 DBP 见参考文献[14]。P_{TX} = 0dBm。

补偿任何形式的相位噪声。另外,它呈现出固有的局限性,这是因为它需要一个保护带以便 PT 被滤除,并且只能补偿滤波器带宽内的相位失真。此外,带内放大自发辐射(Amplified Spontaneous Emission,ASE)噪声会与 PT 一起滤除,这会导致失真。

在 ASE 受限系统中,基于导频的非线性补偿(PB-NLC)后产生的 SNR 由信号的 SNR 和其中一个导频确定。因此,必须对导频的功率量优化分配,以便在补偿后获得最大化的 SNR。最佳功率和可获得的 SNR 也受到用于提取 PT 的滤波器带宽的影响,因为较宽的带宽将增加滤波后的导频中的噪声量,必须根据具体情况优化带宽[13,16]。因此,PB-NLC 仅适用于窄带相位噪声的补偿。因为 SPM 效应通常具有更宽的频带,所以如果 SPM 首先利用反演模型技术进行补偿,PB-NLC 将得到增强[16]。在参考文献[16]中,PB-NLS 与 DBP 一起用于未补偿的链路,该导频的最佳功率比基于 24GHz 优化频隙的信号低 20dB。从导频提取信息的最佳滤波器带宽为 100 MHz。单独使用 PB-NLC 可轻度扩大两个系统的可达范围,若在 DBP 之后使用会增加好处。使用 DBP 补偿由 SPM 带来的宽带相位噪声。"cleaned"的导频可以更好地对由激光相位噪声和 XPM 产生的窄带相位噪声进行估计。一般来说,所有相位补偿方法都适用于所有的相位噪声源,如来自光纤非线性或来自激光器的。因此,可以使用盲相位估计技术对 XPM 进行补偿。但是相位噪声的特性是不同的,如从 XPM 产生的相位噪声大多在 10MHz~100MHz 之间,因此可能需要调整参数以有效地补偿 XPM。

5.2.4 通过光学预均衡的 ROADM 级联的补偿

除了光纤传播损伤之外,光通道在不同拓扑结构的网络上传输会呈现不同的劣化。例如,下一代 EON 将大量使用滤波。当一条光路被建立时,光通道在检测之前可穿过多个 WSS,导致其被严格的光学滤波所劣化。实际上,一个通道可能穿过多个 ROADM,ROADM 由两个光放大器(前置放大器和后置放大器)和两个 WSS(在输入端和输出端)组成,用于通道的交换和路由。

在商业部署的 50GHz 固定栅格系统中,光信号不会因为分/插而承受明显的 ISI,此外与光纤的非线性相比,滤波器的损失最可能被忽略不计。例如,如果我们在 FEC-OH 后考虑一个 25GBd 的净码速率,经 16-QAM 调制后总速率能增长到 34GBd,并且采用标称带宽约为 45GHz 的 WSS 级联不会抑制信号性能。另外,增加 SE 的一种方法是减少频隙,如从 50GHz 减少到 37.5GHz,SE 将从 2(b/s)/Hz 增加到 2.7(b/s)/Hz。在这种情况下,通过 37.5GHz 栅格传输的相同的 34GBd 信号将受到滤波器穿越的巨大影响,导致在几个 WSS 之后 OSNR 严重劣化。例如,1 个 WSS 之后,-3dB 带宽将变为约 34GHz,而在 6 个和 20 个 WSS 之后,等效带宽将分别降至 25GHz 和 21GHz[55]。

参考文献[55]中阐述了针对区域光网络和国家光网络减少诱发型损伤的策略,通过在网络的几个位置应用自适应滤波器来减轻滤波损伤,并通过光学波形整形器(WS)得到光脉冲整形。分析显示,能显著增加每个 ROADM 内可通过跳数的最佳位置。这表明使用灵活栅格系统升级到远距离网络和区域网络是可能的。这些发现在参考文献[56]中进行了实验验证,然而整体效益在某种程度上仍受光学整形造成的额外损失的限制。

5.3 下一代带宽可变转发器

为了实现 EONs[22]并利用 SDN 的功能[57],下一代光转发器必须能够通过一个灵活的波长栅格来分配信道[24]。该功能意味着对于给定的业务场景,可实现灵活自适应的调制方式、比特率和覆盖范围。这三个自由度表征了一个实现EONs的关键技术——带宽可变转发器。

彩图5.5所示为在特定数据速率(红色和蓝色圆圈)下生成超信道的不同方法,该方法是通过将数据速率、调制方式、构成超信道的子载波数量描绘为一个码速率函数。通过改变这些参数,BVT的数据速率及其在链路上的性能是多样化和可优化的,使得BVT在覆盖范围和容量方面满足即将到来的请求。调制方式决定了BVT能够工作的最大SE,而子载波的数量和每个子载波的码速率决定了总频谱占用率和数据速率。例如,一个Tb/s的超信道可以由32GBd极化复用(PM)-16QAM调制的5个子载波组成,它比仅由32GBd POM-1024-QAM调制的2个子载波组成的1Tb/s超信道发送数据更远。然而,后一种超级信道配置具有2.5倍的SE,可占用较少带宽。在本节的其余部分,讨论了实现BVT的几种方法,重点讨论了不同技术所带来的好处和局限。5.3.1节描述了通过所采用的调制方式的自适应切换来实现灵活的数据速率,与可用码速率相关的另一个自由度是5.3.2节中自适应速率前向纠错(FEC)码的使用,最后,5.3.3节比较了多种复用技术及对实现BVT和部署EONs的适用性。

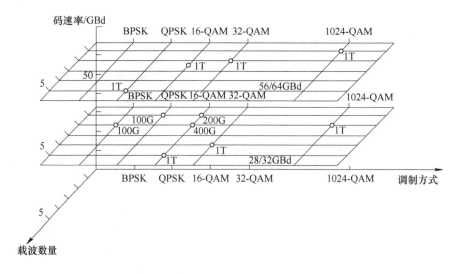

图5.5 通过改变调制方式(频谱效率)、子载波数量和
BVT内码速率来产生100G、200G、400G和1T的自由度(彩图见书末)

通常,BVT可由并行的多个光学调制级组成,其中每级调制单个光学连续波(Continuous Wave,CW)载波。彩图5.6中描绘了两种可能,光载波可以由如图5.6(a)所示的光学梳状源(Comb Source,CS)或图5.6(b)所示的单个激光源

(Laser Sources,LS)生成。如果使用光学 CS 则需要采用波长选择元件来分离 CW 载波,这些载波将在随后单独调制,这两种方案都有一定的优点和缺点。由于组件数量的减少光学 CS 的成本可能会降低。然而,迄今为止还没有以上技术商用解决方案的报道。此外,光学 CS 会产生频率锁定的载波,针对采用偏移 QAM 之类先进策略的用例[58],可以利用这种锁频来减少子载波之间的频率间隔。

发射机(Transmitter,TX)的典型设置如图 5.6(c)所示。它由一个运行在混合信号 ASIC 上的具有四通道 DAC 的 DSP 模块组成,随后是调制驱动放大器和电光双极化(Dual-Polarization,DP)I/Q 调制器。在 ASIC 上,比特率灵活的输入数据接口将信息比特馈送到信道编码器,然后馈送到支持各种调制方式的灵活调制器,调制完成后信号为脉冲型。先进数字功能可选择性地用于 GVD 补偿、和/或非线性损伤(Nonlinear Impairments,NL)补偿以及减轻器件限制。

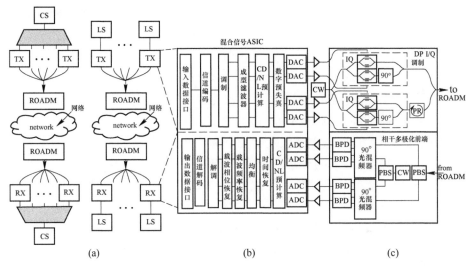

图 5.6 基于 CS、LS 及 TX 和 RX 的组件和 DSP(彩图见书末)
(a)光学梳状源(CS);(b)个性化 LS 的 BVT 的示意图;
(c)BVT 发射机(TX)和接收机(RX)。

在 TX 之后,耦合的子载波经由 ROADM 被馈送到网络。在目的地,由 ROADM 分离超信道,并且不同的子载波被馈送到多个并行光接收机(RX)。发射机和接收机光学器件已经商业化,可高度集成在小尺寸封装中[59],并且由如光纤互联论坛(Optical Internetworking Forum,OIF)等组织进行标准化[60]。通常,接收机由光相干偏振分集前端、线性互阻抗放大器(Transimpedance Amplifiers,TIA)和混合信号 ASIC 组成,混合信号 ASIC 集成了四通道 ADC 和接收机 DSP。DSP 执行 GVD 补偿、定时和载波恢复,以及偏振解复用、PMD 补偿和匹配滤波的功能。非线性损伤的抑制是一个很热的研究领域,由于其计算的复杂性在产品中正在被慢慢采用。在解调和信道解码之后,由比特率灵活的输出接口转发所接收的信息比特。

5.3.1 调制方式的自适应选择

特定调制方式(如 SE)的选择是基于所需传输距离和容量之间的权衡。对于色散未补偿链路,不同调制方式的性能可以通过诸如 GN 模型[61,62]等分析方法来精确地近似。该模型将非线性失真视为加性高斯噪声,可用于在新部署的链路的规划阶段为特定传输距离选择适当的调制方式[63],已经证明在与实验数据进行比较时 GN 也具有高精度[64]。

为了使任意目标链路的 SE 最大化,BVTs 需要在码速率、SE 和覆盖范围方面支持细粒度,考虑当前 25G 以太网的标准化进程,25Gb/s 比特率的粒度似乎是可行的。在 SE 方面增强 BVT 的粒度的一种选择是对具有不同基数的 QAM 集的符号进行时域交织[65-67],所得到的调制方式称为时域混合 QAM,并且已经在多个试验室实验中被成功验证[67-69]。增强 SE 粒度的第二个选择是考虑四维(four-dimensional,4D)或甚至更高维度的调制方式[26,70]。特别地,由于 4D 集合-划分(SP)QAM 方式,它是从 POM-QAM 方式简单生成[71],并且具有高性能[72-73],所以 4D SP-QAM 方式是一种合适的选择。在保持 SE 不变的同时,4D SP-QAM 方式稍微优于时域混合 QAM 方式[74-75]。彩图 5.7(a)给出了在作为 SE 函数的符号率为 32GBd 的条件下,典型 POM 调制方式和不同 4D 调制方式的估计传输范围。对于所有调制方式,假设最佳发射功率和 2×10^{-2} 的 FEC 阈值,考虑在没有光学在线色散补偿条件下的标准单模光纤(Standard Single-Mode Fiber,SSMF)的 80km 跨越长度。光纤参数为:光纤损耗 = 0.2dB/km,色散参数 = 16ps/(nm·km),非线性系数 = 1.3 (Wkm)$^{-1}$。信号的放大由集中式 EDFA 完成,噪声系数为 5dB。C 波段(35nm 带宽)由奈奎斯特 WDM(Nyquist WDM,NWDM)信道占用,信道间隔等于码速率。图 5.7(a)所示的结果表明,SE 的范围从低于 2(bit/s)/Hz 到几乎为 10(bit/s)/Hz,传输距离从 800km(POM-64-QAM)到 25000km(POM-BPSK),这些都可以通过切换不同的调制方式来实现。

假设 BVT 支持各种不同的调制方式,允许调整能支持的净数据速率以满足所需的可达范围。彩图 5.7(b)显示了两种不同的 FEC 场景(蓝色为 2×10^{-2},红色为 3.8×10^{-3})可达到的最大网络数据速率。这样的 BVT 能够将网络比特速率在步长为 25Gb/s 时从 50Gb/s 调整到 300Gb/s。

5.3.2 速率自适应编码调制

可以根据特定需求灵活调整 SE 和净比特率的另一个方法为,使用速率自适应 FEC 码或更广义的速率自适应编码调制[76-80]。调整 FEC 码率和调制字符的大小,从而最好地支持目的可达范围的期望净比特率。设计参数有:性能、实现复杂度及提供的颗粒度(SE 的灵活性、净比特率和可达范围)。已报道的速率自适

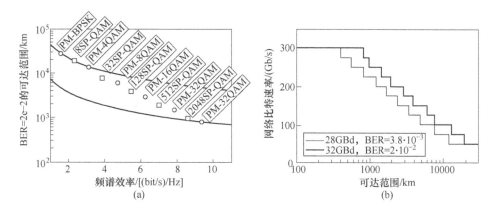

图 5.7　SE 函数传输范围示例与 BVT 可达网络数据速率示例

(a)假设 SD-FEC 具有 23% 的开销且 BER 阈值 $= 2 \times 10^{-2}$,对于在 32GBd 符号率的 SSMF 上具有选定的 POM 和 4D 调制格式的 NWDM 传输,采用 GN 模型与 SE 进行可达范围的对比计算,黑色实线表示恒定 SE×可达范围,分别属于最佳和最差调制方式[26]。
(b)作为支持 POM-m-QAM 和 mSP-QAM 方式的 BVT 的可达范围的函数,
给出其可实现的净比特率例子(彩图见书末)。

应编码调制方案基于采用级联 RS 码的硬判决解码[77-78],也基于采用非二进制低密度奇偶校验(Low-Density Parity Check,LDPC)码、阶梯 LDPC 码[82]或内部 LDPC 和外部 RS 码级联[79]的软判决解码[76,80,81]。然而,当速率的自适应操作只能通过部署多个 FEC 编码器和解码器来实现时,就需要大量额外的硬件工作量,这可能导致不得不增加每个收发器的成本[65]。因此,近来的研究着重于降低速率自适应编码调制的复杂度,除了使用具有不同码率的码集合,也可以通过在单个母码上使用删除或缩短来调整码率。虽然采用这样的方法减少了所需的硬件工作量,并能实现最小颗粒度,但通常会降低性能。其他方法有:采用灵活的 4D 位映射,并结合从极化编码调制、单个 LDPC 码[83]、阶梯 LDPC 码[81]或网格编码调制[84]所借鉴的概念。具备合适性能的硬件高效速率自适应编码调制仍然是一个竞争激烈的研究领域。

5.3.3 超信道的产生和复用

近来提出采用超信道来克服发射机的光电瓶颈,使得每个信道可以产生 ≥ 400Gb/s 的数据速率。这种情况下,提出并研究了使用多个光载波产生超信道的不同方法。所有这些方法都基于光载波复用产生高 SE 和高容量的信道,并同时保持各个支路的低比特速率,但与普通 DWDM 相比,这种方法的主要不同在于各个子载波是尽可能靠近的,以保证当前部署系统具有更高的 SE。该配置意味着单个子载波不能被现有的 ROADM 分离,并且将需要更多的转发器来完全检测 ≥

1Tb/s 的数据速率。图 5.8 所示为构建超信道的三种可能方法。

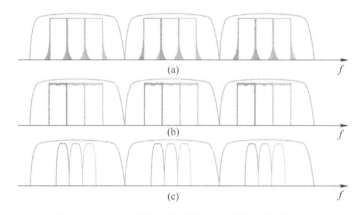

图 5.8　由三个子载波组成的三个超信道频谱示例
(a)具有 256 个子载波的 OFDM 的频谱;(b)基于 NWDM 的频谱;(c)时频封装方法。

产生多个光载波最简单的办法是使用单个激光源,类似于普通的 WDM 系统[85](图 5.6)。当使用可调激光源时,它们可以实现绝对频率位置和光线路间频率间隔的动态变化,这种方法的主要缺点是各个载波在频率上不稳定,相对于其他单个激光器呈现频率漂移,而下面讨论的一些复用技术需要稳定的频率和/或相位关系。单个激光器的频锁在原则上是可行的,但是根据激光器的数量,需要复杂的硬件支持。这个问题在一定程度上可以通过 DSP 来部分解决。

因此,提出了从单个激光器中产生多个光学载波的几种不同方法。

第一种方法是使用脉冲激光源,随后是非线性介质和可编程光学滤波器[86]。由于在非线性介质内进行四波混频,脉冲激光器的频率梳被加宽,在各条光线路被均衡之前,用光学滤波器提取所需数量的光线路。这种方法能够产生具有恒定频率间隔的多个同步光载波,主要缺点是激光器(以及光载波之间的间隔)的重复频率是固定的,不能简单地调谐。

第二种方法是设置一个循环式光纤转换器(Recirculating Fiber Shifter,RFS),产生大量频率锁定载波[87],这是光纤环路配置中的正弦驱动单边带调制器,在每个环路往返行程中加入一个新的载波,并使用该环路内的光学滤波器来选择所需数量的载波,即频率梳的总体带宽。类似于第一种方法,该方法可以生成不同的载波,但通过改变正弦驱动信号的频率可以轻松地改变频率间隔,且频率间隔受限于单边带调制器的电带宽。这种方法的另一个缺点是,由于循环内的往返次数不同,会增加载波的 OSNR。

第三种用于频率梳生成的常用方法是正弦驱动的光调制器,其后面可选可编程滤波器,以便均衡载波[88-89]。为了产生多条光线路,驱动信号需要大的幅度,对于极高频率这可能带来挑战。该方法仅适合于生成适度数量的子载波,与 RFS 方法类似,可以在光调制器的带宽范围内方便地调整载波间隔。

近来,研究人员提出了很多为各个载波产生不同频率间隔的方法[90],但通常需要更复杂的硬件设备和多个射频发生器,所有这些方法在产生多个光学载体方面均存在利弊,支持何种方案取决于综合潜力以及每个梳状源的单个成本,一旦解决了与载波频率产生相关的问题,就可将各线路分离并由 BVT 单独调制。

为了将这些单独调制的信道频谱复用到承载所需比特率的超信道中,我们可以选择这三种不同的方法:奈奎斯特 WDM[91-92]、正交频分复用(OFDM)[85,87,88]和时频封装[93-95]。这三种技术多路复用后的光谱结果见图 5.8。

图 5.8(b)给出了采用紧密滤波器来降低信号所需带宽的 NWDM 方法。我们知道带限信号可以由零和奈奎斯特频率(f_N)之间的所有频率充分描述,由其符号率的一半得到 f_N[96],因此,利用范围从 $-f_N$ 到 f_N 的理想矩形滤波器对上采样调制符号进行滤波,得到具有最小频谱宽度的符号间干扰信号。然而,由于理想的矩形滤波器是不可实现的,因此实际中使用了一系列升余弦滤波器,这种滤波器的带宽可以通过单个滚降因子参数进行调整,该参数可用于平衡频谱宽度与实现的复杂度。为了满足接收器处的匹配滤波要求,通常在发射器和接收器之间分配升余弦滤波,从而在两侧都要有根升余弦滤波器,这种滤波方式导致各个子信道明确的窄谱和理想的子载波间隔等于可获得的码速率。在光学系统中,这种滤波可以在光[92]或电[97-98]中进行,由于数字滤波器可设计为具有比光学滤波器更高的斜度和精度,因此数字脉冲整形是产生 NWDM 信号的首选方法。如图 5.8(b)所示,各个子载波的奈奎斯特频谱在频域中不重叠,这些信道可以通过在接收器处进行滤波而被分离,它们的信号对齐精度或相位关系相对于 OFDM 具有实质性的差异。

与 NWDM 相比,OFDM 理想地使用了矩形数据脉冲,产生了宽 sinc 形调制频谱,通过将相邻信道精确地置于 sinc 形调制频谱的零交叉点(信道间隔等于码速率)并假设合适的解复用,如离散傅里叶变换(DFT),就可以避免它们之间的串扰。基本上,OFDM 超信道可以分为光复用超信道和电复用超信道。在本节中,我们仅关注电复用 OFDM 超信道,因为此方向在近期受到了更多关注。有关光复用 OFDM 超信道和最近研究的更多信息可以在参考文献[86,99]中找到,在电复用 OFDM 系统中,通过利用快速傅里叶逆变换(Inverse Fast Fourier Transform,IFFT)来数字化生成各个子载波,并且这些子载波由多个(通常是几百个)窄带子载波组成,如图 5.8(a)所示,利用 IQ 调制器将子载波单独调制到光载波上,然后与光耦合器复用,在参考文献[87,89,100]中给出了这种系统的实验演示。尽管各个子载波的频谱看起来近似矩形并且被很好地定义,但是子载波的 sinc 形调制频谱导致的旁瓣可能会造成子载波之间的串扰。为了减少串扰,可以增加子载波间隔或子载波的数量。第一种方法降低了 SE,后一种方法仅减少了产生的旁瓣,因而在保持 SE 的同时可减少串扰,减少子载波之间串扰的另一种方法是保持它们之间的正交性[85,87],但这需要各个子载波的精确光谱和时间对准,以免与使用多个独立激光源不兼容。

第三种复用方法,即时频封装,该方法采用比 NWDM 更严格的滤波,使光谱带宽小于信号码速率见图 5.8(c)。这样可减少信道间隔,并提供与 NWDM 相当的 SE[93-94],但其具有低阶调制格式,在 DSP 中必须考虑引入紧密滤波导致的码间干扰(Inter-Symbol Interference,ISI)的增加。最后,该方法需要在接收器处采用逐序列检测器和特殊解码方案,而不像 NWDM 系统中简单地逐码判决,这种对接收器信号的特殊处理大大增加了 DSP 的复杂性。

现在有很多研究都对这些不同复用技术的性能进行了比较[64,95,101-102],但是还没有明确的倾向性,在参考文献[64]中,通过在同一个试验床上进行比较,表明 TFP 可以达到与 NWDM 相当的性能:①一个优势是不需要 DAC 来生成 QPSK;②在器件方面需要更复杂的转发器,需要更多的子载波,并且在 DSP 方面,TFP 基于逐序列判决而不是像 NWDM 那样的逐码判决。

5.4 展望和路线图

当今数字高科技和移动性社会的基本需求是随时随地提供灵活可靠的通信和数据连接。对数据速率、传输距离、可用性、延迟和安全性的要求不断提高,越来越多的固定(数据中心、"智能生活"的白色商品)或移动(移动电话、汽车、火车、自行车、服装等)通信设备,推动了这种需求,此外,工业流程越来越数字化,以实现按需灵活生产,从而产生更多的通信实体。

为了应对这些不断增长的需求带来的挑战,核心网将发展为具有更精细、更灵活的频谱栅格和灵活速率转发器阵列架构的网络。在网络节点之间,灵活栅格传输系统需要光纤/光路的并行与新的光交换架构,转发器中的 DSP 将是允许动态利用可用网络资源的关键。例如通过改变数据速率和带宽利用率来响应动态网络需求。

在核心网的远程部分,需要采用点对点技术来支持高频谱效率和高数据速率。用于远程系统转发器中的 DSP 将是关键的构件,它被设计为采用编码调制和非线性抑制方案,最大化与 FEC 相结合的点对点容量。FEC 仍将是一项关键技术,专门用于应对光纤非线性和其他 DSP 功能(编码调制,非线性抑制),一旦电子和光学的(调制器,光电探测器)和电信号处理组件(放大器,ADC/DAC)之间成熟的低功耗转换器可用,则转发器中的码速率可能会提高。

对于短距离应用,如通信数据中心和数据中心,需要具有低复杂性、低成本和功耗的转发器。光纤将渗透到数据中心,首先是采用 VCSEL 的高容量多 Gb/s 光接口、多模光纤或带状电缆。由于所需 ASIC 的复杂性、功耗和占用空间在逐渐减少,数字信号处理也可用于短距离系统,这将使 DSP 和光子学能够通过共同设计在复杂性、成本和功耗方面交换性能。

总的来说,为网络的所有部分设计未来传输系统的关键因素是通过关键组件的阵列集成有效地复用和传输多个光路的能力。构建集成并行系统的途径是明确的,但降低单位比特成本仍是一个巨大的挑战,光纤、光放大器或光信号处理领域的技术进步也会在未来的弹性光网络中发挥重要作用,在弹性光网络的背景下的改进需要支持预设的灵活和动态的架构。

5.5 结 论

DSP 和高级调制格式的联合使用实现了高数据速率下的远程传输。电子产品可以通过数学算法、几种类型的系统损伤恢复实现 ASIC 引擎,从而发挥重要作用,在相干系统(整个电域可用)中,DSP 算法已经应用于直接检测接收器,可以显著提高系统性能并降低总体成本。例如,一部分系统设计现在可以从链路转移到转发器。在这方面光通信领域面临着新的挑战。

如前所述,近年来,智能手机和平板电脑等设备正在改变需要互联网流量和产生互联网流量的方式及地点,造成数据流量急剧增加。此外,信息量及其质量将在未来几年急剧增加,第一个例子是互联网上媒体服务的急剧增长,特别是云计算;而第二个例子是新视频标准的出现,如 4K 或 8K 高清电视。所有这些需求和要求推动了当前部署的光通信系统进行重大改变。

本章讨论了弹性光网络环境下传输的主要技术选择、损伤和设计问题。EON 范式作为一种直接的方式被提出,以成本和可实现的方式改进现有技术水平。实际上,与其他解决方案相比,EON 仅需要安装新的转发器和网络节点,从而可以最大化网络效率。本章特别讨论了带宽可变转发器的新概念,以及使用下一代 ROADM 所带来的挑战,并提出了合适的解决方案。

BVT 的主要特性是能够以可变码速率(从 30~44GBd)生成若干调制格式(如从 BPSK 到高阶 QAM),第一个特性对于确定频谱效率很有用,而第二个特性决定了数据速率和可以使用的纠错码(FEC)的类型。

在本章中,讨论了几种数字预失真技术,可以补偿发射机的失真和/或提高码速率。此外,下一代 EON 将呈现出由具有不同传输方案和码速率的信道填充的频谱,这种情况下非线性损害可能严重限制性能。我们发现这种降级效应在数字领域尚不能完全恢复,这是扩大现代光通信系统范围的主要限制之一,但是 BVT 将支持编码调制格式的动态适应,从而获得期望距离和数据速率之间的最佳折中。

在光通信中大量使用电子设备,可以实现灵活的传输系统并减弱各种失真(在发射机、接收机和光纤传输中所造成的失真),但是它以 ASIC 的复杂度为代价,具有高开发成本和高功耗,通过设计新的能量效率算法和创新 CMOS 技术,将

ASIC 的复杂性和功耗保持在合理水平仍是一项挑战。一种未来的可行方案是电域处理和光域处理间的优化功能划分,这可能意味着要使用光学补偿或更好的光纤,为了权衡这两种可能解决方案需要进行成本分析。

通过开发和实现低损耗、低非线性单模光纤,更高编码增益的 FEC,为更好利用频谱的灵活栅格系统架构,以及利用单模光纤全带宽的新放大方式,可进一步提高传输容量。然而,正如我们在过去十年中所看到的那样,在未来的单位比特的合理成本要求下,这些技术带来的可预计的容量增长相当有限,并且不支持互联网流量的增长。因此,一种可行的有效选择是集成并行系统的开发,但实现单位比特成本降低成为下一个重大挑战,可能需要利用更复杂的技术和诸如多模光纤或空心光纤等。然而,与这些技术相关的挑战相当大,如在所需的 DSP 中实现多模光纤中的长距离传输或者向新光纤类型和放大方案转换的安装成本。

参 考 文 献

[1] J. Cassidy, Dot. con: how America lost its mind and money in the internet era (HarperCollins Publishers, New York, 2003)

[2] M. S. Alfiad et al., 111-Gb/s transmission over 1040-km field-deployed fiber with 10G/40G neighbors. IEEE Photon. Technol. Lett. 21 (10), 615–617 (2009)

[3] C. R. S. Fludger et al., Coherent equalization and POLMUX-RZ-DQPSK for robust 100-GE transmission. J. Lightwave Technol. 26 (1), 64–72 (2008)

[4] K. Roberts et al., 100 G and beyond with digital coherent signal processing. IEEE Commun. Mag. 48 (7), 62–69 (2010)

[5] T. Rahman et al., Record field demonstration of C-band multi-terabit 16QAM, 32QAM and 64QAM over 762km of SSMF, in Optoelectronics and Communications Conference, 2015

[6] Y. R. Zhou et al., 1.4 Tb real-time alien superchannel transport demonstration over 410 km installed fiber link using software reconfigurable DP-16QAM/QPSK, in OFC (IEEE, 2014)

[7] A. Pagano et al., 400 Gb/s real-time trial using rate-adaptive transponders for next-generation flexible-grid networks [Invited]. J. Opt. Commun. Netw. 7 (1), A52–A58 (2015)

[8] J. -P. Elbers et al., Measurement of the dispersion tolerance of optical duobinary with an MLSE-receiver at 10.7 Gb/s, in Optical Fiber Communication Conference, 2005, Technical Digest, OFC/NFOEC, vol. 4 (IEEE, 2005)

[9] M. G. Taylor, Coherent detection method using DSP for demodulation of signal and subsequent equalization of propagation impairments. IEEE Photon. Technol. Lett. 16 (2), 674–676 (2004)

[10] M. Kuschnerov et al., DSP for coherent single-carrier receivers. J. Lightwave Technol. 27 (16), 3614–3622 (2009)

[11] W. Yan et al., 100 Gb/s optical IM-DD transmission with 10G-class devices enabled by 65 GSamples/s CMOS DAC core, in Optical Fiber Communication Conference (Optical Society of

America, 2013)

[12] A. Napoli et al., Novel DAC digital pre-emphasis algorithm for next-generation flexible optical transponders, in Optical Fiber Communication Conference (Optical Society of America, 2015)

[13] E. Ip, J. M. Kahn, Compensation of dispersion and nonlinear impairments using digital back-propagation. J. Lightwave Technol. 26 (20), 3416–3425 (2008)

[14] A. Napoli et al., Reduced complexity digital back-propagation methods for optical communication systems. J. Lightwave Technol. 32 (7), 1351–1362 (2014)

[15] F. P. Guiomar et al., Fully blind linear and nonlinear equalization for 100G PM-64QAM optical systems. J. Lightwave Technol. 33 (7), 1265–1274 (2015)

[16] L. B. Du et al., Digital fiber nonlinearity compensation: toward 1-Tb/s transport. IEEE Signal Process. Mag. 31 (2), 46–56 (2014)

[17] A. Napoli et al., Next generation elastic optical networks: the vision of the European research project IDEALIST. IEEE Commun. Mag. 53 (2), 152–162 (2015)

[18] V. A. J. M. Sleiffer et al., A comparison between SSMF and large-A eff Pure-Silica core fiber for Ultra Long-Haul 100G transmission. Opt. Express 19 (26), B710–B715 (2011)

[19] J. Yu, X. Zhou, Ultra-high-capacity DWDM transmission system for 100G and beyond. IEEE Commun. Mag. 48 (3), S56–S64 (2010)

[20] T. Rahman et al., Ultralong Haul 1.28-Tb/s PM-16QAM WDM transmission employing hybrid amplification. J. Lightwave Technol. 33 (9), 1794–1804 (2015)

[21] V. A. J. M. Sleiffer et al., 73.7 Tb/s (96 × 3 × 256-Gb/s) mode-division-multiplexed DP-16QAM transmission with inline MM-EDFA. Opt. Express 20 (26), B428–B438 (2012)

[22] O. Gerstel et al., Elastic optical networking: a new dawn for the optical layer? IEEE Commun. Mag. 50 (2), S12–S20 (2012)

[23] D. Rafique et al., Intra super-channel fiber nonlinearity compensation in flex-grid optical networks. Opt. Express 21 (26), 32063–32070 (2013)

[24] International Telecommunication Union, Telecommunication Standardization Sector (ITUT), recommendation G. 694

[25] N. Sambo et al., Next generation sliceable bandwidth variable transponders. IEEE Commun. Mag. 53 (2), 163–171 (2015)

[26] J. K. Fischer et al., Bandwidth-variable transceivers based on four-dimensional modulation formats. J. Lightwave Technol. 32 (16), 2886–2895 (2014)

[27] T. Rahman et al., Long-haul terabit transmission (2272 km) employing digitally pre-distorted quad-carrier PM-16QAM super-channel, in European Conference on Optical Communication, 2014

[28] A. J. Viterbi et al., Nonlinear estimation of PSK-modulated carrier phase with application to burst digital transmission. IEEE Trans. Inf. Theory 29, 543–551 (1983)

[29] R. Elschner et al., Software-defined transponders for future flexible grid networks, in Photonic Networks and Devices (NETWORKS 2013), Rio Grande, USA, 14–17 July 2013,

Paper NT2C. 4

[30] M. Kuschnerov et al., Data-aided versus blind single-carrier coherent receivers. IEEE Photon. J. 2, 387-403 (2010)

[31] F. Pittalà et al., Data-aided frequency-domain 2×2 MIMO equalizer for 112 Gbit/s PDMQPSK coherent transmission systems, in Proceedings of Optical Fiber Communication Conference, 2012, Paper OM2H. 4

[32] B. Spinnler, Equalizer design and complexity for digital coherent receivers. IEEE J. Sel. Top. Quantum Electron. 16, 1180-1192 (2010)

[33] M. Nölle et al., Investigation of CAZAC sequences for data-aided channel estimation considering nonlinear optical transmission, in OFC 2015, Paper Th3G. 2

[34] A. Napoli et al., On the next generation bandwidth variable transponders for future flexible optical systems, in 2014 *European Conference on Networks and Communications (EuCNC)* (IEEE, 2014)

[35] A. Napoli et al., Low-complexity digital pre-emphasis technique for next generation optical transceiver, in OECC, 2015

[36] N. Markus et al., Performance comparison of different 8QAM constellations for the use in flexible optical networks, in *Optical Fiber Communication Conference* (Optical Society of America, 2014)

[37] W. B. Pablo, T. Rahman, A. Napoli, M. Nölle, C. Schubert, J. Karl Fischer, Nonlinear digital pre-distortion of transmitter components, in *ECOC*, 2015

[38] A. Napoli et al., Novel digital pre-distortion techniques for low-extinction ratio Mach-Zehnder modulators, in *Optical Fiber Communication Conference*(Optical Society of America, 2015)

[39] G. P. Agrawal, *Nonlinear Fiber Optics*(Academic, New York, 2007)

[40] A. D. Ellis, J. Zhao, D. Cotter, Approaching the non-linear Shannon limit. J. Lightwave Technol. 28 (4), 423-433 (2010)

[41] J. Auge, Can we use flexible transponders to reduce margins? in *Optical Fiber Communication Conference/National Fiber Optic Engineers Conference*, 2013

[42] N. V. Irukulapati et al., Stochastic digital backpropagation. IEEE Trans. Commun. 62 (11), 3956-3968 (2014)

[43] D. Rafique, Fiber nonlinearity compensation: commercial applications and complexity analysis. J. Lightwave Technol. (2015)

[44] D. Rafique et al., Performance improvement by fibre nonlinearity compensation in 112 Gb/s PM M-ary QAM, in *Optical Fiber Communication Conference*(Optical Society of America, 2011)

[45] J. Zhao, Impact of dispersion map management on the performance of back-propagation for nonlinear WDM transmissions, in *OECC* 2010 *Technical Digest*, 2010, pp. 760-761

[46] L. B. Du et al., Fiber nonlinearity compensation for OFDM super-channels using optical phase conjugation. Opt. Express 20 (18), 19921-19927 (2012)

[47] E. F. Mateo et al., Electronic phase conjugation for nonlinearity compensation in fiber communi-

cation systems, in *Optical Fiber Communication Conference* (Optical Society of America, 2011)

[48] S. L. Jansen et al., Optical phase conjugation for ultra long-haul phase-shift-keyed transmission. J. Lightwave Technol. 24 (1), 54 (2006)

[49] B. -E. Olsson et al., Experimental demonstration of electro-optical mid-span spectrum inversion for mitigation of non-linear fiber effects, in *ECOC*, 2012

[50] D. Rafique, A. D. Ellis, Various nonlinearity mitigation techniques employing optical and electronic approaches. IEEE Photon. Technol. Lett. 23 (23), 1838–1840 (2011)

[51] H. C. Lim et al., Polarization-independent, wavelength-shift-free optical phase conjugator using a nonlinear fiber Sagnac interferometer. IEEE Photon. Technol. Lett. 11 (5), 578–580 (1999)

[52] C. -Y. Lin et al., Adaptive digital back-propagation for optical communication systems, in Tech. Digest of *Optical Fiber Communications*, 2014

[53] N. Antonio et al., Performance dependence of single-carrier digital back-propagation on fiber types and data rates, in *Optical Fiber Communications Conference and Exhibition (OFC)* (IEEE, 2014)

[54] S. L. Jansen et al., 20-Gb/s OFDM transmission over 4,160-km SSMF enabled by RF-pilot tone phase noise compensation, in *Optical Fiber Communication Conference* (Optical Society of America, 2007)

[55] T. Rahman et al., On the mitigation of optical filtering penalties originating from ROADM cascade. IEEE Photon. Technol. Lett. 26 (2), 154–157 (2014)

[56] T. Rahman et al., Mitigation of filtering cascade penalties using spectral shaping in optical nodes, in *ECOC'14*, 2014, pp. 4–19

[57] S. Gringeri, N. Bitar, T. J. Xia, Extending software defined network principles to include optical transport. IEEE Commun. Mag. 51 (3), 32–40 (2013)

[58] J. Zhao, A. D. Ellis, Offset-QAM based coherent WDM for spectral efficiency enhancement. Opt. Express 19 (15), 14617–14631 (2011)

[59] A. Beling et al., Fully-integrated polarization-diversity coherent receiver module for 100G DP-QPSK, in *Proceedings of Optical Fiber Communication Conference*, March 2011, Paper OML5

[60] K. Roberts et al., Technologies for optical systems beyond 100G. Opt. Fiber Technol. 17 (5), 387–394 (2011)

[61] A. Splett et al., Ultimate transmission capacity of amplified optical fiber communication systems taking into account fiber nonlinearities, in *ECOC*, 1993, Paper MoC2.4

[62] P. Poggiolini et al., Analytical modeling of nonlinear propagation in uncompensated optical transmission links. IEEE Photon. Technol. Lett. 23 (11), 742–744 (2011)

[63] P. Poggiolini, The GN model of non-linear propagation in uncompensated coherent optical systems. J. Lightwave Technol. 30 (24), 3875–3879 (2012)

[64] T. Rahman et al., Experimental comparison of 1.28 Tb/s Nyquist WDM vs. time-frequency packing, in *Photonics in Switching*, 2015

[65] X. Zhou et al., Rate-adaptable optics for next generation long-haul transport networks. IEEE Commun. Mag. 51 (3), 41–49 (2013)

[66] D. van den Borne, S. L. Jansen, Dynamic capacity optimization using flexi-rate transceiver technology, in *Proceedings Opto-electronics Communication Conference (OECC)*, Busan, Korea, July 2012, Paper 6B4-1

[67] X. Zhou et al., High spectral efficiency 400 Gb/s transmission using PDM time-domain hybrid 32–64 QAM and training-assisted carrier recovery. J. Lightwave Technol. 31 (7), 999–1005 (2013)

[68] X. Zhou et al., 4000 km transmission of 50GHz spaced, 10 × 494.85–Gb/s hybrid 32–64QAM using cascaded equalization and training-assisted phase recovery, in *OFC*, 2012, Post-deadline paper PDP5C.6

[69] Q. Zhuge et al., Time domain hybrid QAM based rate-adaptive optical transmissions using high speed DACs, in *Proceedings of Optical Fiber Communication Conference (OFC)*, Anaheim, USA, March 2013, Paper OTh4E.6

[70] E. Agrell, M. Karlsson, Power-efficient modulation formats in coherent transmission systems. J. Lightwave Technol. 27 (22), 5115–5126 (2009)

[71] L. D. Coelho, N. Hanik, Global optimization of fiber-optic communication systems using four-dimensional modulation formats, in *European Conference on Optical Communication*, September 2011, Paper Mo.2.B.4.

[72] J. Renaudier et al., Experimental transmission of Nyquist pulse shaped 4-D coded modulation using dual polarization 16QAM set-partitioning schemes at 28 GBd, in *OFC*, 2013, Paper OTu3B.1

[73] J. K. Fischer et al., Generation, transmission and detection of 4D set-partitioning QAM signals. J. Lightwave Technol. 33 (5), 1445–1451 (2015)

[74] R. Rios-Müller et al., Experimental comparison between hybrid-QPSK/8QAM and 4D-32SP-16QAM formats at 31.2 GBd using Nyquist pulse shaping, in *ECOC*, September 2013, Paper Th.2.D.2

[75] H. Sun et al., Comparison of two modulation formats at spectral efficiency of 5 bits/dual-pol symbol, in *Proceedings of 39th European Conference on Optical Communication (ECOC)*, London, United Kingdom, September 2013, Paper Th.2.D.3

[76] M. Arabaci et al., Polarization-multiplexed rate-adaptive nonbinary-quasi-cyclic-LDPCcoded multilevel modulation with coherent detection for optical transport networks. Opt. Express 18 (3), 1820–1832 (2010)

[77] G.-H. Gho et al., Rate-adaptive coding for optical fiber transmission systems. J. Lightwave Technol. 29 (2), 222–233 (2011)

[78] G.-H. Gho, J. M. Kahn, Rate-adaptive modulation and coding for optical fiber transmission systems. J. Lightwave Technol. 30 (12), 1818–1828 (2012)

[79] G.-H. Gho, M. Kahn, Rate-adaptive modulation and low-density parity-check coding for

optical fiber transmission systems. IEEE/OSA J. Opt. Commun. Netw. 4 (10), 760–768 (2012)

[80] M. Arabaci et al. , Nonbinary LDPC-coded modulation for rate-adaptive optical fiber communication without bandwidth expansion. IEEE Photon. Technol. Lett. 24 (16), 1402–1404 (2012)

[81] Y. Zhang et al. , Rate-adaptive four-dimensional nonbinary LDPC-coded modulation for longhaul optical transport networks, in *Proceedings of Optical Fiber Communication Conference (OFC)*, Los Angeles, USA, March 2012, Paper JW2A. 46

[82] Y. Zhang, I. B. Djordjevic, Staircase rate-adaptive LDPC-coded modulation for high-speed intelligent optical transmission, in *Optical Fiber Communication Conference (OFC)*, San Francisco, USA, March 2014, Paper M3A. 6

[83] L. Beygi et al. , Rate-adaptive coded modulation for fiber-optic communications. J. Lightwave Technol. 32 (2), 333–343 (2014)

[84] E. Le Taillandier de Gabory et al. , Experimental demonstration of the improvement of system sensitivity using multiple state Trellis coded optical modulation with QPSK and 16QAM constellations, in OFC , 2015, Paper W3K. 3

[85] M. Nölle et al. , Techniques to realize flexible optical terabit per second transmission systems, in Proc. SPIE *8646*, *Optical Metro Networks and Short-Haul Systems V*, 864602, 2013

[86] D. Hillerkuss et al. , 26 Tbit/s line-rate super-channel transmission utilizing all-optical fast Fourier transform processing. Nat. Photon. 5 , 364–371 (2011)

[87] Y. Ma et al. , 1-Tb/s single-channel coherent optical OFDM transmission with orthogonalband multiplexing and subwavelength bandwidth access. J. Lightwave Technol. 28 , 308–315(2010)

[88] W. Shieh et al. , 107 Gb/s coherent optical OFDM transmission over 1000-km SSMF fiber using orthogonal band multiplexing. Opt. Express 16 , 6378–6386 (2008)

[89] X. Liu et al. , 448-Gb/s reduced-guard-interval CO-OFDM transmission over 2000km of ultralarge-area fiber and five 80-GHz-grid ROADMs. J. Lightwave Technol. 29 , 483–490(2011)

[90] N. Sambo et al. , First demonstration of SDN-controlled SBVT based on multi-wavelength source with programmable and asymmetric channel spacing, in *ECOC*, 2014, Paper We. 3. 2

[91] J. -X. Cai et al. , Transmission of 96×100G pre-filtered PDM-RZ-QPSK channels with 300% spectral efficiency over 10,608 km and 400% spectral efficiency over 4,368 km, in *OFC*, 2010, Paper PDP B10

[92] G. Gavioli et al. , Investigation of the impact of ultra-narrow carrier spacing on the transmission of a 10-carrier 1Tb/s superchannel, in *Proceedings of Optical Fiber Communication Conference*, USA, March 2010, Paper OThD3

[93] A. Barbieri et al. , Time-frequency packing for linear modulations: spectral efficiency and practical detection schemes. IEEE Trans. Commun. 57 (10), 2951–2959 (2009)

[94] M. Secondini et al. , Optical time-frequency packing: principles, design, implementation, and experimental demonstration, ArXiv e-prints (2014)

[95] A. Barbieri et al., OFDM versus single-carrier transmission for 100Gb/s optical communication. J. Lightwave Technol. 28, 2537-2551 (2010)

[96] C. Shannon, Communication in the presence of noise. Proc. Inst. Radio Engrs. 37, 10-21 (1949)

[97] R. Cigliutti et al., Ultra-long-haul transmission of 16 × 112Gb/s spectrally-engineered DAC-generated Nyquist-WDM PM-16QAM channels with 1.05 × (symbol-rate) frequency spacing, in *OFC*, 2012, Paper OTh3A.3

[98] R. Schmogrow et al., 150 Gbit/s real-time Nyquist pulse transmission over 150km SSMF enhanced by DSP with dynamic precision, in *Proceedings of Optical Fiber Communication Conference*, USA, March 2012, Paper OM2A.6

[99] S. Chandrasekhar et al., Transmission of a 1.2-Tb/s 24-carrier no-guard-interval coherent OFDM superchannel over 7200-km of ultra-large-area fiber, in *ECOC*, 2009, Paper PD 2.6

[100] R. Dischler, F. Buchali, Transmission of 1.2 Tb/s continuous waveband PDM-OFDM-FDM signal with spectral effi ciency of 3.3 bit/s/Hz over 400km of SSMF, in *OFC*, 2009, Paper PDPC2

[101] S. Jansen et al., Optical OFDM, a hype or is it for real?, in *ECOC*, 2008

[102] R. Freund et al., Single-and multi-carrier techniques to build up Tb/s per channel transmission systems, in *International Conference on Transparent Optical Networks (ICTON)*, 2010

[103] E. Ip et al., Coherent detection in optical fi ber systems. Opt. Express 16 (2), 753-791 (2008)

[104] M. S. Alfi ad et al., A comparison of electrical and optical dispersion compensation for 111-Gb/s POLMUX-RZ-DQPSK. J. Lightwave Technol. 27 (16), 3590-3598 (2009)

[105] C. Schubert et al., New trends and challenges in optical digital transmission systems, in *Proc. 38th European Conference on Optical Communication (ECOC)*, September 16-20, 2012, Amsterdam (Netherlands), Paper We.1.C.1

[106] A. V. Tran et al., 8×40-Gb/s optical coherent pol-mux single carrier system with frequency domain equalization and training sequences. IEEE Photon. Technol. Lett. 24 (11), 885-887 (2012)

[107] X. Zhou et al., 12,000km transmission of 100GHz spaced, 8 × 495-Gb/s PDM time-domain hybrid QPSK-8QAM signals, in *Proceedings of Optical Fiber Communication Conference*, Anaheim, USA, March 2013, Paper OTu2B.4

[108] M. Karlsson, E. Agrell, Which is the most power-efficient modulation format in optical links? Opt. Express 17 (13), 10814-10819 (2009)

[109] D. S. Millar, S. J. Savory, Blind adaptive equalization of polarization-switched QPSK modulation. Opt. Express 19 (9), 8533-8538 (2011)

[110] S. Alreesh et al., Blind adaptive equalization for 6PolSK-QPSK signals, in *ECOC*, 2013, Paper Mo.4.D.3

[111] M. Jinno et al. , Multiflow optical transponder for efficient multilayer optical networking. IEEE Commun. Mag. 50 (5), 56-65 (2012)

[112] N. Amaya et al. , Introducing node architecture flexibility for elastic optical networks. J. Opt. Commun. Netw. 5 (6), 593-608 (2013)

[113] A. Stavdas et al. , A novel architecture for highly virtualised software-defined optical clouds, in *ECOC*, Mo. 3. E. 4, 22-26, London, UK, September 2013

[114] M. Nölle et al. , Transmission of 5×62 Gbit/s DWDM coherent OFDM with a spectral efficiency of 7. 2 Bit/s/Hz using joint 64-QAM and 16-QAM modulation, in *OFC*, 2010

[115] A. Napoli et al. Digital Compensation of Bandwidth Limitations for High-Speed DACs and ADCs, IEEE/OSA journal of lightwave technology, 2016

第6章 弹性灵活光网络节点结构

Georgios Zervas, Emilio Hugues-Salas, Tanya Polity,
Silvano Frigerio, and Ken-Ichi Sato

本章涵盖了支持弹性和灵活光网络中节点结构设计的所有关键技术。6.2 节详细描述了关键需求、设计规则和标准节点结构及其关键硬件部件。6.3 节和 6.4 节提出了两套关键子系统的设计方案,并阐述了基于旁路/直通路径子系统和兼具固定、灵活配置光层的光传输网(OTN)多层分插传输技术。6.5 节阐述了具有变革性的多维可编程光节点架构及未来随业务的演进架构。

6.1 引　言

随着业务需求越来越多及新服务需求的不断涌现,光网络需要增加网络新元素以满足对当前网络灵活性、可测量性、弹性和自适应性等更高的要求。新涌现的需求要求新一代光节点结构能够支持和满足光网络的弹性和灵活性。随着可重构光分插复用器(ROADM)和光交叉连接(Optical Cross Connect,OXC)器件的成熟,采用这类器件的光学节点将形成一套可有效解决网络即将面临的各种新兴需求的新节点。本章将阐述一种多层灵活光学节点,该灵活光节点架构如彩图 6.1 所示。

G. Zervas(✉)・E. Hugues-Salas
布里斯托大学,英国布里斯托

T. Polity
伯罗奔尼撒大学,希腊伯罗奔尼撒

S. Frigerio
阿尔卡特朗讯,意大利维梅尔卡特,MB

K. -I. Sato
名古屋大学,日本名古屋

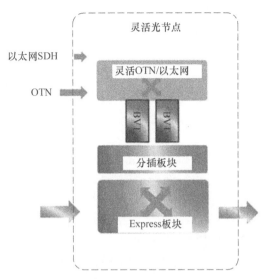

图 6.1　高级多层灵活光节点架构(彩图见书末)

6.2　新一代灵活光节点的设计需求、设计规则和标准

6.2.1　传统架构综述

光网络是一种基于自动建立和拆除 WDM 光传输系统节点入端口与出端口间连接的网络。为了在光层实现该功能，无论是否采用 ITU 传输网络标准，光节点都需要高效切换至相应的光路。第一代光传输系统是一种单波长传输架构，所有交换和网络的更高层功能均在电域完成，欧洲部署的同步数字序列(Synchronous Digital Hierarchy,SDH)网络和北美部署的同步光网络(Synchronous Optical Networking,SONET)就是典型的第一代光传输系统的例子。第二代光系统采用了 WDM 多波长传输架构,大容量 WDM 系统在 SDH/SONET 环网中只是增加了网络容量和点对点连接数量。WDM 系统所有光业务都转为电业务并完成电交换,在光层上执行的唯一功能是波分复用/解复用。第三代光系统采用了固定滤波器的 WDM 技术,该技术可实现光旁路和波长分插,即光分插复用器(OADMs)。第四代光系统的显著特征是引入远程可重构光分插复用器(ROADM),光波长可以在光网络中动态交换。当前,网络运营商可根据不断变化的带宽需求、不可预测的动态流量分布以及网络可扩展性潜在要求,通过内置于传输节点中的波长交换,动态灵活添加和拆除光路中的光信道。随着多级 ROADM 的应用[1],光网络可以演变为波长级网状网络,开辟了光网络设计新纪元。

未来 WDM 传输网将更多采用灵活网络技术,传统基于 ROADM 网络通过增加可配置灵活网络交换技术即可实现弹性网络,并可在频谱利用率和传输距离间取得平衡。对于弹性光网络,短距离传输可采用高效频谱调制方式的超信道技术以便节约频谱资源,节约下来的频谱资源则用于支持长距离传输所需的大容量信道。这种超信道连接技术是指灵活/可变频谱交换技术,新一代多级灵活光节点能够实现可变频谱分配和交换。新一代灵活光节点的实现需要新方法,即一方面光器件如何实现特定的光学功能,另一方面如何有效利用相干技术降低滤波器的要求。新型可变带宽器件或设备,如波长选择开关(WSS)、交换等能够满足新方法的要求。

灵活光节点架构包含传输和分插两部分,见图6.1,与当前ROADM有所不同。传统的传输部分采用基于广播与选择架构,每个ROADM包含一个光谱分离部件和一个WSS。光谱分离部件用于复制光谱至所有输出端口,WSS选择部分光谱(超信道)输出至目的端口[2]。而路由选择架构的每级ROADM存在串联的两个WSS,以降低光谱分离的损耗及WSS的波长隔离度[3]。尽管核心交换是无色的(不区分波长),分插部分含有一个"有色"(特定波长)组件,该组件可将空闲波长分配给相应节点,或增加本节点业务流量。具体而言,在固定网格ROADM中,单个复用设备的每个维度取决于为本地节点所需的维度/输出而增加的信道。信道解复用功能通常反向使用相同元素实现,信道解复用功能额外增加了WSS维度。

无色无向对分插部分提出了更严格的要求。一种解决方法是,采用低成本的灵活光节点无色无向解复用,该方法取决于无滤波功能的功分器和相干接收性能。功分器将超信道分路至多个接收机,由不同接收机本振完成相干接收。另一种更具应用前景的方法是,采用WSS取代功分器,降低本地频谱损失。这两种方法在分插过程均存在波长竞争,采用多播开关可避免竞争,本章将讨论多播开关的不同配置方案。

6.2.2 使能关键技术

开发具备灵活带宽的ROADM,将采用新型具有可变带宽和灵活频谱分配的光学器件:WSS器件、多播开关矩阵以及带有光放大和检测的转发部件。

1. 波长选择开关

第一代WSS,基于微机电系统(MEMS)[4]或液晶[5],为每个信道分配一个单开关元件(反射镜/液晶阵点),信道带宽和中心频率是固定的,不能按需改变。此外,由于有限的频谱"填充因子",第一代WSS相邻信道间传输频谱出现下降,防止频谱相邻信道的混叠,形成可作为实体交换的超信道。为了充分挖掘弹性光网络的能力,超信道带宽和中心频率需动态配置。第二代WSS,基于硅晶体(LCoS)[6]或二维MEMS阵列[7],通过配置内部点阵参数动态控制信道中心频率和带宽。参数可以动态控制和设置。基于LCoS[2],其独立控制信道中心频率达到1GHz分辨率。WSS的另一个重要特征是可支持更大规模阵列(端口)。对于当前网络而言,典型规模为9×1的WSS,在一些较小的节点往往采用4×1规模的WSS。

2. (切片式)可变带宽转发器

分插端的转发器是光节点[3]的一个极其重要的组件。转发器的设计和所采用的技术各不相同。为了在高效频谱利用和增强网络弹性之间取得平衡,转发器需要支持不同调制方式[8]。举例来说,目前基于相干技术的传输系统采用了从双极化-二进制相移键控(DP-BPSK)、双极化-四进制相移键控(DP-QPSK)和双极化-16相位正交幅度调制(DP-16QAM)到光正交频分复用(OFDM)调制方式。上述前三种调制方式在发射机和相干接收机均采用相同的硬件设计[9]。柔性(可变带宽和可变调制方式)转发器需要精细可调谐激光器,在发射机侧可调谐至柔性网络,以及具有适当线宽本振的相干接收机。为了满足调制方式的可升级要求,还需配置带数模转换的相干预处理器和后置处理器,以产生合适的电调制驱动信号和接收端的接收信号。只需在相干接收机内进行很小变动,就可以将转发器配置为所支持的三种调制方式中的任意一种[10]。

3. 多播开关

多播开关用于解决分流点波长级竞争问题,该开关由一套分离光开关组成。假设需要 M 级开关才能组成 N 个接收端口,每条光纤业务经 $1 \times N$ 个分路器至 $M \times 1$ 开关的一个端口,该开关只切换指定信道至相应的相干接收机。因此,多播开关(Multi-Casting Switch, MCS)可解决波长竞争问题[10]。

6.2.3 设计准则

本节描述了节点的设计特征,以便构成灵活节点体系结构。

1. 柔性

柔性灵活 ROADM 的关键属性在于可独自、动态和弹性切换输入、输出端口的可变带宽超信道,从而实现对柔性灵活光节点处各个端口中心频率和光谱带宽的控制。ROADM 是指 ROADM 中的核心复色部件 WSS 和面向网络客户端的转发器均可工作在弹性模式,即以兆赫兹级的分辨率控制信道带宽和中心频率。新型调制模式能够较好地控制光谱,并结合柔性灵活 ROADM 构成新型网络,如弹性光网络。对于至关重要的信道分辨率以及带宽分辨率是由光网络的方案所决定。目前,信道分辨率可达 12.5GHz,带宽分辨率可达 12.5GHz。

基于上述对弹性的阐述,由上述弹性的分析可以形成引出弹性节点概念。若网络中的光节点能够自适应动态调整,以适应适配网络中不同业务需求和网络整体要求,该节点则被认为是弹性节点。由此,基于最大熵的弹性测量方法[11]以及弹性节点分类需要明确属性。例如:

(1) 弹性信道:节点可支持不同比特速率和调制方式。

(2) 弹性扩展:节点可进一步适应更高业务流量的能力。

(3) 弹性功能:节点可提供的功能种类能力,包括频谱碎片、信号格式变化、信号再生等。

（4）弹性交换：节点输入端口至输出端口所采用的不同方法和维度的能力。

（5）弹性路由：节点可承载信号从源端经不同路径至目的端的能力。

（6）弹性结构：节点重组内部模块的能力。

2. 重构

为了支持频谱、无色、无向复用和解复用的弹性化，需要探索新的技术实施方式。对于重构而言，光节点重构时间是重要的指标。光节点重构时间是由服务要求决定，但受限于技术手段，弹性光网络重构时间实质取决于光节点和弹性转发设备的重构时间。在不中断服务的情况下，具备升级功能的光节点和弹性转发设备的重构时间应在毫秒级。

3. 无色、无向和无竞争

（1）光节点的弹性和重构功能，需要具有远程频谱分配的无色、无向和无竞争的体系结构支持。

（2）无色结构，支持波长或信道(超信道)本地分叉，维持任意波长信道至分叉点的联通性。在本章后续部分将具体讨论无色结构。不论如何配置，无色节点结构支持任意波长经重配 ROADM 至分插点。

（3）无竞争结构，确保来自不同光芯同色，且输出至同一光纤的波长不出现阻塞。波长阻塞通常发生在重路由时无色、无向的 ROADM 分插点。

（4）无色、无向和无竞争 ROADM 与无色、无向 RAODM 具有相同的优点，无色 ROADM 端口可以分插多个同色超信道。

4. 可扩展性：模块化

弹性 ROADM 主要是应对未来固定 WDM 网络。为了实现光网络的可扩展能力，首要是节点的扩展能力。光网络的规模通常由部分参数决定，如 WDM 网络单光纤内信道数/超信道数、单光纤容量、光纤数及可达的光节点数。因此，弹性光节点结构应从以上参数角度进行扩展，即灵活光节点体系架构应具备单光纤容量、端口/维度（与可连接到本体系架构的光纤数和节点数有关）的扩展能力。模块化弹性节点架构支持在不变更初始配置的情况下实现网络容量和维度的扩展。

5. 弹性

光节点弹性是指具备出现故障或错误时，返回初始工作状态的能力，以及节点的重配置能力。通常节点重配置和网络重新工作可在 50ms 内完成。

6.2.4 性能标准

1. 容量/吞吐量

弹性光节点能够实现波长信道交换，信道依据数据速率或调制方式可占用不同的带宽。节点交换的最大业务量取决于 ROADM 的维度和光传输系统的频谱效率。因而，对于无色、无向和无竞争架构，节点容量与 ROADM 交换的输入/输出端口数和业务最大流量成正比。

在实际光网络应用中,考虑到节点的吞吐量,即1秒内经过节点交换的实际数据流(节点吞吐量),可能会受到限制,以及因带宽需求增加而对网络内异构路由的波长连续性要求的约束,都可能导致网络效率和实际网络交换容量的降低。光节点的吞吐量可以由控制面的频谱分配策略和节点内频谱碎片进行评估。

2. 交换颗粒度

当前,已提出了灵活栅格光传输系统,进一步提高了光谱效率和弹性。为了充分发挥该传输系统的优势,发射机、接收机和中间交换节点使用了更精细的光谱分片(如光谱时隙)。制约光谱分片的精细度主要来自于交换相邻WDM信道所必须采用的滤波器性能,而采用基于光交换矩阵(如LCoS)可以提高光谱分片的精细度。

灵活栅格光网络中,两个或更多信道抑或是多子载波可以作为单一实体管理,这种信道或子载波被称为超信道或多载波,超信道和单一用户可以形成一对一映射关系。例如,一个400GbE用户可以以DP-16QAM载波方式使用2条200Gb/s的超信道进行传输。

构成超信道的子信道间并非一定是连续波长,但是在弹性光节点进行交换时须作为单一整体。光节点交换支持的小颗粒度与光传输系统的光谱时隙是相关的,因此当信道中心频率确定为6.25GHz的分辨率时,信道带宽则为12.5GHz。

3. 物理性能

如前所述,频谱效率的提高仍面临一些基本挑战。首要挑战是信号传输过程中光信噪比的恶化。光传输网络在设计时,尽可能维持信噪比,并实现更高频谱效率的传输。然而,实际传输系统中光信噪比仍存在一些问题。例如,当信号经过光网络多个光节点时,对光信噪比的要求非常严格,节点性能往往转化为对高光信噪比的要求。也就是说,网络各节点需要较高的WSS隔离度和尽可能减少光分路以降低干扰和串扰。

对于光纤传输损耗方面,利用拉曼放大并结合掺铒光纤放大器对传输损耗进行一些补偿,根据光纤类型、光纤质量以及采用的拉曼泵浦方案[3]粗略估计光信噪比可以提升3~5dB。然而,由于节点对光信噪比有严格要求,因此必须选择低串扰WSS。信号经过多个节点引发的串扰在不断累积[6],对于9端口的WSS典型隔离度要求是35~45dB。串扰和来自光放大产生的噪声是相干检测信号恶化的主因,不同调制方式信号的恶化直接影响光传输系统信号传输距离和实际串扰余量。构建大端口数、具备频谱灵活配置的高隔离度WSS是一个公认的难题,目前已提出基于广播和可选路由与配置解决方案解决该难题。

网络级可解决一些制约弹性光节点结构性能的问题,如网络内的级联和累积引发的损耗,尤其是传输不同信噪比和不同调制方式权衡取舍时,更应注意级联和累积损耗。

6.3 旁路/快速节点架构

6.3.1 快速交换机架构

1. OXC 发展历程简介

图 6.2 所示为由快速交换部分和分成交换组件构成的通用 OXC 节点架构。早在 20 世纪 90 年代初期，众多研究人员就已经对各种交换结构开展了研究，其中一些研究成果发表在参考文献[11-12]中。前期的研究主要集中在快速交换部分，选取 OXC 首要目的是通过节点光旁路的方法来取消昂贵的光电(Oplical Electronic OE)和电光(Electronic Oplical,EO)转换。随着 21 世纪前 10 年 OXC 的广泛应用，加强了通过自动分配新光路和进行自动光层保护/恢复机制消除人为干预的要求，而且运营商对产品成本控制(CAPEX)高度关注。随着 SDN 和 NFV 技术的发展，未来满足动态服务的光自动网络控制与管理技术逐渐明确。灵活 OXC 部件是不可或缺的，OXC 分组组件应具备无色、无向、无竞争(C/D/C)功能，详见 6.3.1.2。

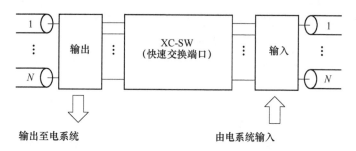

图 6.2 通用 OXC 结构

本节重点介绍快速交换结构，目前有多种方法实现快速和分插交换部组件。20 世纪 90 年代开发的架构，只有相对简单的架构进行了商业化部署。彩图 6.3 所示为 1992 年提出的一种架构[13-15]。传递耦合型开关由多个 1×2 的马赫-曾德尔干涉仪(Delivery and Coupling,DC)开关组成，这些开关形成图 6.2 所示的分支状或树状结构变体。

1996 年开发的第一个原型 OXC 系统[16]可连接 8 输入和 8 输出光纤，其中每条光纤承载 16 个波长，每个信道可调制至 2.5Gb/s。该系统如图 6.4 所示[16]。光开关采用平面光波电路(Planar Lightwave Circuit,PLC)技术制造，8 个 1×8 热光开关集成在一个 PLC。2000 年初，每条光纤承载的 WDM 波长数量相对较少，为 8~16 个波长。因此 PLC 方法非常实用。然而，这种结构需要与光纤复用波长数量一样多的 DC 开关。基于 PLC 的 DC 开关对于大规模应用而言，成本相当高昂。因而，该开关后来被采用三维空间光学的波长选择开关(WSS)替代。

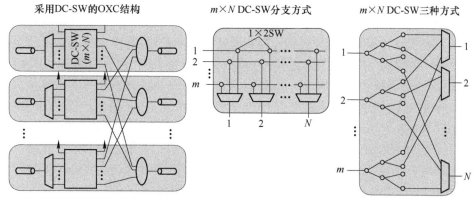

图 6.3 采用传递耦合型(DC)交换的 OXC 结构(彩图见书末)

大多数光学元器件可以工作在不同波长。图 6.5 所示为基于 MEMs(a)和基于 LCoS 的 WSS(b)原理图。利用 WSS,在输入光纤侧和输出光纤侧分别配置光耦合器的广播与选择 OXC 架构,见图 6.5①。需要注意的是,支持单模光纤的光学系统在输入和输出方向是对称的,因此两种架构的工作原理是相同的,但广播与选择架构可以实现输入信号的多播,WSS 可以适应更多的波长。WSS 其原理是采用空间光学技术,其真正的挑战在于端口数的扩展难的问题。在实际工程应用中,结合工程低成本要求,最大 WSS 端口数通常限制在 20 以内。

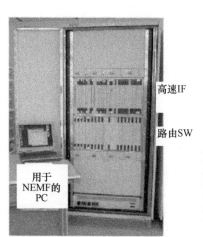

主要特征
吞吐量：320Gbit/s(2.5Gb/s/ch, 1个柜机)
　　　　—2.56Tb/s(10Gb/s/ch, 4个柜机)
工作波长范围：C/L波段
信道速率：2.5(10)Gb/s
光纤端口号：8/机柜
最大交叉连接：128～512(4机柜)
线性中继器间距：80km
最大再生间距：320km

8×8路由交换板

8-1×8PLC-DCSW芯片

DCSW：交付和耦合型交换
PLC：平面光波电路

图 6.4　1996 年开发的 OXC 原型样机(NTT 公司)

---

① 波长选择开关(WSS)与光耦合器(OC)的反向配置(如路由和耦合)与最初的 DC 开关实现的功能相同,见图 6.2。

2. OXC 的技术变革

2005 年前后,网络中实现的最大 OXC 端口数为 8,也就是每个节点在网络中最多直接连接 8 个相邻节点。但是,随着网络流量不断增加,传输链路所需的光纤数量也在不断增加,因此需要扩展 OXC 端口数量。经分析,以每年增加 40% 的信息流量,8 年后需要将 8 个端口扩展为 84 个端口,图 6.6(a)、(b) 所示为具备扩展端口功能的 OXC 结构。但是这种扩展方法 OC 损耗过大,84 条光纤固有 OC 损耗就达到了 19dB,已无法正常工作。图 6.6(c) 所示为可避免 OC 损耗的 OXC 结构,可用端口数被限制在 20(最大 WSS 端口数)。采用级联方式的 WSS 是扩展端口数量的一种简单方法见图 6.6(c)。如果使用 1×9 规模的 WSS(最常见的规模),则可以通过 11 个 1×9 的 WSS 级联架构来构建 1×84 规模的 WSS。这种级联方法需要大量的 WSS,如果使用 1×9(1×20)WSS,则总共需要 1848(840)个 WSS 来构建 84×84 规模的 OXC,这不包含分插部分所需的 WSS,级联 WSS 结构插损将加大。因此需要研究更多端口数的无阻塞新型 OXC 交换结构。

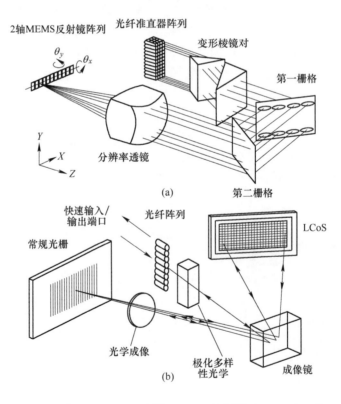

图 6.5 基于 MEMS 结构[17]和 LCoS 结构[6]的 WSS 原理图
(a)MEMS 结构;(b)CoS 结构。

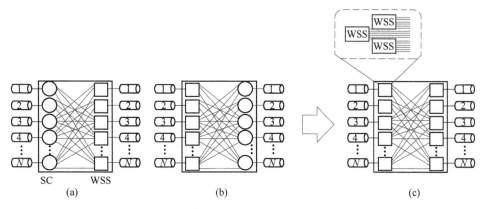

图 6.6 基于 WSS 的 OXC 结构
(a)广播选取结构;(b)路由成组结构;(c)路由选取结构。

3. 节点内阻塞对大端口数 OXC 设计的影响

TDM 避免了传输链路和节点波长冲突等问题,这些问题一直困扰影响波长转换 WDM 网络的应用。波长碰撞降低了网络资源(光纤和节点吞吐量)的利用率,如图 6.7 所示。通过采用网络新设计方法,可以实现高效 RWA(路由和波长分配)。新方法旨有尽量减少链路级别冲突(节点间阻塞),后续扩展到减少节点级冲突(节点内阻塞)、节点内阻塞感知(RWA),见图 6.7。从网络性能角度上讲,无论阻塞如何产生,光纤利用率都是非常重要的指标。

节点内部阻塞最初的研究是在 OXC[17]的分插模块进行的,由于快速交换的分插模块或 C/D/C 对硬件要求相当苛刻,所以当交换端口数较少(如小于 8)时,更容易实现无阻塞交换。对于 C/D 体系结构节点内部阻塞,经充分研究,无法实现无竞争和分插模块隐式阻塞。对于节点内部阻塞解决方案,首先研究了 C/D 结构中的各种技术可能的选项,该结构放弃了无竞争和分插模块隐式阻塞的目标[17-21]。由此 C/D 体系结构与分插模块 RWA 竞争识别相结合的总体性能与 C/D/C 性能几乎相同。这种体系结构性能与输入/输出光纤数量的关系将在下述内容讨论。

4. 大端口数 OXC 生成架构[22-23]

对于构建大端口数 OXC 架构,已经提出了多种快速交换架构,这些架构遵循了前述讨论的内容:如果轻微降低快速交换机的路由能力,或者允许在快速交换机内容存在一定的阻塞,则可以极大降低快速交换机硬件规模,其路由性能的损失将是非常轻微的。例如,在节点内部设置阻塞感知 RWA,则可以保持阻塞率的降低,抑或设置阻塞率目标,节点支持的流量几乎没有下降,见图 6.7。图 6.8 描述了这种思路。图 6.8(a)为该物理网络拓扑示例,图 6.8(b)的节点级别为 6,而光纤级

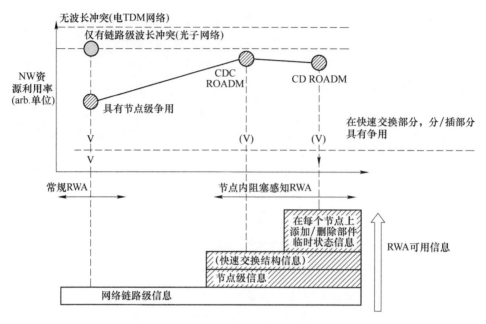

图 6.7　网络资源利用和链路/节点级框图

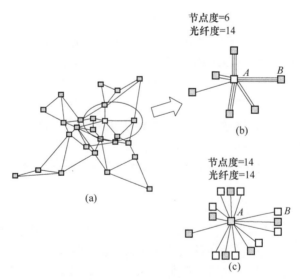

图 6.8　受节点度或者光纤度影响 OXC 性能
(a)物理网络拓扑；(b)相邻节点和多链路光纤(光纤编号分配仅供说明)；
(c)具有相同节点和光纤度的节点配置。

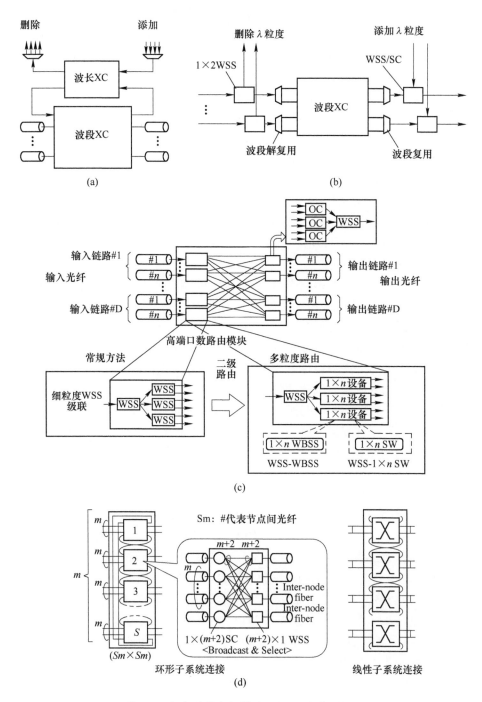

图 6.9 如何设计大规模端口 OXC 设计示例

(a)分层多粒度路由;(b)分组路由和波长选择分插;(c)多粒度两级交换;(d)互联子系统结构。

113

别为14。图6.8(c)为节点连接的示例,其中节点级别与光纤级别同为14。节点的级别是由节点的物理位置决定,对于大多数网络而言,级别相对较小,如小于8。光纤等级是由链路业务量所需的光纤总数决定。目前,基于WSS的OXC在快速交换机中具备完整的路由功能,如果利用节点级别和光纤级别间的差异或利用实际节点配置,见图6.8,则可以对节点的路由能力进行轻微限制。例如,从图6.8(b)的节点A路由至节点B,可以使用节点A处的OXC的三个输出光纤端口中的任意一个。图6.8(c)中,仅选择OXC的特定输出光纤端口建立于相邻节点的链接。因此,通过略微限制节点的路由功能,并采用节点内阻塞感知RWA,网络路由性能不会出现大幅度下降。

对于大规模OXC,研究人员已经测试了多种交换结构的交换效率。这些交换结构主要有两大类:一类是粗粒度路由如图6.9(a)~(c)所示,另一类是模块化结构如图6.9(d)所示。下面将对这两类交换结构进行阐述。

1) 分层多粒度路由[24]

光开关可以同时切换多路光信号,对于矩阵型交换通常采用成组光路或波段进行切换,以减小总交换规模。波段的引入可以大幅降低硬件规模,基于开关矩阵的交叉连接系统规模可降低70%[25],基于3D MEMS的WSS/WBSS(波长/波段选择开关)的OXC可降低48%的规模[26]。疏导率是路由性能很重要的一个参数,决定节点路由性能和交换机硬件规模。具有疏导功能的粗粒度路由(波段路由)可以提高网络的效费比。因此,网络疏导率进行一定的限制对于提高网络利用率至关重要,但运营商对疏导率并不敏感。网络设计工具软件可以依据疏导率的限制范围动态选取硬件规模,低成本、紧凑型波段选择开关构成的交叉连接网络结构是一种可行的网络结构[27-29],该网络结构采用循环AWGS波段复用器和解复用器。

2) 分组路由和λ波长选择性分插[30]

参考文献[30]讨论的网络架构,采用粗粒度路由(多波长路由)和波长级粒度分插,见图6.9(b)。分组路由与多波长束形成的虚拟路径节点连接情况类似。这种虚拟路径称为组路由路径(GRE管道),一个GRE管道无论连接或不连接端点,都有可能形成一个闭环。不像传统波段"路径",GRE管道不存在终点。GRE管道就像"高速公路",只要波长资源有空闲,波长路径可以在任意节点对GRE管道分插。快速路径路由采用GRE光路路由,由开关矩阵或WBSS完成。基于此架构,提出了一种高效的网络设计算法[30]。大量实验表明如果每对节点间平均流量需求超过6条光路,对于7×7的常规网状网络GRE管道容量为10个λ。如果路由性能降低10%以内,虽然光纤利用率有所下降,但是相对于单层光路径网络而言,开关矩阵规模则降低超过88%。此方案采用的是WSS而非WBSSS,架构则与传统基于WSS的OXC节点架构相同。因而,硬件规模并未简化,但分组路由降低了滤波(光谱窄化)影响,缩小了信道间隔。因此,即使仅在 GRE 级别上进行路由,网络中容纳的总流量(每根光纤)也可以增加[31]。这些特性对于城域网应用尤为重要。在实际应用中,端到端遍历的节点数量可能比核心网络中的节点数量大得多。

3) 多粒度两级交换[32-33]

如前所述,通常一个节点与相邻节点间光纤的波长路径是不受限制的。可如果对光纤波长选择进行一些配置,将波长路径选择限制在一定范围的光纤,而非每条波长路径自由算则光纤,即可提高转发效率。参考文献[32-33]提出了一种新型 OXC 结构[32-33],该结构采用两级路由机制见图 6.9,选用 WSS 在波长路径级别完成静态选择或动态选择波长组,采用 $1×n$ 光开关或 $1×N$ 的 WBSS 来选择相邻节点间链路上的光纤,这种架构明显降低了 WSS 的数量或端口数量,最多可达 $1/n$ (n 为到相邻节点链路上的并行光纤数量),详见参考文献[32-33]。光路网络设计算法对于两级交换架构的性能至关重要,所需 WSS 数量可以降低 40%~60%,而光纤利用率的下降可保持在 2%~3%以内[33]。

4) 互联子系统结构[34-36]。

参考文献[34-35]提出利用互联多路复用的互联子系统体系结构。如图 6.9 所示,OXC 子系统由低成本 WSS 构建,该子系统通过一定数量内部节点光纤互联。子系统可同时配置端口数较小的 WSS 和具备广播与选择功能(SC+WSS)的 WSS,因而网络中所需的 WSS 数量可降低。图 6.10 显示了 26 节点泛欧洲网络(图 6.8)采用波长路径遍历的 WSS 相对数量,以及网络阻塞率为 10^{-3} 时 WSS 的相对数量。其中 F 代表每条波长路径端到端穿过的节点内光纤的最大数量。该子系统架构采用 9 个 $11×n$ WSS,而常规架构采用大端口数量的 WSS,规模达到了 39 个 $11×n$。如果在常规架构上采用 9 个 $11×n$ WSS 和一个由 9 个 $11×n$ WSS 组成的大端口数的 WSS,OXC 子系统架构优势更为明显。这种降低规模的结构减缓了 WSS 滤波对频谱的影响,降低了总节点损耗和节点成本,基于子系统的平均和最大损耗也降低了,其代价在于当网络阻塞率为 0.1% 时,业务量损失低于 1%。该性能是采用新开发的节点内阻塞 RWA 实现的。参考文献[35]详细分析了网络中阻塞地(链路级和节点级阻塞),研究表明 F-intra 是决定阻塞性能的一个关键参数。参考文献[34-35]描述的体系结构是一种子系统间堆叠式环形互联结构。随着系统的建设费用不断增长,在不中断服务(或无故障扩展)的前提下,动态扩展网络能力最好是从网络建设之初即引入这种大规模、经济的 OXC。一种变体结构[36]采用如图 6.9 所示的线性子系统互联结构,该结构中每个端子系统的一组端口始终处于开启状态,便于连接其他子系统,且不会影响到已有的光路连接。采用这种新型网络设计方法,可以实现与环形互联结构[36]几乎相同的拥塞性能。

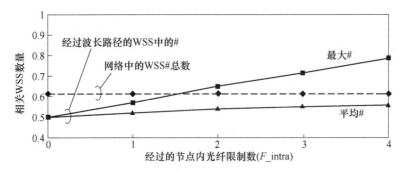

图 6.10 当阻塞率为 10^{-3} 时,波长路径穿过的 WSS 的相对#,以及网络中的总数(rel.)
(注:子系统体系结构假定为 1×9 WSS,而传统体系结构假定为大端口数 WSS,高达 1×35)。

6.4 多层弹性灵活分插节点体系结构

6.4.1 解决不同多层用例的节点体系结构和接口

为了降低传输单位比特成本,需要提高网络有效带宽利用率,可采用聚合低速业务实现。例如,来自 IP 边缘路由器的数据流(如 BRAS,IPTV,VoIP 等)或来自租用线路的 CBR 业务,存储(SAN)和传统 SONET/SDH/PDH 网络业务可聚合,形成高速、大带宽的 DWDM 数据流。

全光亚波长交换技术,如光分组交换(Optical Pocket Switching,OPS)或光突发交换,虽然得到广泛研究,但在制造成本、可靠性方面并未完全成熟,还不适合中短期的广泛应用。因此,采用电疏导方案依然是运营商可以依赖的唯一实用解决方案,用以优化光网络中的带宽使用。传输服务的透明度是从区域网络到全域网众多应用的一个相关必要条件。OTH(光传输层次结构)是在电域多个独立客户端数字流的疏导或子波长复用形成的。为确保服务信息内容与光层的适配(彩图6.11),应该引入光学信道传输单元(Optical Channel Transport Unit,OTU)的传输实体。

OTH 是 OTN 不可分割的组成部分,OTN 是 ITU-T 推出的光网络传输技术,包括支持在光域和数字域中处理的用户信息的传输、聚合、路由、监测以及生存性所需的所有功能。ITU-T G.872[37]"光传输网络(OTN)体系架构"定义了 OTN 的网络架构。其中,网络被分为几个独立的传输层,以反映其内部结构的方式进行分区,如彩图 6.12 所示。

ITU-T 提出了 OTN 标准框架,其目标是为了扩展(或增强)运营商常用的 SDH/SONET 类功能(性能监测、故障检测、通信信道等)扩展到 WDM 波长。因此,OTN 将给光网络的发展带来明显的益处:①通用容器支持端到端光透明传输的任何服务类型的客户流量。②标准多路复用层次结构,可将多种客户信号接入至单

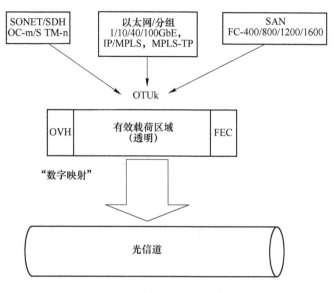

图 6.11 协议无关的交换和传输(彩图见书末)

光信道线路接口。③具有支持远程光传输的强 FEC 纠错能力和数字多级 OAM 管理的帧结构。④低于 50ms 保护方案。⑤波长 OAM 至 OOS(Optical Overhead Signal,光开销信号,仅在功能上指定)提供增强 OAM&P 功能。

OTN 复用器的基本特性如图 6.13 所示。基于 G.872 标准[37]的 ITU-TG.709 标准规定了"光传输网络接口"。

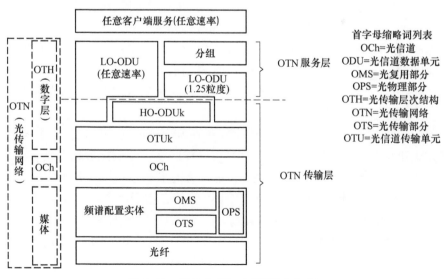

图 6.12 OTN 分层概述(彩图见书末)

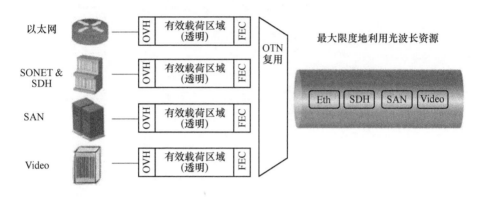

图 6.13 OTN 复用原理图

OTN(21 世纪初)的灵活性是由解复用实现,该过程与 SONET/SDH 虚级联(VCAT)[38]方式类似;指定为 $k=1,2,3$ 的 OPUk VCAT 允许以 2.5GB/s($k=1$)或 10GB/s($k=2$)或 40GB/s($k=40$)的步长分配传输带宽。

尽管 VCAT 具有灵活性和弹性,但其建设和管理相当复杂(需要大的缓冲区对 VCAT 成员之间的不同延迟进行补偿,还需用于单个客户端信号管理许多 OAM&P 网络实例)。因此,2009 年更新后的 G.709 标准推出了一种新型灵活信息容器:光学 ODUflex(Flexible Optical Channel Data Unit,灵活光通道数据单元)。新容器解决了 VCAT 出现的问题。新标准还制定了 ODUflex 无碰撞、可变容器大小的附加协议[39],通过 GFP-F[40]映射具有随时变带宽需求的分组业务。

然而,标准中并没有阐明弹性 OUTflex 线信号,ODUflex 被视为在"更高阶"的 ODUk/OTUk($k=1,2,3,4$)中承载"低阶"客户端信号。其目的是尽可能减少不同类型线路接口的数量,降低成本(近来,每种光线路速率可对应一个不同的转发模块)。

弹性光网络采用的新一代光学收发器正在改变现有网络的刚性。载波数量、调制方式和数据波特率都成为可配置参数,这样网络运营商能够在数据容量或线速率之间取得适当的平衡,并达到最佳传输设施的水平,如图 6.14 所示。

因此,OTN 线速超越 100G(B100G OTN)的核心在于灵活端口速率,LO-ODU 业务层中的 ODUflex 增加 OUT 层的弹性。当前,OTN 发展的主旨是定义一种"$n \times$ 100Gb/s"($n \geq 2$)的叠合结构,称为 OUTCn,如图 6.15 所示。n 是指 100Gb/s 的可变比特速率概率步进,单输入 OUTCn 弹性接口(SV-IaDI)取任意 $n \geq 2$ 值,并且接口速率可调,与 SDH 类似,对于多输入(MV-IaDI)和 IrDI 接口(最初标准速率很可

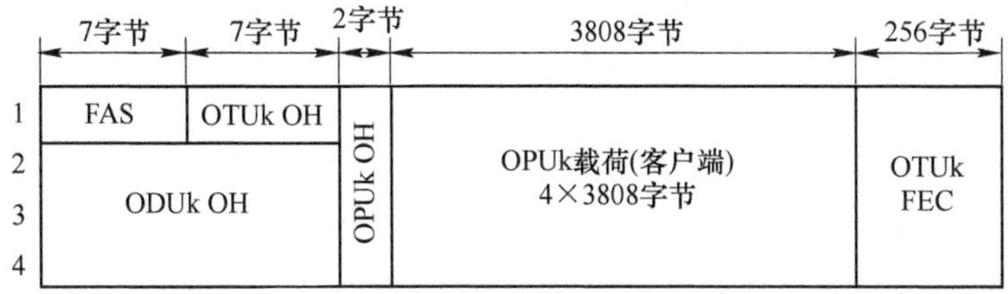

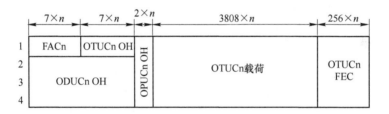

OTU类型	OTUk比特速率	OPTk载荷速率	典型客户端示例
OTU1	~2.666057Gb/s	~2.488320Gb/s	STM-16,GbE,FC-100/200
OTU2	~10.709225Gb/s	~9.995277Gb/s	STM-64,10GbE WAN,100GbE LAN FC-400/800
OTU3	~43.018414Gb/s	~40.150519Gb/s	40GbE LAN,STM256
OTU4	~111.809974Gb/s	~104.335975Gb/s	100GbE LAN

图6.14 OTN帧结构和当前标准OTUk($k=1,2,3,4$)速率

能采用$n=4$,可承载未来400GbE用户)只有少数参数可能被标准化。

图6.15 OTN革命"超越"100G的灵活光传输单元示例

ITU-T G.872标准已经明确了许多管理弹性光线路OTN网络的内容,新的灵活线路架构不再是波长与光传输单元(Optical Transport Unit,OTU)/光信道数据单元(Optical channel Data Unit,ODU)之间简单的一对一映射关系。OTUCn/ODUCn可以由覆盖一个或多个频率时隙(FS)的若干光载波分配。宽带信号(如400Gb/s或更高)被分成多个窄信道,分别在多个波长上传输(它们的数量和调制格式将是频谱效率和到达路径之间的最优匹配),这种方式可使单媒体信道频谱占用最小化(相邻波长可以没有或减少保护频带)、灵活复用,非相邻媒体信道的方式可灵活利用现有网络上可能出现的频谱碎片。

新一代可切片带宽变速收发器(S-BVT)有多种弹性接口OTUCn。"n"在时间上随网络负载波动周期(日,周等)而变化。因此,当收发器的通信容量超出某个业务需求时,空闲传输资源可以分配给其他业务(低速)。图6.16和表6.1给出了S-BVT和BVT的比较图,前者能够同时支持多业务需求,后者仅支持一种业务需求。

弹性网络的灵活性不仅体现在光层(灵活栅格、可变子载波数、可变调制方式、灵活 ROADM 等),在电层也需要软件控制可用带宽的分配,以满足一对多服务需求。

现在传输系统通常由 0 层(光或基于 λ 的 OXC),1 层(基于 ODUk 的 DXC,有时还包括传统的 SDH DXC)和一些 2 层分组交换组成,形成具有 OAM 和 FEC 功能的分组、TDM 和波长交换一体的聚合网络。

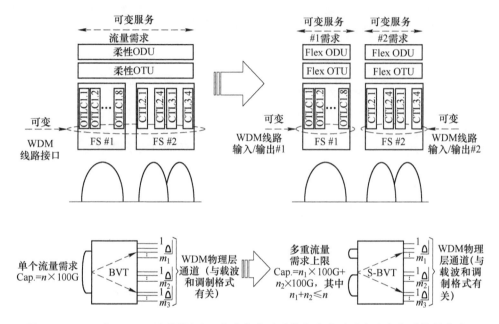

图 6.16 BVT 和 S-BVT 说明图(从一个业务占用的最大速率到两个业务占用较低速率)

表 6.1 S-BVT 和 BVT 比较

BVT 基本特性	从 BVT 到 S-BVT 增强
遵循网络中发生的典型周期性负载波动(每日、每周……)	剩余带宽仍将得到充分利用
频谱使用情况与实际使用的容量进行动态协调(如直通路径上的高效调制方式,通常频谱占用更少,切换到保护路径上的低效调制格式,通常频谱占用更多)	
无须多类型带宽收发器;目的是一种收发器满足多比特速率业务转发需求	采用兼容灵活栅格的 ROADM 进行光层"切片",不同频谱"切片"可用于不同目的地址的业务
收发器剩余带宽仍可得到利用	

图 6.17 所示为支持分组和 TDM 客户端的 OTN 传输网。当波长不需要进一步疏导或聚合时,ODUs 直接调制到波长。LO-ODUs 可以进一步疏导或聚合以提高波长带宽的利用率,多个 LO-ODU 容器可以复用成更高速率的 HO-ODUs。ODU 具有强大的性能监测及故障检测机制。由上述,可知光交换和电交换对于网络效率最大化起互补作用。①网络节点的光信号进行波长级交换。适合业务传输服务粒度接近波长容量的情况,光交换主要用于提供和恢复波长级服务。②电交换主要提供和恢复小于波长级带宽的子波长传输服务。

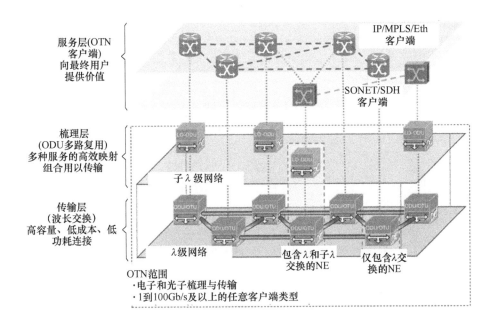

图 6.17 OTN 网络视图:λ 和子 λ 级交换

模块化网络架构应能提供运营商要求的特定服务组合以及流量动态分配,并具备解决业务传输能力相对应的灵活调整能力。表 6.2 总结了可能的配置和疏导选项。

图 6.18 所示为路由器疏导 IP 业务的 3 种疏导示例。

1) 子端口级疏导

在具有电交换功能的光节点上提供分组聚合或疏导功能,是一种最为灵活的转发方式,这种方式在电域以更精细的粒度(包括可变速率的分组服务)来疏导用户业务。①该方式允许路由器接口切换至信道化以太网接口,如 40Gb/s、100Gb/s 或更高,而不是采用异构端口的边缘路由器进行切换。不同的虚信道,如来自同一路由器物理端口的虚拟信道(Virtual LAN, VLAN),可以映射到不同的 OTN 虚容

表 6.2 可能的配置及疏导选项

梳理模型	λ级梳理	端口级梳理	子端口级梳理
逻辑接口	无	端口	子端口，如路由器由端口内的虚拟局域网
物理接口	每端口使用一个波长	可能小于波长容量的端口	可能小于波长容量的端口
颗粒度	仅限于波长级别，纯光子级别传输	仅限于子端口级别，电学及光学处理	降到虚拟信道（如 VLAN）或者端口级别，电学及光学处理
传输交换层	光子网络 波长（OCh）	集成光子和电路网络 波长（OCh） 固定速率电路（ODU）	包括分组分类的集成光子和电路网络 波长（OCh） 固定速率电路（ODU） 可调节（可变）速率电路（GFP/灵活 ODU）

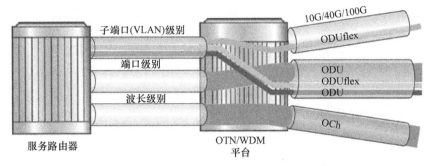

注：来自路由器端口或子端口的IP流量按照目标带宽映射到最佳传输容器；
在最佳层进行带宽管理

图 6.18　路由器 IP 业务疏导示例

器,并通过传输网络送至不同目的地。VLAN 整形和大小可调的 ODUflex 是关键因素。②该方式可以处理子端口级业务疏导,以优化低带宽服务占用的带宽。许多业务提供商和大型网络运营商租用的线路、私人数据服务和商业 VPN 业务,通常是采用 CBR 业务速率计费。这些业务占整个业务比例较大时,采用子波长疏导显得尤为重要,该方式以最低的单位比特成本提高网络资源利用率。

灵活速率或弹性 OUT 依据流量负载变化(整日、整周)调整每个波长的光谱占用情况,以适应实际应用的聚合带宽。

2) 端口级疏导

在网络中,流量主要分布在网络枢纽和星形网络中心位置点间的连接区域,有利于流量尽快到达目的地,并且可以降低对网络弹性的要求。骨干流量的传输与分发在一定程度上利用了波分复用中的电疏导能力。从功能上看,端口级疏导是子端口级疏导的集合,也体现了物理端口级疏导的效率。

3) 波长级疏导

与端口级疏导类似,波长级疏导用于客户端设备物理端口级别的互联,每个物理端口映射为一个波长。WDM 承载 IP 数据报文是常见形式,其配置较为简单。但在实际应用中,由于还需配置可传输大流量的中间节点,使得网络配置成本较高。如果传输业务流量接近或超过单个波长可承载的带宽时,使用光直通路径会更高效和经济。

6.5　多维度功能可编程光节点架构

6.5.1　未来光节点维度

早期的光学技术主要应用于点对点数据传输,而如今光学技术主要应用于网络领域。在网络领域,需要进行网络化和组网操作。网络内点对点数据传输的 WDM,采用波长维度以增加光网络容量,而基于波长的信道增加了光传输链路所需的弹性。这种光网络传输方式,具有降低成本和提高性能的潜力,业界相继提出了不同的节点体系结构。各节点体系结构充分考虑了 WDM 增加传输容量和传输灵活性方面的优势。新型网络架构需要大量新技术支持,如彩色激光源、多路复用/解复用技术等。另外,考虑到光纤和交换设备对光信号会产生损耗,光放大器对于功率补偿很重要。基于以上所列技术,研究人员提出了单维度节点结构(单输入/单输出光纤组件,即 FBG),以满足网络中间节点添加/删除单个波长的需求。频率(波长)维度,最初用于环形网络拓扑,不同连接选择不同传输波长,同一光纤可连接多个节点。频率维度还支持多维度节点向网络方向发展,在光域中采用交换功能,从而避免使用昂贵的电交换设备。采用 WSS 的多维度节点既可提高静态光网络工作效率,也可提高不同频率信道的弹性光网络工作效率。

随着互联网的快速普及,先前用于语音业务的光电路交换对于处理以 IP 为核心的业务服务越来越不适合。因此,需要在以往维度(如频率维度)基础上拓展新的维度以适应互联网不断增长的数据报流量需求。新拓展的时间维度已被广泛应用于电域数据报交换,在光域中,时间维度涉及每个数据报的持续时间,以及如何将不同的光包路由至光网络内的不同节点目的地。当前,大部分数据分组报文仍需要转至电域处理,全光分组交换具有较大的挑战性。将时间维度引入至光网络的思想,可以在未来弹性光网络中使用。

面对更高传输容量不断增长的需求,采用其他特定维度将是主要应对方式。在传统光学系统中,大容量传输系统是通过发射机实现的。通常采用开关键控(OOK)调制方式进行调制。OOK 利用连续波完成振幅调制(激光源产生),利用输入的电信号将其调制在连续波的振幅,从而产生光信号。这种调制方式易受噪声的影响,需要增加其他设备辅助,才能在接收端恢复信号或检测信号。为了提高光传输系统的性能,现已采用了相位域调制方式提高光纤系统的容量和频谱效率。在相位域内,通常使用基于相移键控(Phase Shift Keying,PSK)和智能正交幅度(AQM)调制方式增加单位符号位数。

偏振是增加传输容量的另一种维度。该维度可以提高光网络的灵活性。极化维度是指数据信号对连续波极化状态的调制,该维度可增加光纤通信系统的总容量。该维度传输系统采用了简单的无源偏振分束器和合束器。偏振维度调制方式已被证明非常实用。高速光通信偏振技术被称为偏振分割复用(Polarization Division Multiplexing,PDM)。

基于单模光纤传输容量已逼近香农理论的极限值。近期,另一种空间维度被认为可能是未来光网络的核心技术。空间维度采用空分复用(Space Division Multiplexing,SDM)技术[41]。SDM 采用多芯和多模光纤,不同芯或模式的光纤可形成多通道,以满足同时传输信息的空间维度需求。最近,一种新型 SDM 技术引发业界关注。该 SDM 利用轨道角动量(OAM)[36],携带 OAM 或涡旋 OAM 的激光束可作为光通信链路中数据载体。多个独立数据流可以由不同的涡旋电荷携带,在发射机端对不同涡旋进行多路复用,接收机端进行解复用。

从光网络发展趋势、多维度进展情况及应用可能性(图 6.19)来看,通过增加维度是可以满足网络基础设施的新要求,也可以提高网络性能。对于多维节点需求将在 6.5.2 节中阐述。

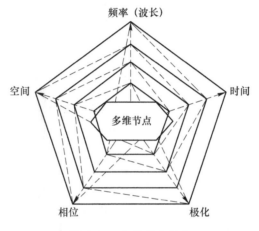

图 6.19 多维度光节点

6.5.2 未来光节点多维度需求

光网络中的多维度是指网络中的网元或节点可以支持的维度数。多维度体现在光信号传输、网络控制和管理方面。相比传统光网络而言,多维度为光网络带来了显著的优势:多维度不仅极大提升网络通信容量,而且还可增强光网络的功能。未来的光网络高阶节点需要增加一些系统属性,以应对动态网络流量和网络用户不断增长的服务需求。因此,需要发展一种基于节点体系网络结构。在该结构内,设置一些单维度、功能简单的弹性节点,而在网络需要的位置和时间上,部分节点可弹性扩展为多维度节点。由此,可考虑将弹性节点的功能元素与输入、输出光纤解耦。由上述可知,未来的光网络应引入多维度,为光网络带来功能和性能上的巨大提升。

基于节点的弹性需求,参考文献[37]提出了一种节点设计方案,其架构如图 6.20 所示。该按需体系架构节点内部通过光背板连接输入、输出以及多个信号处理模块,如频谱可选择交换(Spectrum Selective Switch,SSS)、快速开关、光纤掺铒放大器(EDFA)、频谱碎片整理模块等。该架构基于光背板可以通过交叉连接的方式,形成不同配比的输入模块和输出模块。与广播和选择(BS)以及频谱路由(SR)架构相比,按需体系架构没有采用硬连接方式,而是通过交叉连接的方式多种模块互联,因而具有更高的灵活性。

1. 按需架构节点功能和工作

点播结构(Architecture on Demand,AoD)节点工作时,依据光信号的交换需求(频谱、时间和空间的交换),配置和连接所需功能模块。这种工作方式是通过AoD节点内光背板的交叉连接实现的。

彩图6.20展示了用于构建图6.21示例的光背板交叉连接。如图6.20所示,在每个端口处布置不同复杂级组件组合,反映出每个端口交换要求。这种布置由背板交叉连接动态配置,以满足新业务交换需求,见图6.21。

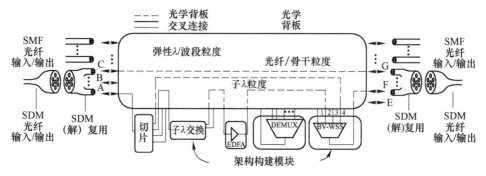

图6.20 按需架构(AoD)节点(彩图见书末)

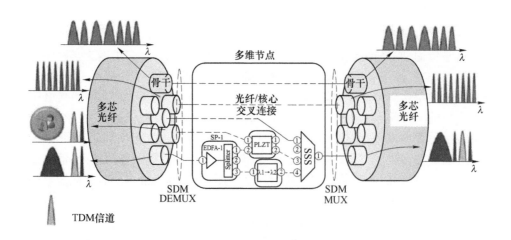

图6.21 多维度节点(空间、频率和时间维度)

基于图 6.20 节点架构,具备多维度节点的网络灵活性更强。例如,在图 6.20 中显示了从输入 C 至输出 G 的光纤级/纤芯级交换粒度。从输入 A 至输出 F 的单波长和波长级粒度交换可以通过 BV-BSS(SSS)实现。子波长交换粒度可由 PLZT 快速开关(如 10ns 的切换时间)实现,该开关在子波长传输通道占用的时隙设为 ON,在其他时隙则设为 OFF。PLZT 输入端所有来自 A 的信号都处于 ON/OFF 状态,不需要的信号则被 SSS 滤除。因此,只有所需子波长的光谱才能到达输出端 E。

2. AoD 节点属性

AoD 节点和网络性能提升主要体现在弹性、带宽粒度、适应性以及灵活性等方面。

1) 弹性

如果要求节点具备弹性能力,需要考虑采用多维度节点。节点的弹性能力是指节点的扩展能力,用以适应节点不同参数要求的变化(如输入或输出端口数、光学组件数、交叉连接数等)。一种评估节点弹性能力的简单方法是:节点光背板或光互联的交叉连接数。实际上,光背板自身具备的端口数量往往决定多维度节点的弹性能力。

AoD 节点的弹性可依据节点中光背板上交叉连接数量进行评估[42-43]。由于 AoD 节点并无硬接线的交叉连接,故可以选择光纤交换。当输入端口中有多个或所有波长和波段信道需要交换到相同目的端或输出端口时,采用光纤交换是合适的。简单光纤交叉连接,可避免采用多类型光学组件(如功率分配器)。因此,灵活节点体系结构(如 AoD 之一)以及其他维度的扩展,可进一步提高节点的性能和弹性。例如,在 EON 内采用 AoD 节点,与多芯光纤(MCF)上的 SDM 结合使用时,网络的灵活性就会提高。原因在于,一方面流量需求可能覆盖亚波长至超波长;另一方面,SDM 采用灵活分配频谱策略,既可提升网络容量,还可获得更高的传输吞吐量和频率效率[44]。此外,在网络中引入 MCF,能减轻核心节点间路由和频谱分配(RSA)对频谱连续性以及连续性约束的要求。对于网络弹性,尽可能采用光纤交换方式,辅以适当的路由以及在核心节点处分配相应的频谱,可以降低网络运营成本。并且,降低交换模块和光背板(可提升节点弹性)上交叉连接数量。现已有实验表明,即使在高维度节点,通过增强光纤交换的方式,交叉连接的数量可以减少 60% 以上。

2) 带宽颗粒度和自适应性

网络容量指标在很大程度上取决于节点的设计。节点设计不仅要考虑如何支持大容量信道,而且还要考虑不同的信息粒度对光数据流的输入和输出执行不同的操作。例如,交换和路由以及多维度的处理。实验证明,将基于 AoD 的节点与 SDM 结合,空间聚合子载波的数量以及调制方式可以支持多种比特率业务[45]。这种空间超信道方式尤为适合用户的不同需求。在网络特定路径,可以指定某些子载波的调制方式,而其他子载波可根据不同用户需求选取相应的调制方式。通过结合波长、相位和空间域,网络可以适应不同超信道切片的传输与分发,如图 6.22 所示。

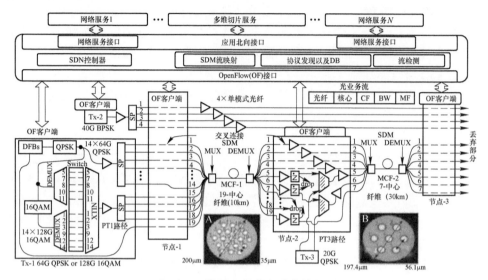

图 6.22 基于 AoD 节点的多维网络

6.5.3 光网络功能可编程

一般而言,可编程性是特定系统根据一组能够修改系统性能的新指令进行更改的能力。这组指令将遵循系统特定应用程序的程序逻辑。因此,光网络的可编程性是指通过一组指令对光网络元素进行操控,以达到配置网络的方式。这套方式可增进光节点和网络的结合,AoD 节点更能增进与网络的动态结合,以适应动态流量的交换和处理需求。

1. 节点级综合和可编程性

上述 AoD 节点可以形成定制体系结构。对于拥有综合功能的 AoD 体系结构节点,通过背板交叉连接将相应的模块实现互联。基于 AoD 节点,需要配以快速有效的综合与选择算法,这些算法需考虑模块的可用性和动态流量需求。

图 6.23 所示为承载异质流量的 AoD 节点示例。每个信道对应的输出端口以红色表示。输入端口 1 的信道被馈送至 SSS,完成动态频谱交换功能。另外,在光背板中配置交叉连接,完成输入端口 2 的所有信道交换至输出端口 4,输入端口 4 也可以进行相同的操作。由于输入端口 3 的输入信号需进行波长解复用,因此输入端口 3 增加了 μ 解复用模块。输出端口 2、3 和 4 则需要耦合多个信号源。在此示例中,所需的交叉连接数量为 13(组件接口均连接至光背板)。基于类似图 6.23 的示例,参考文献[46]已对不同场景下的功耗和组件数量进行了分析,分

析结果表明,与其他架构相比,基于 AoD 节点的光纤交换功耗降低了 70%以上。

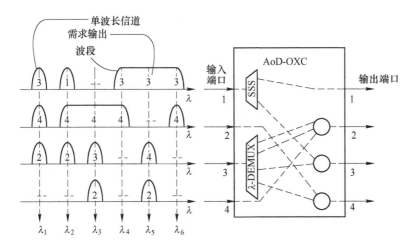

图 6.23 特定业务场景下 AoD-OXC 综合交换示例

除了在光网络中增加了灵活的光节点以及用户无感的一系列光层硬件之外,AoD 的可编程性还引出了网络功能可编程(NFP)[47-49]。网络可编程是由 NFP 与 SDN、NFV 通过网络控制、管理和服务实现的。因此,对于 NFP 的结构是其首要考虑的问题,即 NFP 节点结构。基于 AoD 的 NFP 光节点的抽象光层功能,为可编程 OXC 的建立奠定了基础。关于 NFP 节点的描述将在下面的小节进行阐述。

2. OXC 功能可编程

如前所述,基于 NFP 节点可以实现节点可编程以及综合光学白盒。对于这些节点而言,可对一组节点抽象功能进行编程。根据网络用户需求,NFP 节点可编程功能可以在物理层(如信号放大、信号再生)实现,也可以在更高层(如路由、交换)实现。NFP 节点包括:

(1) 功能模型池。对资源(硬件系统)集合进行编程,以满足不同层光学和电网络功能。其实质是,一种满足不同光和电网络功能的各层资源(硬件系统)集合。

(2) 综合互联元件。互联组件支持综合需求功能(例如,可编程光背板)。

(3) 分插接口。本地业务分插或丢弃是由可编程能力的切片收发器实现。

NFP 节点是多功能网络的基础构建块。基于 NFP 节点,软件定义硬件可用于网络级操作。此外,NFP 节点的多功能属性,可以用于多维度网络的聚合和切片。例如,对于 SDM 多芯网络,部分纤芯用于功能网络 A,而其他纤芯则用于功能网络 B。NFP 节点功能可通过集中式或分布式编程方式实现,其中聚合节点的功能可体现网络的部分功能。因此,体现网络功能的模块甚至可能出现在节点级别。

NFP节点示例如参考文献[50]所示。基于FPGA的光纤NFP节点可实现多种功能,这些功能可在切片和聚合中体现。由此,节点将完全实现硬件虚拟化。节点根据特定业务流量类型对硬件资源切片。节点功能分为内在功能和关联功能,功能之间也可切换。无故障网络功能切换已得到实验验证,可以满足多路并行虚拟切片的传输,10Gb/s传输容量的链路吞吐量达到了9.18Gb/s,灵活的链路颗粒度(6.85Mb/s~9.18Gb/s)和单时隙颗粒度(6.85Mb/s~2.4Gb/s),时延范围(1.747~118.233μs)以及时延抖动(10~30μs)。

3. NFP光层

如前所述,节点的可编程性和网络的主要构建块是每个节点中的要件,这些要件相互连接形成节点各种功能。采用模块化和灵活的体系结构(如NFP节点体系结构)构建节点,可以实现数据平面的可编程性,具备所需的功能(如具有时间复用的固定/灵活栅格切换)。参考文献[51]演示了不同组件经光背板的交叉连接,形成的NFP节点在控制和性能方面的进步。数据和控制平面的可编程性,以及将灵活栅格和固定栅格的网络组件接入至光背板等方式,可以支持网络多种工作模式,如图6.24所示。

节点的可编程性和NFP节点的多维性使得网络成为可编程多维度网络。参考文献[41]研究了一种弹性SDM多维度网络,该网络在三个维度(空间、时间和频率)进行了信号交换,并具有超过以往网络6000倍的带宽颗粒度。该SDM多维交换网络灵活支持大带宽、混合业务流量、传统单芯和新型多芯光纤、可编程NFP

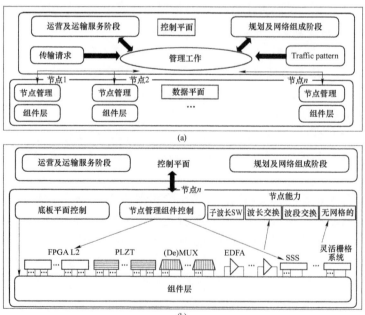

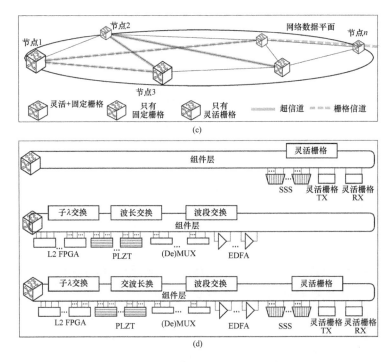

图 6.24 NFP 节点结构与应用示意图

(a)采用多项技术的数据平面和中央控制器模块构建的网络体系结构高级视图；
(b)组件和与控制平面通信的管理层组成的网络灵活节点体系结构；
(c)具有不同固定/灵活栅格节点的网络性能场景示例；(d)节点组件在节点数据平面下的不同工作模式。

节点,并结合了不同维度的组网功能。此交换网络,混合使用了固定/灵活栅格、弹性带宽和子波长交换等技术,具备 5.7Tb/s 端到端传输业务能力,多种传输信道:4×555Gb/s,60×42.7Gb/s 和 38×10Gb/s 波长信道,以及 2×42.7Gb/s 和 6×10Gb/s 时分多路复用子波长功能。

此外,NFP-OXC 的可编程功能,还可以在光节点上实现自愈或保护机制。参考文献[52]中已经证明,使用 NFP-OXC 实现 ROADM 自愈是可能的,如图 6.25 所示。

图 6.25 展示了自愈保护机制。依据 NFP-OXC 架构,光背板将输入端口与输出端口互联,光背板的某些端口配置冗余,以应对某些组件可能出现的故障。基于此机制,其他部组件,如带宽可变 WSS(Bandwidth Variable Wavelength Selective Switch,BV-WSS)都配置冗余,从而避免单个 BV-WSS 出现故障导致网络异常的情况。可编程节点对每种功能类型均配置了冗余组件,并通过重配光背板的方式应对各种故障。

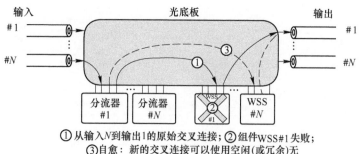

① 从输入N到输出1的原始交叉连接；② 组件WSS#1失败；
③ 自愈：新的交叉连接可以使用空闲（或冗余）无
线传感器网络；

图 6.25　基于 AoD ROADM 1:N 配置的自愈概念

6.6　结　论

本章对重要的网络光节点进行了阐述。详细介绍了弹性光网络节点的需求和设计规则，并提出了设计基线，为子系统设计人员、产品制造商、集成商、架构设计师和网络操作员之间架起了技术连接的桥梁。此外，在分析了节点的关键结构要素之后，专门安排一节内容介绍了旁路/直通系统的多种体系结构。从技术发展历程的角度，阐述了由不同类型组件（如 LCOS、耦合器等）组成的体系结构。为了应对节点度和单节点光纤数不断增加的挑战，列举了当前的先进解决技术。为了使旁路结构接入本地接入点，提出了分插多层系统。在介绍了技术标准化情况以及 ODUflex 和其他产品最新进展之后，详细讨论了 WDM 和弹性光网络 OTN 的多方面技术。最后，考虑 SDN、NFV 和白盒在实现可编程网络已成为技术界、商业界热点，专门安排一节内容讨论了在光层实现 NFP 光节点和系统。在介绍了光学白盒系统采用 AoD 的基本原理之后，对应用层程序、工具、控制面算法以及动态综合可编程光学基础结构进行了阐述。并分析研究了 SDM 扩展弹性光网络面对初始节点结构的一些挑战。

参 考 文 献

[1] S. Gringeri, B. Basch, V. Shukla, R. Egorov, T.J. Xia, Flexible architectures for optical transport nodes and networks. IEEE Commun. Mag. 1, 40–50 (2010)

[2] S. Poole, S. Frisken, M. Roelens, C. Cameron, Bandwidth-fl exible ROADMs as network elements, in OTuE1, OSA/OFC/NFOEC, 2011

[3] B. Collings, New devices enabling software-defi ned optical networks. IEEE Commun. Mag. 1, 66–73 (2013)

[4] D.M. Marom et al., Wavelength-selective 1_4 switch for 128 WDM channels at 50 GHzspacing,

in *Proceedings of Optical Fibre Communications* (*OFC* 2002), Anaheim, CA, Postdeadline Paper FB7

[5] J. Kondis et al., Liquid crystals in bulk optics-based DWDM optical switches and spectral equalizers, in *Proceedings LEOS* 2001, Piscataway, NJ, 2001, pp. 292-293

[6] G. Baxter et al., Highly programmable wavelength selective switch based on liquid crystal onsilicon switching elements, in *Proceedings OFC/NFOEC* 2006, OTuF2, Anaheim, California, USA, 2006

[7] T. Strasser, ROADM technology evolution. Presented at the LEOS annual meeting, Long Beach, CA, 2008, Paper TuH1

[8] R.-J. Essiambre et al., Capacity limits of optical fibre networks. J. Lightwave Technol. 28 (4),662-701 (2010)

[9] S. Gringeri et al., Technical considerations for supporting data rates beyond 100 Gb/s. IEEE Commun. Mag. 2012

[10] K. Roberts et al., Flexible transceivers, in 2012 *ECOC*, Paper We3A3

[11] A. Peters, E. Hugues-Salas, G. Zervas, D. Simeonidou, Design of elastic optical nodes based on subsystem fl exibility measurement and other fi gures of merit, in *ECOC* 2015

[12] K. Sato, *Advances in Transport Network Technologies* (Artech House, Norwood, 1996)

[13] K. Sato, S. Okamoto, H. Hadama, Optical path layer technologies to enhance B-ISDN performance, in *Proceedings* ICC'93, Geneva, vol. 3, 1993, pp. 1300-1307

[14] A. Watanabe, S. Okamoto, K. Sato, Optical switch using WDM, Patent No. 3416895

[15] A. Watanabe, S. Okamoto, K. Sato, M. Okuno, Optical switch, Patent No. 3444548

[16] M. Koga et al., 8 × 16 delivery and coupling type optical switches for a 320 Giga-bit/s throughput optical path cross-connect system, in *OFC* '96, ThN3, San Jose, February 25-March 1, 1996, pp. 259-261

[17] M.D. Feuer, S.L. Woodward, Advanced ROADM networks, in *OFC/NFOEC* 2012, NW3F.3, March 2012

[18] I. Kim, P. Palacharla, X. Wang, D. Bihon, M.D. Feuer, S.L. Woodward, Performance of colorless, non-directional ROADMs with modular client-side fibre cross-connects, in *OFC/NFOEC* 2012, NM3F.7, Los Angels, March 2012

[19] T. Zami, Contention simulation within dynamic, colorless and unidirectional/multidirectional optical cross-connects, in *ECOC* 2011, We.8.K.4, Geneva, September 2011

[20] H. Ishida, H. Hasegawa, K. Sato, An efficient add/drop architecture for large-scale sub-systemmodular OXC, in 15*th International Conference on Transparent Optical Networks*, *ICTON* 2013, We.A1.5, Cartagena, Spain, June 23-27, 2013

[21] H. Ishida, H. Hasegawa, K. Sato, Hardware scale and performance evaluation of compact OXC add/drop architecture, in *OFC/NFOEC* 2014, W1C.7, San Francisco, March 9-14, 2014

[22] K. Sato, How to create large scale OXC/ROADM for the future networks, in 16*th International Conference on Transparent Optical Networks* (*ICTON* 2014), Graz, Austria, July 6-10, 2014

[23] K. Sato, Implication of inter-node and intra-node contention in creating large throughput photonic networks, in *IEEE Optical Network Design and Modeling Conference*, ONDM 2014, Stockholm, May 19–22, 2014

[24] K. Sato, H. Hasegawa, Prospects and challenges of multi-layer optical networks. IEICE Trans. Commun. E90-B (8), 1890–1902 (2007)

[25] S. Mitsui, H. Hasegawa, K. Sato, Hierarchical optical path cross-connect node architecture using WSS/WBSS, in *Photonics in Switching* 2008, S-04-1, Hokkaido, Japan, August 4–7, 2008

[26] K. Ishii, H. Hasegawa, K. Sato, M. Okuno, S. Kamei, H. Takahashi, An ultra-compact waveband cross-connect switch module to create cost-effective multi-degree reconfi gurable optical node, in *ECOC* 2009, Vienna, Austria, September 20–24, 2009, 4.2.2

[27] T. Ban et al., Development of large capacity ultra-compact waveband cross-connect, in 16*th Opto-Electronics and Communications Conference*, OECC 2011, 6A1–2, Kaohsiung, Taiwan, July 4–8 2011

[28] K. Ishii et al., Monolithically integrated waveband selective switch using cyclic AWGs, in *ECOC* 2008, Mo.4.C.5, Brussels, September 22–25, 2008

[29] Y. Taniguti, Y. Yamada, H. Hasegawa, K. Sato, Coarse granular optical routing networks utilizing fine granular add/drop. IEEE/OSA J. Opt. Commun. Netw. 5 (7), 774–783 (2013)

[30] Y. Terada, Y. Mori, H. Hasegawa, K. Sato, Enhancement of fibre frequency utilization by employing grouped optical path routing, in *OFC/NFOEC* 2014, W1C.6, San Francisco, March 9–14, 2014

[31] T. Ban, H. Hasegawa, K. Sato, T. Watanabe, H. Takahashi, A novel large-scale OXC architecture that employs wavelength path switching and fi bre selection, in *ECOC* 2012, We.3.D.1, Amsterdam, September 16–20, 2012

[32] L.H. Chau, H. Hasegawa, K. Sato, Performance evaluation of large-scale OXC architectures that utilize intra-node routing restriction, in *OECC/PS* 2013, MQ2–2, Kyoto, June 30–July 4, 2013

[33] Y. Iwai, H. Hasegawa, K. Sato, Large-scale photonic node architecture that utilizes interconnected small scale optical cross-connect sub-systems, in *ECOC* 2012, We.3.D.3, Amsterdam, September 16–20, 2012

[34] Y. Iwai, H. Hasegawa, K. Sato, A large-scale photonic node architecture that utilizes interconnected OXC subsystems. OSA Opt. Express 21 (1), 478–487 (2013)

[35] Y. Tanaka, Y. Iwai, H. Hasegawa, K. Sato, Subsystem modular OXC architecture that achieves disruption free port count expansion, in *ECOC* 2013, Th.2.E.4, London, September 2013

[36] H. Huang et al., 100 Tbit/s free-space data link enabled by three-dimensional multiplexing of orbital angular momentum, polarization, and wavelength. Opt. Lett. 39 (2), 197–200 (2014)

[37] ITU-T Recommendation, Architecture of optical transport networks, Series G: Transmission Sys-

tems and Media, Digital Systems and Networks, Digital networks—Optical Transport Networks, October 2012

[38] ITU-T G. 707/Y. 1322, Implementers' Guide, Series G: Transmission Systems and Media, Digital Systems and Networks, June 2010

[39] ITU-T G. 7044/Y. 1347, Hitless adjustment of ODUflex (GFP), Series G: Transmission Systems and Media, Digital Systems and Networks, October 2010

[40] ITU-T G. 7041/Y1303, Generic framing procedure, Series G: Transmission Systems and Media, Digital Systems and Networks, April 2011

[41] N. Amaya et al. , Fully-elastic multi-granular network with space/frequency/time switching using multi-core fibres and programmable optical nodes. Opt. Express 21 (7), 8865–8872 (2013)

[42] N. Amaya et al. , Introducing node architecture flexibility for elastic optical networks. J. Opt. Commun. Netw. 5 (6), 593–608 (2013)

[43] M. Garrich, N. Amaya, G. Zervas, J. R. F. Oliveira, P. Giaccone, A. Bianco, D. Simeonidou, J. C. R. F. Oliveira, Architecture on Demand Design for High-Capacity Optical SDM/TDM/FDM Switching. IEEE/OSA J. Opt. Commun. Netw. 7 (1), 21–35 (2015)

[44] A. Muhammad et al. , Flexible and synthetic SDM networks with multi-core-fibres implemented by programmable ROADMs, in *Proceedings of ECOC* 2014, Cannes, France, Paper P. 6. 6

[45] N. Amaya et al. , Software defined networking (SDN) over space division multiplexing (SDM) optical networks: features, benefits and experimental demonstration. Opt. Express 22 (3), 3638–3647 (2014)

[46] M. Garrich et al. , Power consumption analysis of architecture on demand, in *Proceedings ECOC* 2012, Amsterdam, Netherlands, Paper P5. 06

[47] A. Muhammad, G. Zervas, N. Amaya, D. Simeonidou, R. Forchheimer, Introducing flexible and synthetic optical networking: planning and operation based on network function programmable ROADMs. IEEE J. Opt. Commun. Netw. 6 (7), 635–648 (2014)

[48] G. Zervas et al. , Network function programmability and software-defined synthetic optical networks for data centres and future Internet, in *Proceedings Photonics in Switching (PS)* 2014 San Diego, USA, Paper PM4C. 3

[49] A. Muhammad et al. , Introducing flexible and synthetic optical networking: planning andoperation based on network function programmable ROADMs. J. Opt. Commun. Netw. 6 (7),660–669 (2014)

[50] Y. Yan et al. , FPGA-based optical network function programmable node, in *Proceedings OFC*2014, San Francisco, USA, Paper W1C. 1

[51] B. Rahimzadeh Rofoee et al. , All programmable and synthetic optical network: architecture and implementation. J. Opt. Commun. Netw. 5 (9), 1096–1110 (2013)

[52] M. Dzanko, M. Furdek, G. Zervas, D. Simeonidou, Evaluating availability of optical networks based on self-healing network function programmable ROADMs. IEEE/OSA J. Opt.

Commun. Netw. 6(11), 974–987 (2014)
[53] Transmode App Note, Transmode's Flexible Optical Networksh, http://www.transmode.com/en/technologies/flexible-optical-networks
[54] S. Okamoto, A. Watanabe, K. Sato, Optical path cross-connect architecture for photonic transportnetwork. Special Joint Issue IEEE J. Lightwave Technol. IEEE J. Sel. Areas Commun. 14 (6), 1410–1422 (1996)
[55] Y. Ishii, K. Hadama, J. Yamaguchi, Y. Kawajiri, E. Hashimoto, T. Matsuura, F. Shimokawa, MEMS-based 1×43 wavelength-selective switch with flat passband, in *ECOC* 2009
[56] S. Kakehashi et al., IEICE Trans. Commun. E91-B (10), 3174–3184 (2008)

第 7 章 可切片带宽可变转发器

Juan Pedro Fernández-Palacios, Víctor López, Beatriz de la Cruz,
Ori Gerstel, Nicola Sambo, and Emilio Riccardi

7.1 引　言

弹性光网络(EON)方法倡导使用新的构建块来扩展资源分配的灵活性(无论是容量还是频谱)以及优化网络容量的使用。EON 的主要功能块分别是第 5 章和第 6 章中的灵活栅格光分插复用器(ROADM)和带宽可变转发器(BVT)。我们强调 BVT 可以通过扩展或缩小光路的带宽(改变子载波的数量)以及通过修改调制格式来调整其传输速率达到实际的业务需求,如图 7.1(a)所示。目前,已经有几个比特率可变的发射机示例,其中子载波的数量或调制格式通过被适配来实现期望的比特率和频谱效率(如参考文献[1-2])。

然而,由于光路中的所需范围变化或损伤,高速 BVT 会低于其最大速率运行,导致部分 BVT 容量被浪费。为了解决这个问题,提出了 S-BVT[3]。S-BVT 能够将其容量分配到一个或多个光流中,然后将其传输到一个或多个目的地,如图 7.1(b)所示。因此,当使用 S-BVT 来产生低比特率信道时,其剩余容量也可以用于发送其他独立数据流。从较高层的角度来看,根据操作模式,S-BVT 可以被视为高容量 BVT 或多个逻辑/实际独立的低容量 BVT 的集合。

S-BVT 作为进行光学梳理的新方法在科学界受到了高度关注,实现了网络中转发器的有效利用。已经有研究找到 S-BVT 的目标成本来证明其商业化的理由[4-5]、运营方面潜在的成本节约[6],以及在具有经济架构的城域网中使用的原因[7]。

J. P. Fernández-Palacios(✉) · V. López · B. de la Cruz
西班牙电信 I+D,西班牙马德里
e-mail:juanpedro.fernandez-palaciosgimenez@telefonica.com

O. Gerstel
塞多纳系统公司,以色列

N. Sambo
国立大学间电信联盟,意大利帕尔马

E. Riccardi
意大利电信,意大利米兰

本章介绍 S-BVT 的架构、S-BVT 与 IP 路由器的接口,以及在实际情况下规划和分析部署这些转发器的经济理由。

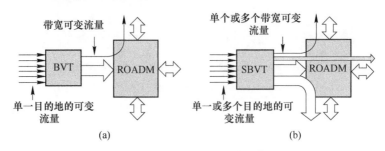

图 7.1 BVT 和 S-BVT 的示意图
(a)带宽可变转发器(BVT);(b)可切片带宽可变转发器(S-BVT)。

7.2 可切片带宽可变转发器的结构

7.2.1 S-BVT 的要求

S-BVT 的实现需要满足以下要求:

(1) 支持切片能力:转发器应该能够生成可以被切片的子载波,使得它们可以形成超级信道(由几个共同路由和相邻子载波组成的连接)或者被分离至不同的输出端口(路径或目的地)。

(2) 具有生成可配置信道间隔的子载波的能力:转发器应该能够生成具有可配置信道间隔的子载波,并可以根据其比特率和调制格式进行变化。此外,该属性也可能是切片能力的要求。作为示例,参考文献[8]中所示的超级信道,其子载波间隔为 28GHz。仅当这些子载波被认为是作为单个实体占据 200GHz(28GHz 乘以 7 个子载波)的总带宽的超级信道时,才允许这样的间隔;当子载波被切片时,子载波间隔可能变成 37.5GHz,这是大于 28GHz 的最小 ITU-T 灵活栅格间隔[9]。

(3) 多比特率支持:转发器应该能够通过改变所使用的子载波的数量或通过改变每个子载波的比特率来支持不同的比特速率。

(4) 到达适应性:通过支持多种调制格式和/或编码适应性,可以对全光学范围和光谱效率进行折中。转发器应支持不同的调制格式,如根据光学到达要求,每个子载波可以用 PM-16QAM 或 PM-QPSK 发送。在每个子载波内发送的冗余量,如使用时频封装(TFP),能够适应路径的物理特性。

7.2.2 S-BVT 结构

一般的 S-BVT 架构如图 7.2 所示。通过可配置/可切片的灵活 OTN 成帧器模块将总吞吐量动态地划分成多个光传输单元 OTUCn 虚拟接口,多种流量需求与光传输网络(OTN)传输单元(如以下所述的光传输单元 OTUCn)相关联。如果需要,同一个模块也应能将多个支路组(Tributary Group,TG)中的每个 OTUCn 进行分段,以允许在不同的媒体信道上分配负载。来自所有 OTUCn TG 的数据通过多通道接口在多个光信道传输通道(Optical channels Transport Lanes,OTLC)中的反向多路复用器来馈送多流光模块(S-BVT 的光学前端)的可变流量。

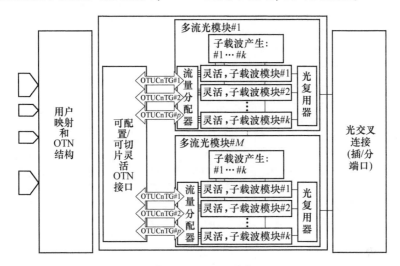

图 7.2 S-BVT 结构

然后,在多流光模块中,使用 p 个独立流量(以多通道聚合的形式)来调制光子载波,其由流量分配器模块、产生 $k(k \geqslant p)$ 个非调制子载波的子载波生成模块、k 个灵活子载波模块(其中每个子载波由特定流量进行调制)和多路复用器模块组成。首先,流量分配器(如电子开关矩阵)将多通道聚合体的合适数量的通道引导到特定的灵活子载波模块。流量分配器使流量能够调制在光层中传输的单个子载波。灵活子载波模块包括与处理电子器件(数模转换器 DAC、模数转换器 ADC、发射机、接收机,以及接收机的数字信号处理 DSP、FEC 编码和解码)相关联的相干前端部分(光源、I/Q 调制器、驱动器和接收机),可以通过改变调制格式、波特率、频谱整形和编码来调整比特率和带宽。所有生成的子载波首先在逻辑上成组分布在不同媒体信道上的超级信道中,并且光耦合到光交叉连接(OXC)源节点的单个分/插端口中。然后,通过适当的节点配置,媒体信道可以独立且透明地路由穿过光网络直到特定的(和不同的)目标节点。

下一节将详细介绍几个解决方案来实现图 7.2 所示的模块。

1. 灵活子载波模块

灵活子载波模块可以专注于特定的传输技术,这允许 S-BVT 可以适用于不同场景(如长途或城域/区域网络),并具有不同的以(b/s)/Hz 测量频谱效率水平和复杂性。S-BVT,特别是灵活子载波模块,可以基于奈奎斯特 WDM、正交频分复用

(OFDM)或TFP传输技术。表7.1总结了基于灵活子载波模块传输技术的主要特性(如频谱效率)。

表7.1 基于灵活子载波模块传输技术的S-BVT的主要特性

灵活子载波模块传输技术	最大频谱效率	全光范围	成本和灵活子载波模块的复杂性	用例
奈奎斯特WDM	取决于调制格式;通道间距至少等于符号率:例如4(b/s)/Hz,PM-QPSK 和 8(b/s)/Hz 与 PM-16QAM	取决于调制格式(PM-QPSK 和 PM-16QAM)	主要由DAC、ADC、DSP驱动	具有高频谱效率的长距离传输
			(例如电子带宽≈0.5×波特率)	
时频封装(具有PM-QPSK)	信道间隔可以小于符号速率:例如8(b/s)/Hz[22]	具有可变频谱率,数千千米;例如3000km[5.16(b/s)/Hz],5500km[4.2b/s/Hz][23]	主要由ADC和DSP驱动(DAC不需要),例如电子带宽<0.5倍波特率	具有高频谱效率的长距离传输
			需要一个序列检测器,而不是符号检测器	
O-OFDM	取决于调制格式;通道间距至少等于符号率:例如4(b/s)/Hz,PM-4QAM 和 8(b/s)/Hz 与 PM-16QAM	取决于调制格式和检测方案(几千千米 PM-4QAM 和 PM-16QAM 和 CO-OFDM,较少的格式或具有成本效益的城域解决方案)	主要由DAC,ADC,DSP驱动	核心/长途
			(例如电子带宽≈0.5×波特率)	城域/局域

2. 子载波产生模块

可以通过N个激光器的阵列或使用多波长(MW)源来产生N个子载波。两种不同的解决方案都存在优缺点。

可调谐激光器阵列(C波段)避免了使用切片时路由和频谱分配(RSA)算法中的任何约束。子载波可以在任意中心频率处产生,这样可以根据频率间隔[9]可用性,沿着路径在频谱的任意部分进行使用。其缺点是,构成阵列的每个激光器的频率漂移会通过使用保护带来避免子载波的重叠,从而降低了频谱效率。事实上,通常可以假设1GHz的激光不稳定,这会导致两个相邻子载波之间使用2GHz的保护带。因此,考虑到8个载波的超级信道,由于激光漂移,大约14GHz的带宽将被浪费。

相反,MW源能够从单个激光源产生N个子载波(如$N=4$)。这样产生的子载波被锁定在一起,这意味着母体激光器(构成MW源的激光器)的漂移并不意味着子载波重叠,因为子载波会随着漂移一起移动。在这种情况下,将会避免使用之前情况下的保护频带(14GHz),从而使得频谱效率更高。此外,激光器数量的减少(相对于激光器阵列可以节省 N-1 个激光器)可以降低 S-BVT 的成本。其缺点是,MW 源产生的子载波在频谱分配中会受到约束。实际上,它们通常会彼此对称地间隔开,并且其间隔可以被限制到最大值(如 50GHz)。例如,MW 源和激光阵列的网络阻塞概率性能之间的比较在参考文献[8]中已经展示:在 EON 中,通过固定相同数量的 S-BVT,基于阵列的技术比采用较大数量的激光器 MW 源实现了更低的连接阻塞概率。

针对 MW 源,基于锁模半导体和光纤激光器,以及电光调制器的各种技术已经被验证了[10-13]。前者由于载波间隔不能被调谐,参见 7.2.1 节中的要求(2),会遇到自由频谱范围(FSR)的瓶颈,因此对于 S-BVT 是不可行的,而后面的类型提供可调载波间隔[10](假设等间隔的子载波),但在调制器中会受到漂移偏差的影响。然而,这种漂移偏差可以通过使用偏置控制器来克服,这也是商业应用中的标准做法。此外,S-BVT 的 MW 还应提供可调激光器和多载波发生器的集成设计。2013 年,有文献提出了混合Ⅲ-Ⅴ和 Si 可调谐集成激光器[14]。

对于多载波发生器部件,由于涉及光纤的设计不可集成,基于调制器的设计可以提供 S-BVT 所需的灵活性和性能。基于参考文献[13]中设计的 MW 源的原理图如图 7.3 所示。可调谐集成激光器提供与双驱动马赫-曾德尔调制器(DD-MZM)耦合的母载波源。通过使用倍频器将正弦 RF 信号馈送到一个臂并且在第二臂进行倍频。该设计通过简单地调整 RF 驱动信号幅度,可以产生 3、4、5 和 9 范围内的任意数量的线路,从而满足支持多种速率的要求。可以通过改变 RF 频率(要求 BS-BVT)来调整子载波间隔(对称),并且也可以通过简单调谐母体激光器来调整整个子载波组。一旦生成子载波,则将选择适当的子载波并将其引导到相应的灵活子载波模块。目前,使用光学滤波器(如具有可调谐的微环谐振器)通过每个频谱分量来引导所选择的子载波到适当的灵活子载波模块[15],直到将来能够使用不需要滤波器的 MW 源的新设计。

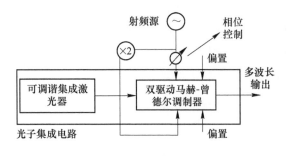

图 7.3 基于电光调制器的 MW 源设计

7.2.3 支持400Gb/s的S-BVT的示例

图7.4所示为专为多速率、多格式、编码自适应 S-BVT 设计[15]而提出的 S-BVT 架构,该架构能够为 4 个 100GbE 接口的客户端提供服务,使得信息速率达到

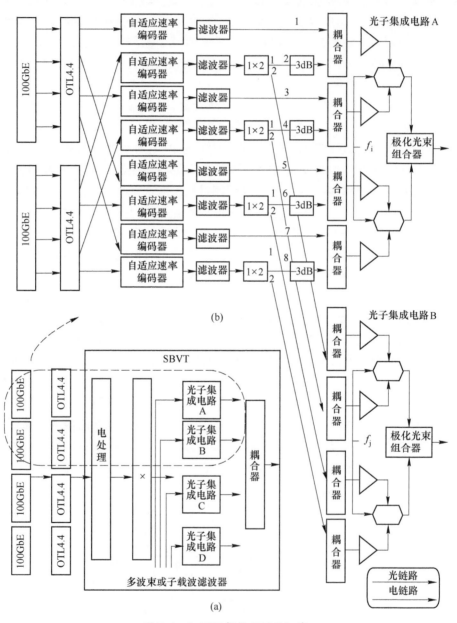

图 7.4 S-BVT 架构示例及细节
(a)支持 4×100GbE 接口的 S-BVT 架构示例;(b)细节。

400Gb/s。在发射机侧,通过参考图 7.2 所示的一般 S-BVT 架构,流分布在这里通过电子开关矩阵实现,而支持 TFP 的灵活子载波模块作为子载波发射机分为电子处理模块和光子集成电路(PIC)两部分。该图显示了通过单个 MW 源产生(由子载波生成模块)的 N 个子载波的架构;然而,N 个子载波的源可以被 N 个激光器的阵列替换。

如图 7.4(a)所示,来自 100GbE 端口的客户端流量可以封装在 OTN 帧中(如用于监视目的),特别是 OTL4.4(4 个 OTU4 物理通道)。然后,这些帧在 S-BVT 的电子域中被处理。该阶段可能涉及电子滤波或增加冗余(通过自适应速率编码器)用于 TFP 技术(添加低密度奇偶校验 LDPC 码)。自适应速率编码器改变传输中的冗余量,通过代码自适应来满足要求。然后通过交换矩阵输入相应的 PIC 对子载波进行调制,其中 400Gb/s S-BVT 架构包含 4 个 PIC。最后,调制子载波耦合在一起形成超级信道,但是子载波可以通过添加节点中的过滤器进行切片。

图 7.4(a)中的一部分在图 7.4(b)中展开。每个 100GbE 接口提供 4 个 25Gb/s 的开关控制光纤线路,分别封装在 4 个 OTL4.4 通道中。请注意,来自 100GbE 接口的 4 条 25Gb/s 线路不是独立的,因此它们必须调制相同的子载波。然后,OTN 客户端在电子域中进行编码和过滤,并定向到 PIC。每个 PIC 可以根据客户端流量和所需的光学范围来生成 PM-16QAM 或 PM-QPSK,从而使 S-BVT 支持多格式调制。衰减器(-3dB)允许通过 IQ 调制器获得调制子载波的四电平电信号(应用 16QAM 所需的最小信号数)。如果 8 个数据流由 2 个 100GbE 接口提供给 PIC,则可应用 PM-16QAM。为此,1×2 电子开关设置为输出端口 1,见图 7.4(b)。这样,由 PICA 生成的 200Gb/s(加上开销)PM-16QAM 可以提供 2 个 100GbE 接口(不包括 PICB)。通过使用 2 个 PIC(PICA 和 PICC,PICB 和 PICD 不使用),2 个 200Gb/s(加开销)PM-16QAM 子载波实现的 400Gb/s(加开销)超级通道可以提供 4 个 100GbE 接口。在电信号调制和疏导处理之后,PIC 中的最后阶段是在极化光束组合器(PBC)进行极化复用。

如果 PM-16QAM 不能满足光学范围并且需要更强大的调制格式,则 PIC 可以用作 PM-QPSK 发射机,通过 4 个数据流来实现。用作 PM-QPSK 的单个 PIC 的 4 个数据流由单个 100GbE 接口提供。为此,1×2 电子开关设置为输出端口 2。这样,来自 100GbE 的客户端流量去向 PICA,见图 7.4(b)而来自另外 100GbE 的客户端到 PICB。因此,由于 1×2 交换,所提出的 S-BVT 架构在保持比特率的同时支持多格式适配(PM-16QAM/PM-QPSK)。在 PM-QPSK 传输的情况下,编码器可以使用 TFP 的 LDPC 码来提高频谱效率,见表 7.1。

如果采用 TFP,在这里说明一下编码后的电子设备的一些注意事项。假设一个 100GbE 的方案由 4 条 25Gb/s 线路和 OTL4.4 形式的 OTN 帧组成,其中 4 条 OTL 线路的速率约为 28Gb/s,如果采用 PM-QPSK,则子载波速率为 112Gb/s。为了评估 LDPC 开销在调制器中的影响,必须考虑频谱效率。码率(影响频谱效率)随光信噪比(SNR)进行变化。通过参考文献[8]中的实验,对于 3000km 的路径,TFP 实现的频谱效率为 5.16(b/s)/Hz。这意味着在大约 22GHz(包括信息和 LDPC 编码)上传送 112Gb/s 子载波。若没有 TFP,则将在 28GHz 传输,例如使用基于奈奎斯特(Nyquist)的传输。考虑到 5000km 的路径,频谱效率约为 4.25(b/s)/Hz,这意味着 26GHz 左右的电子化仍然低于 28GHz。最后,应该有将 LDPC 直接应用在 OTN 帧中的可能性。

在接收机侧,每个子载波必须使用相干接收机。相同的相干接收机可以用于具有 PM-16QAM 和 PM-QPSK 的子载波。须调整用作本地振荡器(LO)的可调谐激光器,以匹配输入信号波长。两个光信号进入光/电(O/E)转换模块,提供 4 个模拟电信号,信号在相位、幅度和极化方面完全混合。执行高采样率的模数(A/D)转换,如 50Gs/s,并使用实时 DSP 来恢复数据。具有二维自适应前馈均衡器的 DSP 完全补偿线性和部分非线性光纤的传输损伤,并向 LO 提供反馈来将其中心频率锁定到输入信号。在 TFP 的情况下,接收机与 LDPC 解码器迭代地交换信息。如果采用 TFP,符号间干扰(ISI)需要基于序列检测的接收机作为最小误符号率(Bahl Cocke Jelinek Raviv,BCJR)检测器。然而,这在参考文献[8]中证明了检测器设计本身的复杂性。如果假设 NWDM,则可以使用逐符号检测器,如图 7.5 所示。

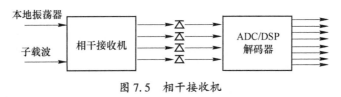

图 7.5 相干接收机

如果接收到 PM-QPSK,则 4 条输出线路同时有效,而在接收到 PM-16QAM 的情况下,8 条输出线路同时有效。

7.2.4 组件技术、复杂性和集成

为了应对未来网络的灵活性要求(如高流量速率和长距离传输),S-BVT 必须以高符号速率和高阶调制方式来满足高频谱效率和长距离传输的要求,并自适应地寻求它们之间的权衡。构成多流量光模块的关键组件的参数为:模拟带宽,DAC 的有效分辨率,I/Q 调制器的消光比和时频激光器的稳定性。为了应对现成组件的硬件限制,需要先进的 DSP 算法,如用于最相关组件的预失真方法和部分补偿光纤(线性和非线性效应)传播损伤。此外,参考文献[17]中的研究表明,从性能角度来看,通过增加子载波数量来应对电子速度限制可能是有益的。但是,这会大大增加硬件组件的数量/成本。

对相关组件技术的挑战是如何能实现低成本的同时又能减少物理尺寸。如果所有上述功能可以集成在单个平台上,就能增强 S-BVT 的设计。高集成度可以更好地监控、管理和控制系统性能。采用集成技术可以基于硅光子学,其允许电子部件(如 DAC、驱动放大器、ADC、DSP 和 FEC)与光学部分(如调制器、光电二极管、激光源)之间的良好匹配。另外,集成系统的能源效率也是有益的。但是硅光子集成通过目前的混合方式,如在子信道子集之间共享热控制和功耗功能,可以将总功率节省 10%左右。为了显著降低功率,更有前途的技术是 CMOS 和光子集成,将在未来 5 年内发展光电子集成度低于 130nm 的绝缘硅(SOI)CMOS 工艺(如单个光刻工艺通过数百万个晶体管集成数百个光子元件,实现显著的功耗降低优势)[18]。例如,基于 CMOS 光子学,S-BVT 子信道收发机可以在单个芯片组上进行设计,配备 C 波段可调谐激光器(如基于分布式布拉格反射激光器),光学马赫-曾德尔调制器(Mach Zehnder Modulator, MZM),如基于磷化铟,由集成电驱动放大器驱动,PIN 光电二极管后跟一个跨阻放大器和一个时钟和数据恢复单元。所有部件都可以集成到一个热功率有效封装(如收发机用作可插拔模块)和电接口连接收发机的 S-BVT 上。这样的集成将允许 S-BVT 传输 1Tb/s 超级信道,同时降低系统功耗。

7.2.5 S-BVT 可编程性展望

鉴于灵活性的要求,S-BVT 还应具有(远程)控制和可编程性。实际上,只要通过扩展或缩小光路的带宽(如改变子载波的数量),传输速率适应实际流量需求,S-BVT 将通过适配光学范围来定位,并且为特定目的生成超级信道。为了实现这些功能,可以连接或断开几个子载波,并且可以基于所需的光学范围来修改调制格式或编码速率。因此,几个 S-BVT 传输特性可以由远程控制器进行编程,如:①线路速率。②子载波数量。③物理通道(OTN 客户端)与特定灵活子载波模块的关联。④调制格式。⑤编码速率。⑥所需带宽。⑦光载波频率。⑧DSP 的特定检测策略(如均衡)。

可以通过激活一组灵活子载波模块来灵活地适应一定数量的子载波来满足所需的流量需求。OTN 流与一组光子载波的关联通过图 7.2 和图 7.4(b)所示的流量分配器的电子开关的自动控制来实现。可以使用适当的调制格式(如更稳健的 PM-QPSK 而不是 PM-16QAM)通过灵活子载波模块来适配光学范围。利用灵活子载波模块中的编码器通过软件完成码率的适配。可以在子载波生成模块中通过配置激光器阵列或 MW 源来设置光载波。DSP 中的均衡也通过软件进行配置。

基于 OFDM 的 S-BVT 的子波长粒度允许通过 DSP 的可编程性扩展到电域子载波,实现唯一的带宽操作,包括任意子载波抑制,自适应位加载(BL)和功率加载(PL)。BL 用不同调制格式映射的符号独立地加载子载波。因此,可以实现精细比特率选择和有效利用传输链路的频谱特性。另外,为了根据信道状况来优化系统性能,可以利用高阶调制格式映射的数据来加载 SNR 较低的子载波。PL 也可以在 S-BVT DSP 中实现,其中每个子载波或一组子载波乘以增益系数来自适应地改变子载波振幅。这为系统带来了额外的灵活性,从而提高了整体性能。此外,由于来自导频、训练序列和循环前缀的开销,基于可编程 OFDM 的 S-BVT 本质上可以提供自我监控。在电域(特别是在网络边缘)获取系统(监视)参数使得信道估计、均衡和自适应可重新配置。

基于这些新的范例,可编程 S-BVT(和节点)通过支持可编程网络功能的按需配置,如传输速率、交换(切片)、带宽等功能,在下一代光网络的运行中起着重要作用。这些功能将与硬件组件(如光源、调制器和滤波器)分离来提供所请求的信息速率。

7.3 多层 S-BVT 体系结构

本节的内容是判断技术价值如何在网络中进行使用以及如何改变网络架构。我们将主要关注 DWDM 的客户端层,即 IP 层。现在我们首先介绍如何设计 IP 层,以及这种设计如何受到非切片转发器的离散性质的限制。然后,我们考虑 S-BVT 额外提供的灵活性将如何改变 IP 层的设计方式,以及为什么这种新架构更有效率,同时仍然以静态方式使用光层来提供路由器之间的固定连接。最后,我们考虑如何通过多层恢复和网络重新优化以更动态的方式使用光网络。虽然这种动态性也能增加不使用 S-BVT 时的价值,但是通过使用 S-BVT,其价值可以得到进一步提高。一旦理解了网络价值,我们将重点放在节点级的挑战上,主要是 S-BVT 和路由器的互联必须足够灵活,才能使 S-BVT 更具有灵活性。最后,我们考虑 S-BVT 如何影响层之间的控制平面。

7.3.1 没有 S-BVT 的 IP 层结构

在过去 20 年中,IP 层传输的基本架构并没有太大变化:路由器通过在刚性波长方案上使用固定比特率链路的离散收发机进行相互连接。根据所使用的波长的粒度,这种方法有几种变体。

第一种变体是使用低粒度波长(如 10G),在这种情况下,可以使用诸如"链路捆绑"之类的负载平衡机制在路由器之间并行使用大量波长。同时,也可以通过使用 ROADM 路由器旁路来增加 IP 拓扑的联通性,如图 7.6(a)所示。

第二种变体是使用高速波长(如 100G)。在这种情况下,假设流量不能填充许多这样的链路,则路由器之间的并行链路数量会显著减少。事实上,有时一些链路上的流量级别太低,以至于将它们保留在网络中是没有意义的,并且它们为了能适当地利用波长从而降低了 IP 层的联通性,如图 7.6(b)所示。

第三种变体是上述两种方法的混合,其中一些链路使用低粒度波长,而一些链路使用高速波长,如图 7.6(c)所示。

这些选项都有其缺点：使用低速波长的网络的频谱效率较低，由于L2/L3链路捆绑的低效率而降低了每个连接的利用率，并且由于较高的IP层连接性而降低了其效率，如参考文献[4]所示；将网络迁移到整个核心覆盖区域的更高速度波长可能仍然意味着IP链路的利用率降低，这是因为允许降低连接性的限制：网络拓扑必须保持足够的连接以提供适当的弹性水平，注意，图7.6(b)不提供单个链路到最右边节点失败的情况下所需的冗余；并且混合方法虽然最具成本效益，但是由于使用多代技术(如需要10G波长的保护带)可能导致难以操作。

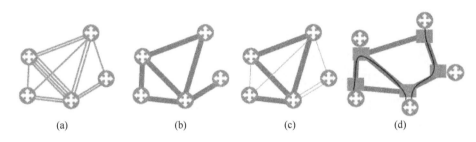

图 7.6　固定波长 IP 架构
(a)高密度 DWDM；(b)高速度 DWDM；(c)混合速度 DWDM；(d)电时间复用。

一个不同的方法是在高速波长上使用电传输层复用来提供子波长疏导，如图7.6(d)所示。这种架构倾向于使用较少数量的高速波长，以便更好地利用它们，即与图7.6(b)相同的考虑，并且依靠OTN或MPLS-TP在路由器之间创建子波长连接而不是直接通过波长进行连接。这些子波长连接由图7.6(d)中的黑线表示。该解决方案的成本不一定会低于光学波长复用架构提供的解决方案，这是由于添加的电层、连接路由器到交换机的灰色光学器件，并且最重要的是使用了通过OTN/MPLS-TP连接每个交换机到达目的地的DWDM收发机。实质上，这种方法将路由器端口替换为MPLS-TP交换机或OTN交叉连接端口，但不保存在DWDM收发机上。虽然这在上一代网络中是经济的，但是当路由器端口的成本远高于DWDM收发机的成本时，这在大多数下一代设备中是没有意义的，这些设备中100G收发机的单位比特成本预计与100G路由器端口的成本是相似的。

在图7.6中，转发器被假定为具有固定的比特率。BVT稍微改变了视图，因为它们允许利用传输距离和容量之间的权衡。使用BVT，一些链路可能具有不同的容量，但是这种差异不是来源于IP层的需要，而是来自光层中所需的范围。如果某些链路的覆盖范围非常高，则波长的容量可能很低(如50G)。相反，对于短距离，容量可以更高(如200G)。无论哪种方式，收发机专用于特定的链路，因此如果IP层只需要100G的链路，则运行200G的链路就没有价值。查看这种网络的一种方法是将所有收发机视为固定的200G收发机，但运行速度会低于其最大容量以避免中间比特率的再生。这个视图反映了该解决方案的成本，因为即使在不

147

需要链接的情况下也必须支持最大比特率。

就像固定收发机的情况一样,IP 层在 BVT 上的联通性由波长容量与波长上的流量需求之间的比率决定:如果波长具有高容量,则具有稀疏性的 IP 拓扑结构是有经济意义的,如果波长具有较低的容量,则拥有更密集的 IP 网络是有意义的。因此,IP 拓扑与波长的容量是耦合的。这是不需要的设计约束——如果这两个因素彼此独立,则网络可以更优化。

请注意,电气传输多路复用方法确实允许 IP 拓扑与波长容量的去耦合:无论光学约束如何,都可以为 IP 链路分配尽可能多的 IP 链路容量,但是这在电域中完成,因此提供如上所述的经济效益是有限的。能以低成本在光学层中实现相同的去耦合吗?这将在下一节讨论。

7.3.2 S-BVT 实现更好的 IP 层架构

起初,可切片转发器的主要动机之一是 IP 层的密度考虑与收发机支持的容量之间的解耦。这是因为 S-BVT 可以根据容量需求进行切片,以便在路由器之间创建多个独立链路。如果路由器需要小于 S-BVT 提供的最大容量,则只有一部分 S-BVT 被分配给该链路,其余的可以被其他目的地的链路使用。

参考图 7.7 中的例子。它显示三个 IP 层设计,每个节点使用两个 S-BVT。这些 S-BVT 在图 7.7(a)中显示为蓝色圆圈。所有这三种设计对于同一网络都是可行的,并具有相同的成本,但它们从 IP 层的角度具有不同的属性。使用 S-BVT,在为其需求选择最佳 IP 网络时,可以免除 IP 设计人员的成本考虑。

然而,S-BVT 的全部潜力表现在一个动态网络中。在这样的网络中,响应于流量模式或故障的变化,IP 拓扑可以从一个拓扑移动到另一个拓扑,如从图 7.7(a)~(c)。这种网络是强大的,因为它允许使用最少量的资源来适应网络对流量的需求,而不是过度配置每个链路来支持流量的变化。显然,这种变化需要一个多层控制平面,这将在后面讨论。

应当注意的是,在具有大量低容量连接的网络中,这种动态行为是可能的,如图 7.6(a)所示,但光谱效率低,成本高。随着运营商转向图 7.6(b)的架构(如当转换到 100G 时),它们可能会失去网络动态变化的能力,因为拓扑中的链路数量太低,不能允许拓扑变化。S-BVT 可实现此功能,也不会出现大量低速波长的缺点,同时仍允许向高容量波长的转换。

7.3.3 路由器和 S-BVT 互联

截至目前,我们特别专注于在光层上节省 S-BVT 的数量。我们没有考虑客户端如何连接到光层。如果我们遵循与固定转发器相同的方法,客户端应使用单个固定容量的点对点链路连接到转发器。因此,将转发器灵活地切片到不同的目的地将是无用的,因为到光层的客户端接口缺乏这种灵活性。因此,层之间的互联应

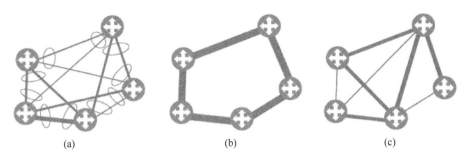

图 7.7 每个节点具有相同的两个 S-BVT 的不同的 IP 设计
(a)密集 IP 设计;(b)稀疏 IP 设计;(c)介于两者之间。

以不同的方式进行。

图 7.8 所示为几个互联选项,选项(a)和(b)基于多个固定速率接口——细粒度(如 10GE)或较粗粒度(如 100GE)。S-BVT 可以将这些不同数量的接口映射到单个光路中,以实现所需的灵活性。这通过 TDM 复用(通常是 OTN)完成。从客户端的角度来看,这些选项看起来像一组连接客户端节点的固定链接,与图 7.6(a)、(b)相同。图 7.8(a)中虽然更细的粒度在 IP 层拓扑中提供了更多的灵活性,但是它受到大量连接盒的补丁和弦的困扰。这导致了操作的复杂性,并且由于面板限制,在某种程度上影响了 S-BVT 和客户端平台的密度。图 7.8(b)不受此操作复杂性的影响,但可能不够灵活来支持所需的 IP 连接——特别是如果网络中的总体流量相对较低。

更好的解决方案如图 7.8(c)所示,并且是基于系统之间的信道化接口。这允许单个物理接口在逻辑上划分为多个通道。这也使得在粒度方面具有更大的灵活性——假设用于对接口进行信道化的技术足够灵活。我们将考虑已存在或正在提出的一些信道化选择。

在 TDM 复用中对传输链路进行信道化是最常见方法,并且该技术的当前标准是 ITU G.709 规范中定义的 OTN。OTN 复用的典型示例是将 10G 以太网信号映射到 ODU2 的有效载荷中。然后可以将 10 个这样的 ODU2 映射到 ODU4 中,该 ODU4 可以用 100G 波长携带(在 OTU4 容器中)。国际电联还将标准化 400G 波长,这将携带多达 40 个这样的 ODU2 有效载荷。如果光路需要一些其他比特率(既不是 100G 也不是 400G),则需要一个灵活的物理映射,并且正在讨论一种这样性质的提议——称为 OTUflex。该层次结构如下:假设路由器 A 需要建立到另一个路由器 B 的 70G 链路和到路由器 C 的 80Gb/s 链路。路由器 A 将逻辑上聚合 7 个 10GE 接口。这些接口将被复用到 ODU4 容器中,并从 A 到 B 复用到 100G 的波长(假设没有 OTUflex)。另外 8 个 10GE 接口将被复用到 ODU4 中来将 A 连接到 C。

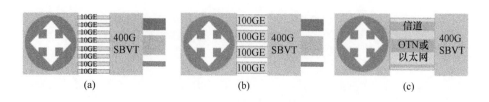

图 7.8 Client-SBT 直接连接选项
(a)离散低速连接;(b)离散高速连接;(c)信道化连接。

另一种方法是基于分组技术,将一个特殊的标签插入从路由器到 S-BVT 的报文头部来指示该信道。通常使用根据 IEEE 标准 802.1ad 的数据包头中的额外 VLAN 字段来完成。S-BVT 接收到所有具有相同 VLAN 标签的数据包,并将它们映射到 ODU 容器中,然后将 ODU 映射到 OTU,最后再映射到光路上。虽然这种方法看起来比 TDM 复用更简单,但仍然需要路由器上的一种机制来确保具有特定 VLAN 的数据包不会超过其映射到的特定传输容器的容量。这通常通过路由器线路卡的硬件中的特殊功能实现,当超过通道的容量时,它会丢弃数据包,并且与不支持此功能的简单路由器接口相比,被认为是一种昂贵的选项。并且需要在 S-BVT 中执行一些最小的数据包处理,也增加了复杂性,这在第一个选项中是不需要的。

该解决方案的一个新兴变体是利用以太网帧中的开销来疏导流量,而不是添加 VLAN 标签。媒体访问控制(Medium Access Control,MAC)和 PCS 级别在分组处理方面水平较低,因此需要较少的资源。该解决方案被称为"flex MAC"。

为了完成这一部分,我们注意到,上述所有解决方案仍然存在一个根本问题:当光路的范围很长时,所使用的调制格式是低阶格式(如 BPSK),以便能够传输较长的未再生的范围,但 S-BVT 的容量下降。如果解决方案必须灵活自动地支持较短的范围和更长的范围,客户端必须连接到 S-BVT 的最大支持容量。因此,如果 S-BVT 不以最大容量运行,连接到 S-BVT 的客户端容量可能未得到充分利用。如图 7.9(a)、(b)所示。这个问题的一个可能的解决方案如图 7.9(c)所示,其中使用光开关来灵活地将客户端容量分配给 S-BVT,而不浪费其容量。这样的光开关可能是低成本和低功耗的解决方案,然而,这意味着来自客户端的接口被分解成几个单独的光链路(因为这种开关只能切换整个这样的链路)。这是一种非信道化解决方案,如图 7.8(a)或(b),使用单模光学器件(当前光学开关不支持多模光学器件)——这在当前意味着更高的成本。这种光开关解决方案可能难以证明,除非单模光学器件的成本显著下降。

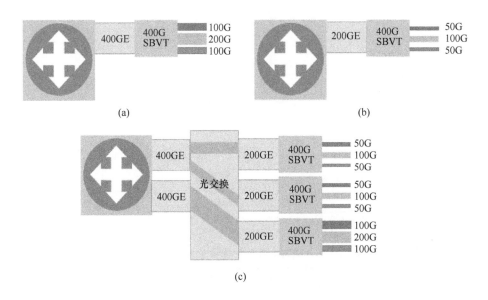

图7.9 客户端-S-BVT 间接连接

(a)充分利用的客户端-S-BVT 接口;(b)客户端 S-BVT 接口利用不足;(c)通过开关连接来提高利用率。

7.4 使用 S-BVT 的网络规划流程

网络会在各种各样的情况下出现问题已经变成一个越来越频繁的状况。这些网络在不同领域得到了广泛的应用,但其中最重要的网络是通信网络(节点、链路、路径、流量等)。本节介绍了使用 S-BVT 的 EON 中的网络规划过程。提出了一种混合整数线性规划(MILP)来获得网络中的最小转发器数量。

在本节中,我们将讨论可切片和不可切片的转发器。不可切片术语用于不是 S-BVT 的所有转发器,因此是固定速率转发器或 BVT。

7.4.1 网络规划示例

如前所述,S-BVT 允许从一个点传输到多个目的地,将流量速率按照每个目的地和所需目的地的数量进行改变。目的地的数量取决于粒度,如具有 40Gb/s 载波的 400Gb/s S-BVT 可以传输多达 10 个不同的目的地,而对于 100Gb/s 的粒度,此限制是 4 个目的地。另外,不可切片转发器的数量取决于比特率和尺寸策略。为了更好地理解使用 S-BVT 的规划过程,图 7.10 所示为在使用不可切片转发器和使用 S-BVT 两种不同情况下所需的应答器数量。不可切片的转发器是固定的或 BVT,它不具有 S-BVT 的切片能力。让我们假设规划过程的目标是最小化网络中部署的容量。

例如,在图 7.10(a) 的情况下节点 1 需要 6 个转发器来提供所有需求,具体为

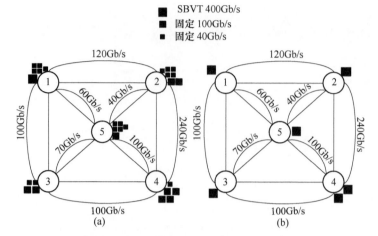

图 7.10 网络中需要提供所需流量的转发器的示例
(a)使用不可切片转发器;(b)使用 S-BVT。

3×40Gb/s 提供 1~2 个流量,1×100Gb/s 提供 1~3 个流量,2×40Gb/s 提供 1~5 个流量。另外,在图 7.10(b)中使用 1×400Gb/s S-BVT,因为 S-BVT 能够改变流量(一个目的地一个载波),所以节点 1 中具有 40Gb/s 粒度的 S-BVT 来提供相同的流量。节点 4 需要 2 个 S-BVT,因为它的需求是 440Gb/s。在一个节点的所有要求为 400Gb/s 的情况下,如果需要多于 10 个载波,则需要 2 个或多个 S-BVT,因为每个 S-BVT 中的载波数为 10。很明显,在这个例子中使用 S-BVT 的尺寸标注过程与不可切片转发器不同。

7.4.2 混合整数线性规划定义

作为一个例子,本节介绍一个优化模型来最小化符合用户流量要求所需的转发器的数量。最优化配置是工程领域的一个经典问题,其设法在满足问题的约束的同时最小化或最大化一定的成本函数。

混合整数线性规划(MILP)问题的定义遵循一个基于节点链路公式的过程。它和下一种情况之间的差异在于转发器的种类,如前面的例子所示。

给定一个网络 $N(G,D)$,其中 $G=G(V,E)$ 是网络图,D 是图的节点之间的一组需求。图 G 由节点集合 V 和链路集合 E 组成。为了便于说明,我们通常假定该图形不包含环路和并行链路,即 $E \subseteq V^{|2|} \setminus \{(v,v):v \in V\}$ 是 $V^{|2|}$ 在有向图的情况下集合 V 的所有两元素子集的集合。链路 $e \in E$ 的端点由 $a(e)$ 和 $b(e)$ 表示。在有针对性的情况下,如果 $e=(v,w)$,$a(e)=v$ 和 $b(e)=w$。

在有向图中,还必须指出集合 $D \subseteq V^{|2|}$ 中的要求。重要的是要指出我们的要求是无向的,但是我们已经考虑了这些要求,而且由于两个方向的要求都沿同一条

路线(最短的路线)进行了路由,所以我们计数了两次。因此,需求的端点由 $s(d)$ 和 $t(d)$ 表示。在有针对性的情况下,如果 $d=(x,y)$,$s(d)=x$ 和 $t(d)=y$。需求值由 h_d 给出。

在这个问题中,我们还有一组路径 P 包含为每个需求预先计算的最短路径。该集合的元素被定义为边缘的一个子集 $p \in P \mid p \subset E$。

对于 S-BVT 问题,我们只有一种具有容量 C 和固定粒度 G 的转发器。对于传统的不可切片转发器问题,我们有一个包含 k 种不同容量的转发器的集合 K。在 BVT 的情况下,尺寸由转发器的最大容量完成。

1. S-BVT 问题陈述

1) 设置和参数

$$e \in E \quad e=(v,w) \begin{cases} a(e)=v \\ b(e)=w \end{cases} \text{链路和节点}$$

$$d \in D \quad d=(x,y) \begin{cases} s(d)=x \\ t(d)=y \end{cases} \text{需求和节点}$$

$p \in P \mid p \subset E \ \forall d \exists! \ p \mid p = sp(d)$ 需求 d 的最短路径

h_d:需求值

C:S-BVT 容量

G:S-BVT 粒度

2) 决策变量

$T_u \ u \in V$:每个节点的 S-BVT 数量

$Z_{de} = \begin{cases} 1, \text{如果 } e \in p \text{ 同时 } p=sp(d), d \in D \\ 0, \text{其他} \end{cases}$ 需求链路

$S_e \ e \in E$:每个链路使用的切片总数(整数)

$S_u \ u \in V$:每个节点使用的切片总数(整数)

3) 目标函数

$$\text{Minimize}\left(\sum_{u \in V} T_u\right)$$

4) 约束

$$\forall d \in D \quad \sum_{\substack{e \in E \\ a(e)=x}} Z_{de} - \sum_{\substack{e \in E \\ b(e)=x}} Z_{de} = 1$$

$$\forall d \in D \quad \sum_{\substack{e \in E \\ b(e)=y}} Z_{de} - \sum_{\substack{e \in E \\ a(e)=y}} Z_{de} = 1$$

$$\forall d \in D, \forall u \in V \mid u \neq x, u \neq y \quad \sum_{\substack{e \in E \\ a(e)=u}} Z_{de} - \sum_{\substack{e \in E \\ b(e)=u}} Z_{de} = 0$$

$$\forall e \in E \quad \sum_{\substack{d \in D \\ a(e)=v \\ b(e)=w}} (h_d \cdot Z_{de}) + \sum_{\substack{d \in D \\ b(e)=v \\ a(e)=w}} (h_d * Z_{de}) \leq G \cdot S$$

$$\forall u \in V \quad \sum_{\substack{e \in E \\ a(e)=u}} S_e \leq S_u$$

$$\forall u \in V \quad G \cdot S \leq C \cdot T_u$$

2. 不可切片转发器问题陈述

1) 设置和参数

$e \in E \, e = (v,w) \begin{cases} a(e)=v \\ b(e)=w \end{cases}$ 链路和节点

$d \in D \, d = (x,y) \begin{cases} s(d)=x \\ t(d)=y \end{cases}$ 需求和节点

$p \in P \mid p \subset E \, \forall d \, \exists! \, p \mid p = sp(d)$ 需求 d 的最短路径

h_d：需求值

$C_k \, k \in K$：各种固定转发器的容量

2) 决策变量

$T_{ke} \, e \in E \, k \in K$：每个链路的每种固定转发器数量（整数）

$T_{ku} \, u \in V \, k \in K$：每个节点的每种固定转发器数量（整数）

$Z_{de} = \begin{cases} 1, \text{如果} \, e \in p \, \text{同时} \, p = sp(d) \, d \in D \\ 0, \text{其他} \end{cases}$ 需求链路

3) 目标函数

$$\text{minimize} \left(\sum_{u \in V} \sum_{k \in K} C_k \cdot T_{ku} \right)$$

4) 约束

$$\forall d \in D \quad \sum_{\substack{e \in E \\ a(e)=x}} Z_{de} - \sum_{\substack{e \in E \\ b(e)=x}} Z_{de} = 1$$

$$\forall d \in D \quad \sum_{\substack{e \in E \\ b(e)=y}} Z_{de} - \sum_{\substack{e \in E \\ a(e)=y}} Z_{de} = 1$$

$$\forall d \in D, \forall u \in V \mid u \neq x, u \neq y \quad \sum_{\substack{e \in E \\ a(e)=u}} Z_{de} - \sum_{\substack{e \in E \\ b(e)=u}} Z_{de} = 0$$

$$\forall e \in E \quad \sum_{\substack{d \in D \\ a(e)=v \\ b(e)=w}} (h_d \cdot Z_{de}) + \sum_{\substack{d \in D \\ b(e)=v \\ a(e)=w}} (h_d \cdot Z_{de}) \leq \sum_{k \in K} C_k \cdot T_{ku}$$

$$\forall u \in V, \forall k \in K \quad \sum_{\substack{e \in E \\ a(e)=u}} T_{ke} \leq T_{ku}$$

还有其他优化目标（最小化波长数或跳数），但是基于以前的定义，可以重新

定义问题来应对任何其他优化问题的要求。

7.5 使用 S-BVT 的预期成本节省

以前的 MILP 被定义为最小化网络中的转发器的数量。本节包含一个用例，介绍网络中使用了 S-BVT 而不是不可切片转发器的预期成本节省。

7.5.1 情景定义

为了量化拓扑优化的优势，比较了①当前网络拓扑和②优化拓扑两种情况。当前的网络拓扑是非最佳场景，它基于真实的西班牙核心网络的 IP 需求，根据 IP 层的跳数，使用经典的最短路径在整个网络上对流量进行路由。最佳方案考虑了优化拓扑，优化器还可以在其中更改跟随流量的路由。除了比较这些场景的转发器数量以外，本研究还集中在粒度效应。因此，将对不同的 S-BVT 粒度进行比较。

上面定义的问题已经应用于图 7.11 所示的西班牙骨干网。该网络由 20 个边缘节点组成，这些边缘节点聚合来自传输和接入路由器的流量，并将其转发到网状光网络的波长信道上。

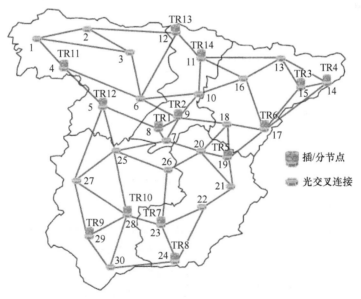

图 7.11 基于西班牙国家骨干网的参考网络[21]

基于 2013 年 Telefonica 骨干网的信息，创建了初始流量矩阵。使用超过 30% 的因子完成链路尺寸标注。通过流量每年增加 50% 和未来 5 年（从 2013 年到 2018 年）不同类型的转发器在重新开发场景中的结果进行比较。

7.5.2 对转发器数量的影响

针对不同的粒度值,10Gb/s、40Gb/s 和 100Gb/s 已经获得了前面提到的两个拓扑(IP 和优化)的结果。S-BVT 选择的容量设置为 400Gb/s。在粒度等于 40Gb/s 的情况下,每个转发器具有 10 个载波(10×40Gb/s),可以面对比 100Gb/s 粒度更低的要求。原因是每个转发器将只有 4 个载波,总容量为 400Gb/s。事实上,我们很自然地认为粒度越小需要的转发器越少。下面我们将看到拓扑优化如何影响到这些最初的想法。表 7.2 表示在 10、40 和 100Gb/s 粒度的每种情况和每个拓扑下所需的转发器数量。

表 7.2 不同拓扑和粒度每年的 S-BVT 数量

年份	粒度=10Gb/s		粒度=40Gb/s		粒度=100Gb/s	
	IP	优化	IP	优化	IP	优化
2013	24	22	24	22	38	24
2014	32	32	34	32	44	33
2015	40	40	44	40	56	44
2016	62	60	62	60	68	62
2017	84	80	88	80	90	80
2018	120	114	120	115	130	118

从 IP 拓扑的结果可以看出当粒度较高时需要更多的转发器。但最重要的是,在优化拓扑的情况下,转发器的数量几乎相同。当粒度从 10Gb/s 到 100Gb/s 时,只有一个低增量。

除了拓扑优化的优势外,优化的拓扑还具有优于 IP 拓扑的另一优势。通过再次查看其结果可以看出,无论粒度如何,优化的拓扑总是需要较少的转发器数量。

7.5.3 对 IP 层网络的影响

上一节分析了涉及多层次的不同 S-BVT 架构。由于存在不同的 S-BVT 层,对上层接口有一些要求从而来提供灵活性。例如,客户端设备和 S-BVT 之间的接口也必须是灵活的,以允许 S-BVT 采取不同的聚合流量并将其发送到不同的方向,而不需要手动重新配置系统之间的连接。实现这种灵活性有几种方法。

本节考虑两种体系结构来评估对 IP 层的影响。第一种结构在路由器和 S-BVT 之间使用以太网交换机或 OTN 交叉连接。交换机可以映射 S-BVT 载波中的 VLAN,同样,OTN 交叉连接可以将单个路由器链路解复用为一个或多个载波。请注意,该方法为解决方案添加了单独的交换层,不需要给定路由器执行流量切换功能。该结构如图 7.12(a)所示。该交换层稍后在成本评估中进行考虑。

第二种结构是在路由器和 S-BVT 之间使用多个 100GE 链路。假设 S-BVT 颗粒度是 100GE 的倍数,这种方法可以使用现有的路由器设备,并允许 S-BVT 将 N 个 100GE 链路映射到单个有效载荷中进行传输,如更高级的 ODU 容器。例如,3 个 100GE 链路可以一起复用到 300G ODUflex 帧中,并在 300G OTUflex 容器中运送,如图 7.12(b)所示。这种方法还允许路由器利用基于 MACflex 概念(允许任何线路速率而不是固定的 40GE、100GE、400GE 等以太网帧)的更灵活的以太网帧,而不是如图 7.12(b)所示的固定的 100GE。

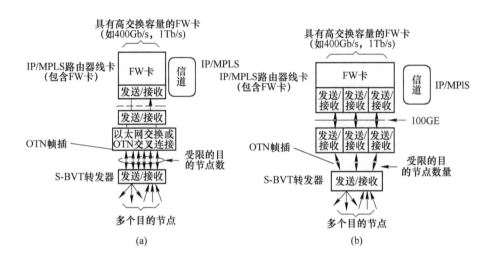

图 7.12 互联路由器和 S-BVT 的结构选项
(a)在路由器和 S-BVT 之间使用以太网交换机或 OTN 交叉连接;
(b)在路由器与 S-BVT 之间使用多条 100GE 链路。

根据以前介绍的 S-BVT 结构,与 IP 路由器的接口是不同的。当存在不可切片的转发器时,路由器将每个转发器直接连接到转发器机箱,即类似于图 7.12(b),见图 7.12(a)当有交换机时,路由器可以使用与 S-BVT 相同容量的卡,因为该结构允许 IP/MPLS 流量与载波之间的映射,但路由器很明显被限制为使用具有第二种配置的固定接口,见图 7.12(b)或使用不可切片的转发器。因此,我们在本节假设图中 7.12(a)的结构具有以太网交换机,因为它允许更多灵活性的节点。选择以太网而不是 OTN 的原因是 OTN 信道的解复用是由一些供应商提出的,但是根据作者的最新了解,这并没有真正的实现。

一旦定义了与 IP/MPLS 层的接口,我们来分析对 IP 层的影响。对于这一部分,使用不可切片的转发器和 S-BVT 为每个场景计算卡的数量。表 7.3 所示为基于参考文献[19]中提出的成本模型的 IP/MPLS 线卡的值。

表 7.3 IP/MPLS 路由器线卡成本

线路卡/(Gb/s)	成本	年份	单位成本
10×40	31.98	2014	0.07995
25×40	31.98	2018	0.03198
4×100	36	2014	0.09
10×100	36	2018	0.036
1×400	34.28	2014	0.0857
2×400	34.28	2018	0.04285
1×1000	36.42	2018	0.03642

图 7.13 和图 7.14 所示为使用 S-BVT 与不可切片式转发器的 IP/MPLS 线卡的 IP 拓扑和优化拓扑两种拓扑结构的成本节省。此外,连接所有路由器的拓扑被添加到结果中。该拓扑是全网状拓扑。图 7.13 所示为 400Gb/s 和 40Gb/s 的粒度的结果,图 7.14 所示为具有 40Gb/s 粒度的 1Tb/s 的结果。图 7.14 仅代表过去 4 年的结果,因为 1Tb/s 技术直到 2018 年才能使用[19]。鉴于此结果,可以看出在 400Gb/s 的情况下,节省可达 40%,而在 IP/MPLS 路由器线卡上为 1Tb/s 时,节省可以达到 43%。对于 100Gb/s 的粒度,400Gb/s 和 1Tb/s 的最大节省量为 50 和 48%。使用这种技术的潜在的节省是非常重要的,从而激励对这一方向进一步研究。

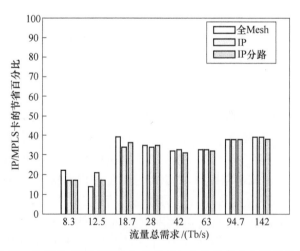

图 7.13 使用 S-BVT 400Gb/s 与不可切片的线卡成本节省百分比

7.5.4 S-BVT 的总资本支出节省

一旦我们计算出 IP/MPLS 卡的投资减少,就可以考虑 IP 和光层的投资来计

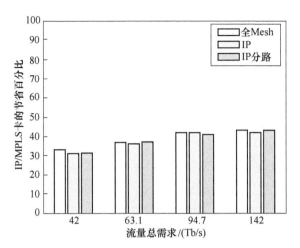

图 7.14 通过使用 S-BVTs 1Tb/s 与不可切片转发器节省的线卡成本的百分比

算总的节省。图 7.15 和图 7.16 所示为 IP 和光层的总节省百分比。为了使 S-BVT 具有灵活性,在结构中增加了以太网交换机。为了获得以太网端口的成本,我们在参考文献[20]中获得了以太网端口和 IP 卡的关系,以相对成本单位计算了其价值。

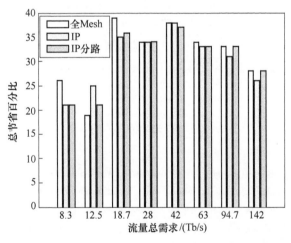

图 7.15 使用 S-BVTs 400Gb/s 与不可切片转发器的总节省百分比

根据结果,可以说明当使用 400Gb/s S-BVT 时,添加 S-BVT 可以节省大约 30% 的 IP/MPLS 卡和光转发器的投资。当 S-BVT 的容量为 1Tb/s 时,这种节省更高达 35%。

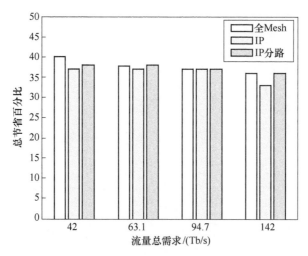

图 7.16 使用 S-BVTs 1Tb/s 与不可切片转发器的总节省百分比

7.6 结 论

在实践中提出的可切片带宽可变转发器(S-BVT),是 EON 光学疏导的新方法。S-BVT 允许从一个点传输到多个目的地,将流量速率按每个目的地以及所需的目的地数量进行改变。它可以为网络提供更高水平的弹性和效率。本章介绍了转发器本身的结构,以及如何将其与路由器互联。

基于提出的实际结构,本章补充了规划示例,并详细分析网络运营商场景中的潜在节省情况。分析表明,不仅可以节省转发器的数量,还可以节省 IP/MPLS 卡的数量。

参 考 文 献

[1] M. Jinno, H. Takara, B. Kozicki, Y. Tsukishima, T. Yoshimatsu, T. Kobayashi, Y. Miyamoto, K. Yonenaga, A. Takada, O. Ishida, and S. Matsuoka, *Demonstration of novel spectrum-efficient elastic optical path network with per channel variable capacity of* 40Gb/s *to over* 400 Gb/s, in Proceedings of European Conference on Optical Communication, 2008

[2] O. Gerstel, M. Jinno, A. Lord, S. J. Ben Yoo, Elastic optical networking: a new dawn for the optical layer? IEEE Commun. Mag. 50, s12-s20 (2012)

[3] M. Jinno, H. Takara, Y. Sone, K. Yonenaga, A. Hirano, Multiflow optical transponder for efficient multilayer optical networking. IEEE Commun. Mag. 50(5), 56-65 (2012)

[4] V. López, B. de la Cruz, O. González de Dios, O. Gerstel, N. Amaya, G. Zervas, D. Simeonidou, J. P. Fernandez-Palacios, Finding the target cost for sliceable bandwidth variable tran-

sponders. IEEE/OSA J. Opt. Commun. Networking 6, 476–485 (2014)

[5] L. Velasco, Ó. González de Dios, V. López, J. P. Fernández-Palacios, G. Junyent, *Finding an objective cost for sliceable flexgrid transponders*, in Proceedings of Optical Fiber Conference (OFC), San Francisco, 2014

[6] B. de la Cruz Miranda, Ó. González de Dios, V. López, J. P. Fernández-Palacios, *OpEx savings by reduction of stock of spare parts with sliceable bandwidth variable transponders*, in Proceedings of Optical Fiber Conference (OFC), San Francisco, 2014

[7] M. Svaluto, J. M. Fábrega, L. Nadal, F. J. Vílchez, V. López, J. P. Fernández-Palacios, *Cost-effective data plane solutions based on OFDM technology for flexi-grid metro networks using sliceable bandwidth variable transponders*, in Proceedings of Optical Networking Design and Modeling (ONDM), Stockholm, May 2014

[8] N. Sambo et al., Programmable transponder, code and differentiated filter configuration in elastic optical networks. J. Lightwave Technol. 32, 2079–2086 (2014)

[9] *Draft revised G. 694. 1 version 1.3*, Unpublished ITU-T Study Group 15, Question 6

[10] P. Anandarajah, R. Zhou, R. Maher, M. Gutierrez Pascual, *F. Smyth, V. Vujicic, L. Barry, Flexible optical comb source for super channel systems*, in Optical Fiber Communication Conference and Exposition and the National Fiber Optic Engineers Conference (OFC/NFOEC), 2013, Anaheim, 2013

[11] V. Ataie, B.-P. Kuo, E. Myslivets, S. Radic, *Generation of 1500-tone, 120nm-wide ultraflat frequency comb by single CW source*, in Optical Fiber Communication Conference and Exposition and the National Fiber Optic Engineers Conference (OFC/NFOEC), 2013, Anaheim, 2013

[12] A. Metcalf, V. Torres-Company, D. Leaird, A. Weiner, *Stand-alone high-power broadly tunable optoelectronic frequency comb generator*, in Optical Fiber Communication Conference and Exposition and the National Fiber Optic Engineers Conference (OFC/NFOEC), 2013, Anaheim, 2013

[13] A. Mishra, R. Schmogrow, I. Tomkos, D. Hillerkuss, C. Koos, W. Freude, J. Leuthold, Flexible RF-based comb generator. IEEE Photon. Technol. Lett. 25(7), 701–704 (2013)

[14] E. Marchena, T. Creazzo, S. Krasulick, P. Yu, D. Van Orden, J. Spann, C. Blivin, J. Dallesasse, P. Varangis, R. Stone, A. *Mizrahi, Integrated tunable CMOS laser for Si photonics*, in Optical Fiber Communication Conference and Exposition and the National Fiber Optic Engineers Conference (OFC/NFOEC), 2013, Anaheim, 2013

[15] N. Sambo et al., Sliceable transponder architecture including multi-wavelength source. IEEE/OSA J. Opt. Commun. Networking 6, 590–600 (2014)

[16] IEEE. *IEEE P802. 3ba 40Gb/s and 100Gb/s Ethernet task force*, official web site, June 2010

[17] D. Rafique, T. Rahman, A. Napoli, S. Calabro, B. Spinnler, Technology options for 400Gb/s PM-16QAM flex-grid network upgrades. IEEE Photon. Technol. Lett. 26(8), 773–776 (2014)

[18] D. Guckenberger, et al., *Advantages of CMOS photonics for future transceiver applications*, Eu-

ropean Conference and Exhibition on Optical Communication (ECOC) 2010, Torino, Paper TU. 4. C. 2. , 2010

[19] F. Rambach, B. Konrad, L. Dembeck, U. Gebhard, M. Gunkel, M. Quagliotti, V. Lopez, A multilayer cost model for metro/core networks. IEEE/OSA J. Opt. Commun. Networking 5, 210-225 (2013)

[20] R. Huelsermann, M. Gunkel, C. Meusburger, D. Schupke, Cost modeling and evaluation of capital expenditures in optical multilayer networks. J. Opt. Commun. Networking 7, 814-883 (2008)

[21] FP7-STRONGEST project, *Efficient and optimized network architecture: requirements and reference scenarios*, http://www.ict-strongest.eu

[22] G. Colavolpe, T. Foggi, *High spectral efficiency for long-haul optical links: time-frequency packing vs. high-order constellations*, in Proceedings of European Conference on Optical Communication (ECOC), 2013

[23] L. Potì, G. Meloni, G. Berrettini, F. Fresi, M. Secondini, T. Foggi, G. Colavolpe, E. Forestieri, A. D'Errico, F. Cavaliere, R. Sabella, G. Prati, *Casting 1 Tb/s DP-QPSK communication into 200 GHz bandwidth*, in Proceedings of European Conference on Optical Communications(ECOC), Amsterdam, 2012

第 8 章　GMPLS 控制平面

Oscar González de Dios，Ramon Casellas，and Francesco Paolucci

控制平面是有效利用弹性光网络全部潜能的关键要素。在本章中,首先介绍了网络控制平面的功能,并对目前通用的控制平面架构——通用多协议标签交换(GMPLS)进行了回顾。在对 GMPLS 的路由、路径计算以及信令协议基础进行回顾后,本章解释了在 EON 中如何构建控制平面。此外,对可用于支持 EON 的 GMPLS 主要协议扩展的必要性进行详细说明,包括操控带宽可变转发器(BVT)。最后介绍了如何控制具有多个域的网络,重点说明其结构和协议方面的改进。

8.1　控制平面功能介绍

本书详细介绍了基于 EON 的几种不同数据平面技术。我们可以通过引用交换设备、调制器或 BVT 进行举例说明。所谓控制平面就是在网络中实时控制设备,如交换设备、调制器或 BVT,实时维护网络视图的软件。控制平面能够对网络的变化做出反应,使其无须外部人为干预,能够自我可持续发展。同样,控制平面程序在管理命令下可被触发以执行功能。

控制平面维护特定设备的视图,获得一组有用的抽象。例如,在设备中,控制平面必须管理波长选择开关的配置,对滤波器形状进行编程,或调整转发器的波长。当光学组件被配置,可以通过 EON 将数据从一个转发器传输到另一个转发器。控制平面对网络元素的特定配置进行抽象,并得到"连接"的概念。

控制平面可以提供的主要功能如下:

O. G. de Dios(✉)
西班牙电信,西班牙马德里
e-mail:oscar.gonzalezdeios@telefonica.com

R. Casellas
加泰罗尼亚技术中心(CTTC),西班牙巴塞罗那

F. Paolucci
Sant'Anna 高等学校,意大利比萨

(1) 配置(建立或删除)连接:控制平面自动配置所有必需的设备,在网络中的两点(或多点)之间建立连接。通过控制平面配置不同元素用以建立连接的过程称为信令。

(2) 恢复:当 EON 中的某些元素失败时,一个连接可能不再能满足传输服务所需的质量。在这种情况下,通过恢复过程改变网络配置,使连接再次满足所需的质量。恢复过程通常意味着连接的"物理"路径发生改变。

(3) 自动网络元素发现:控制平面自动地发现网络现存元素。

(4) 路由:控制平面自动建立网络拓扑视图;发现网络元素之间的连接,并使信息保持最新。基于该发现,建立由点和边组成的拓扑图作为抽象的拓扑视图。并且,流量工程(Traffic Engineering,TE)信息,如可用频谱和表示光纤链路的共享风险链路组信息,也被添加到图中。

(5) 路径计算:基于网络图的边(如可用频谱)和顶点(输入/输出边缘之间的连接矩阵)的流量工程能力,计算路径服务。可将成本等约束条件,如共享风险链路组(Shared Risk Link Group,SRLG)和优化对象应用于计算。

目前,最广泛的控制平面结构是 GMPLS/PCE,我们将在本章中深入研究其细节。这种架构依赖于控制元件之间的分布式通信,偶尔依赖于控制元件与中心元件之间的通信,如在采用路径计算单元(Path Computation Element,PCE)[1]的网络中以及软件定义网络(SDN)[2]中,都需要在所有可配置元件和集中式控制器之间通信。

8.1.1 协议

控制平面是依赖控制元素之间的通信来实现上述功能的软件,通信则是由协议来确定和定义的。协议是用于交换信息的明确定义的格式。控制平面协议已经被定义为专注于特定功能。例如,在通用多协议标签交换(GMPLS)架构[3]中,使用基于流量工程的资源预留协议(Resource Reservation protocol—Traffic Engineering,RSVP-TE)[4]完成一些信令增强功能。

控制平面协议具备协议中所包含的语法,定义了要交换的消息和数据结构。因此,协议自身定义了特定功能和数据模型。建立控制平面协议的趋势是直接通过 IP,如在开放式最短路径优先(Open Shortest Path First,OSPF)[6],RSVP-TE[4]中,或通过传输控制协议(Transport Control Protocol,TCP),又如路径计算单元协议(Path Computation Element Protocol,PCEP)[7]或 Openflow 协议。控制平面协议被设计为线上有效并且实时工作,即使网络元素具有很小的计算能力也是如此。因此,该协议的效率优于简单开发。

另外,管理协议,如简单网络管理协议(Simple Network Management Protocol,SNMP)[9],Netconf[10],或流行的代表性状态转移应用程序编程接口(Representational State Transfer Application Programming Interface,REST API),不是为实时的交互响应而设计的,其目标是生成、查询、更新和删除(Create,Read,Update and Delete,CRUD)操作,以及并入其他,如重算等功能,响应速度并不是必需的。然而,随着 SDN 和 REST APIs[11]的出现,控制与管理协议之间的差异开始变得模糊。

8.2 GMPLS 控制平面结构

8.2.1 GMPLS/PCE 结构介绍

如上一节所述,控制平面的部署解决了光网络功能的自动化,如连接的配置和重建(保护和恢复)、流量工程或服务质量(Quality of Service,QoS)。在基于 SDN 的控制平面解决方案出现之前,核心网和传输网中的大多数控制平面实现都是基于由 GMPLS[3]架构所定义的协议套件,该结构也是迄今为止占多数的商业部署。2004 年,互联网工程任务组(IETF)中的通用控制与测量平面(Common Control and Measurement Plane,CCAMP)工作组对 GMPLS 进行了标准化。该工作组章程的初始目标之一是扩展 MPLS 专门为分组交换网络定义的控制平面协议。GMPLS 的初始目标是控制多路面向电路的交换技术,如时分复用(Time-division multiplexing,TDM)、波长交换(Lambda Switch Capable,LSC)和光纤交换(Fibre switching,FSC)。特别地,GMPLS 的基础涉及基于流量工程的多协议标签交换(Multiprotocol Label Switching-Traffic Engineering,MPLS-TE)协议的增强:资源预留协议(RSVP-TE)[5]信令用于建立端到端和质量保证的连接,基于流量工程的开放最短路径优先(Open Shortest Path First-Traffic Engineering,OSPF-TE)[12]路由用于自动拓扑和网络资源传播,链路管理协议(Link management protocol,LMP)[13]则用于控制信道联通性维护、链路属性相关和故障定位。

GMPLS 控制平面允许建立显式路由的流量工程标签交换路径(Label Switched Path,LSP),其路由遵循一组 TE 约束。这些约束用于实现主要的 TE 目标,如资源使用优化、QoS 保证和快速故障恢复。控制平面包括三个主要组件:路由和拓扑传播组件,用于负责自动发现给定域中的网络拓扑和属性;路径计算组件,用于负责计算网络路径(路由)和所需资源;以及信令组件,用于负责 LSP(资源预留)的实际建立,以驱动网元的交换和转发行为。这些组件能够实现以下基本功能:路径建立,需要路由计算和资源保留;LSP 修改,可以选择不删除 LSP 而修改所选属性(取决于基础技术的约束);LSP 重路由,允许更改已建立的 LSP 路由和 LSP 抢占,以便处理不同服务类别或优先级。

GMPLS 包含的一些扩展解决了在传输网络环境中被认为非常重要的特定方面,如最小化光网络中的建立延迟:GMPLS 允许上游节点在 Path 消息中借助于建议标签对象,向下游节点建议标签(提出波长),通过其建议的波长来保留和配置从源到目的节点的硬件。此外,GMPLS 同样支持双向连接请求,而不是建立和关联两个单向 LSP,并且还可以使用一组从源节点到目的节点的 Path 和 Resv 消息集合,并使用指定值的上游标签对象,用于上游方向路径上的下一个节点标签。

GMPLS 控制平面是由多个可执行多协作过程的控制器(通常每节点一个)组成的分布式实体。其涉及的主要组件有连接控制器(Connection Controller,CC)、路由控制器(Routing Controller,RC)以及可选的路径计算组件,如图 8.1 所示。且还需要基于 IP 控制信道(IP control channels,IPCC)的数据通信网络,以允许在 GMPLS 控制器之间交换控制消息,该网络可以在带内或带外部署(如包括专用且分离的物理网络)。一个包含控制和硬件的 GMPLS 功能节点被命名为标签交换路由(Label Switched Router,LSR)。每个 GMPLS 控制器管理存储在 LSP 数据库(LSPDB)中连接(LSP)的起始、终止或经过节点的状态,并维护自身在本地流量工程数据库(Traffic Engineering Database,TED)中收集的网络状态信息,包括拓扑、资源等。

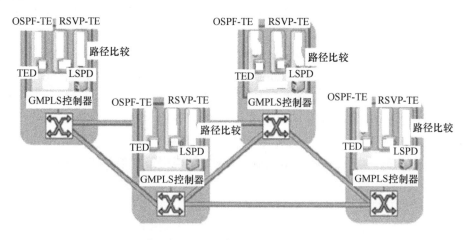

图 8.1 GMPLS 控制的光网络示例

路由控制器负责通过 GMPLS OSPF-TE 路由协议传播网络状态发生的变化,从而允许节点路由控制器更新其本地 TED 库、维护当前网络拓扑和可用资源的全局视图。在网络状态发生变化后,发起更改的节点将生成流量工程-链路状态公告(Traffic Engineering Link State Advertisement,TE LSA),并将其发送到该发起节点所有相邻节点。相邻节点接收到 TE LSA,将其转发并更新节点的 TED 库。这种机制允许所有节点的 TED 库同步,以便所有节点的路由控制器在给定时间内拥有相同的且唯一的网络状态视图,该时间称为路由收敛时间。

连接控制器负责通过 GMPLS RSVP-TE 信令协议实现光连接的配置、修改、重路由及释放。GMPLS RSVP-TE 信令机制的配置包括从源节点到目的节点的 RSVP PATH 正向消息标签请求,以及在 RSVP RESV 消息中发送的通用标签分配(保留),该消息反向传输至源节点。这种信令消息的交互允许每个参与的连接控制器更新其 LSPDB 库。

最后,每个 GMPLS 控制器可以执行高效/最优的路径计算算法,即分布式源路由/路径计算,以根据网络状态信息找到可行的端到端路径。因此,在源节点处(如通过网络管理系统-NMS)接收到连接请求时,这样的节点执行路径计算算法以寻找可行的端到端路径。计算出的路径作为显示路由对象(Explicit Route Object,ERO)被传递到连接控制器。或者可将路径计算功能委托给专用实体,称为路径计算单元(PCE)。PCE 为体系结构组件,可以配置在 GMPLS 节点或分离的物理节点中。

在 DWDM 固定栅格光网络,也称为波长交换光网络(WSON)的特定情况下,计算物理路径(路由)和分配波长的问题称为路由和波长分配(RWA),并已经进行了广泛的研究,同时考虑波长连续性约束和光学物理损伤。

DWDM 弹性栅格光网络中的等效分配,即所谓的频谱交换光网络(Spectrum Switched Optical Network,SSON),涉及物理路径的计算,但也包括连续光谱(频隙)的计算以及一组调制参数,如配置弹性光发射机和接收机所需的调制方式(如 BPSK,QAM)、符号位、OFDM 子载波数量,或 FEC。以此类推,通常将其称为路由、调制及频谱分配(Routing, Modulation and Spectrum Assignment,RMSA),或简称为 RSA,参见第 4 章。值得注意的是,一个频隙所分配的基本频隙在频率上必须是连续的,且沿该路径的所有光纤链路上的相同频隙必须可用,从而允许端到端的连续频谱,我们将这个词条称为频谱连续性约束(Spectrum Continuity Constraint,SCC)。

无状态 PCE 是一个实体(包含组件、应用程序或网络节点),能够根据网络图(TED)计算网络路径或路由,并应用计算约束。其主要思想是将路径计算功能与 GMPLS 控制器进行解耦,形成一个集中和专注的 PCE,具有开放的和定义良好的接口及协议。IETF 在 2006 年定义了 PCE 全球体系结构[1]以及通信接口与协议(PCEP)[7]的标准和功能形式,用于 MPLS 路径计算,最近已扩展并适用于 GMPLS。这样,路径计算客户端(Path Computation Client,PCC),如 GMPLS 控制器或 NMS,可以请求显式路由计算,如图 8.2 所示。

PCE 的关键方面之一是同步机制,通过该同步机制 PCE 获得 TED 的副本以执行路径计算。用以建立 TED 的网络拓扑和资源状态信息可以由参与 TE 消息的内部网关协议(Interior Gateway Protocol,IGP)分配,或通过带外同步机制提供。在前一种方式中,PCE 可以通过域 GMPLS 控制器(作为 IGP 的一个被动听者)维护

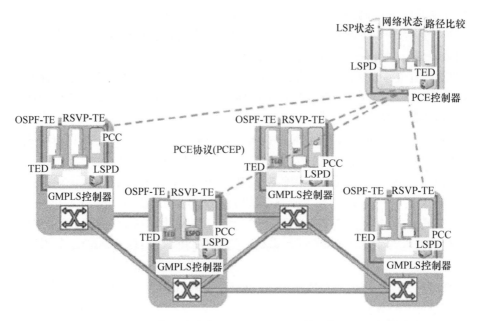

图 8.2　GMPLS 控制光网络中基于 PCE 的路径计算（单一 PCE 部署模型）

邻接路由来收集 TE 信息。在后一种方式中，PCE 通过采用某种机制（如拓扑服务器）来检索 TED。这种机制可以是增量的（如 IGP），也可以涉及完整 TED 的批量传输。通常，带外机制可能导致 TED 同步问题。值得注意的是，TED 也可以进行增强，包括从其他方式获得的其他信息，如可能由专用监视器收集的物理损伤信息。

　　当运营商需要提供或重新路由新的或现有的 LSP 时，它将使用 PCE 协议（PCEP）向 PCE 发送路径计算请求（Path Computation Request，PCReq）消息。PCReq 消息指定端点（源和目的地节点地址）和目标函数（所请求的算法及优化标准），以及相关联的约束，如流量参数（如所请求的带宽）、交换能力和编码类型。还可以包括或排除网络节点、链接或整个域，分别包括内部路由对象（Include Route Object，IRO）和其他路由对象（Exclude Route Object，XRO），或重新优化现有路径，从而避免使用报告路由对象（Reported Route Object，RRO）重复预订资源。PCReq 消息可以请求计算一个路径或一组路径。在 PCReq 消息中使用同步 VECtor（Synchronization Vector Object，SVEC）列表允许请求同步计算，即 PCE 避免分配相同的资源给相同集合下先前的计算路径。在这两种情况下，PCReq 中包含的每个路径计算请求都需要一个特定的目标函数，并且定义一些约束。如果路径计算成功，则 PCE 将通过 ERO 指定的计算路径回复（PCRep 消息）。然后，NMS 请求配置新的 LSP，或将现有 LSP 重新路由到源 GMPLS 控制器（连接的首端）。

被动状态 PCE 考虑到网络状态(TED)和 LSP 状态(LSPDB)(网络中使用的一组计算路径和保留资源),用于进行有效的路径计算并提高路径计算的成功率。因此,需要一种严格的同步机制,以允许带状态的 PCE 基于存储在 GMPLS 控制器中的本地 LSPDB 建立全局 LSPDB。在参考文献[14]中,建议使用名为路径计算状态报告(Path Computation State Report,PCSRpt)的新消息来扩展 PCEP,以允许带状态 PCE 学习 LSP 状态(无论何时当 LSPDB 发生变化,PCC 会报告有关 LSP 状态的信息)。由于被动状态 PCE 维护仅用作新路径计算输入的全局 LSPDB,因此它没有控制(修改或重新路由)存储在 LSPDB 中的路径保留。但是,由于缺乏对这些 LSP 的控制,可能导致算法不够理想,我们将在下面详细介绍。

为了引入活动状态 PCE 的概念,我们来回顾一下,以灵活栅格 DWDM 网络为例,它显示了两个众所周知的对网络性能不利的问题,即 SCC 和频谱碎片。为了满足 SCC,PCE 试图计算更长的路径,由于需要低频谱效率的调制方式来补偿光学损伤,这类路径最终需要更多的带宽。另外,频谱碎片是由于弹性连接的动态建立和释放。由于无法分配连续频谱,频谱碎片会导致 PCE 阻止新的路径计算请求。如果 PCE 在路径计算过程中可以优化(重路由和重分配频率槽)一些现有的弹性连接,则可以解决这些问题。为此,活动状态 PCE 允许考虑 LSPDB 的最优路径计算,并不只是将其作为路径计算过程的输入,而是用于控制所存储的 LSP 的状态(如带宽的增加或重路由)。由于分布式控制的 LSP 只由 GMPLS 控制器进行管理,这种方法需要 GMPLS 控制器暂时将活动 LSP 的控制权委托给活动状态 PCE。参考文献[14]为 PCEP 提出了基于 PCSRpt 的委托机制。此外,活动状态 PCE 还可以请求将现有 LSP 修改/重新路由到源 GMPLS 控制器(连接的头端 PCC)。然后,参考文献[14]也提出了从 PCE 发送到 PCC 的新 PCEP 消息,命名为路径计算更新请求(Path Computation Update Request,PCUpd)。当接收到 PCUpd 消息后,PCC 触发在 GMPLS 控制器中的 LSP 机制。此外,活动状态 PCE 不仅可以修改现有的 LSP,还可以建立/释放多条新的 LSP,称为具有实例化功能的活动状态 PCE。PCEP 已在参考文献[15]中通过名为 LSP 实例化请求(LSP Instantiation Request,PCInitiate)的新消息进行扩展,从而允许 PCE 向 GMPLS 控制器请求创建和删除新的 LSP。

最后,CCAMP 工作组还负责生产用于 GMPLS 网络管理的 SNMP 管理信息库(Management Information Base,MIB)。已经定义了或正在定义一些 MIB,用于如 GMPLS 管理的文本约定,GMPLS LSR MIB,GMPLS TE MIB,LMP MIB 或对支持 GMPLS 的 OSPF MIB 的扩展。

8.2.2 信令(RSVP-TE)

资源预留协议(RSVP)是允许预留资源用来为数据流提供不同 QoS 的一种带宽预留协议。具有 TE 扩展的 RSVP 协议被作为 GMPLS 信令协议使用,允许显式路径选择或基于约束的路由支持。GMPLS通过扩展RSVP-TE信令协议来使用逐条信令方案。在GMPLS RSVP-TE协议[5]中,信令阶段由通用标签请求组成,在RSVP Path报文中发送,从源节点到目的节点逐跳遍历,然后在RSVP Resv报文中发送广义标签分配(预留),反方向遍历回源节点。

为了满足光网络中的连续性约束,GMPLS在源节点的Path消息中定义了所包含的标签集对象(LABEL_SET)[5]。源节点包括一组标签集,可指定其传出的下游光纤链路上的可用波长或频率槽,并且该标签集设置允许上游节点限制下游节点可以选择的波长(标签)集。因此,它基于后预约协议方案,即它收集整个路径中的可用波长,而并不执行波长预留。每个中间节点更新接收到的LABEL_SET对象,根据其本地波长资源信息从标签集中删除当前占用的波长,然后将数据包转发到下一条。当Path消息到达目的节点,根据波长分配算法(如首次拟合以及随机)从所得到的标签集中选择波长或频率槽。然后通过广义标签对象(GENERALIZED_LABEL)将所选择的波长通知给上游节点。实际上,在向源节点转发带有所选标签的Resv消息之前,每个节点都会正确交叉连接交换结构,以建立内部数据路径。一旦源节点接收到Resv消息,该通道可以立即用于传输数据业务。如果该标签是由PCE或源节点计算得到的,则控制平面可以使用显式标签控制(Explicit Label Control,ELC)功能:ERO(EXPLICIT_ROUTE)包含子对象列表,其中包含应用于每跳的标签。对每个节点进行强制分配,如通过将输出LABEL_SET对象限制在ERO子对象已存在的标签中。

图8.3所示为客户端A请求建立双向LSP的信令过程示例。节点1发送包含空闲(自由)标签的Path消息,包括在标签集31、32和33中,同样包括其首选标签31。最后,由于其为一个双向标签,增加了34作为上行标签。Path消息由中间节点处理,并且沿着路径修改标签集(如值32从集合中被删除,因为它不可用)。中间节点必须确保所建议的标签仍然包含在标签集中,否则建议的标签对象被删除。在该示例中,当路径对象到达节点4时,它分配广义标签31,并向上游发送。该示例显示如果关于标签(如波长和频率槽)可用性的详细信息是未知的,当存在连续性约束时,所面临的满足连续性约束的困难。如果节点1选择沿路径不可用的上行波长,则同样导致建立失败。

8.2.3 资源发现和拓扑传播

1. 路由、OSPF-TE和IS-IS-TE介绍

截至目前,路由术语一直是超负荷的,可能意味着不同的概念:路由功能可以涉及拓扑管理和传播功能,甚至与路径计算功能有关。前者通常是根据视图中节点和连接及其属性,处理网络拓扑和资源信息的管理;后者处理该信息的有效使用,以便在需要一组约束的网络上计算路径。这种混乱部分来源于原始路由协议,该协议中的两个功能都是紧密集成和耦合的。

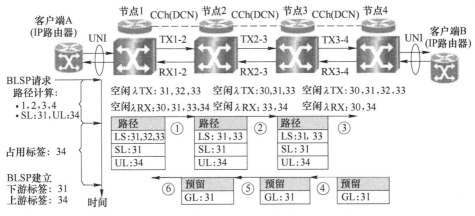

图 8.3 采用 LABEL_SET(LS)、SUGGESTED_LABEL(SL)和
UPSTREAM_LABEL(UL)对象的双向 LSP 信令

目前,鉴于 GMPLS 结构所要求的控制与数据平面分离,GMPLS 范围内的路由协议主要用于传播有关网络拓扑和 TED 的信息。路由协议泛滥的信息必须在数量和周期性方面加以控制,因为它影响到解决方案的可扩展性。一个折中的办法可能涉及某种捆绑或聚合。我们将详细介绍 GPMPLS 的两种路由协议:基于流量工程的开放式最短路径优先(OSPF-TE)和具有流量工程的中间系统-中间系统(Intermediate System to Intermediate System with Traffic Engineering, IS-IS-TE)。

OSPF 为单个路由域内的内部网关协议(IGP),如自治系统,其又可划分为若干区域。它是基于"链路状态路由"的概念,其中每个路由器向相邻节点通告其链路状态,并相应地向其邻居传播这些信息,从而使域内的拓扑信息"泛滥",使每个参与的节点都能构建网络的拓扑结构。OSPF 在 RFC2328(1998)[6]中被设计用于 IPv4 网络,随后在 RFC5340[16]中被扩展用于 IPv6 OSPF 版本 3。一旦完成同步,将使用最短路径算法 Dijkstra 进一步处理拓扑信息或网络视图,用以获得可将目的地址映射到出站接口和下一跳 IP 数据报转发的路由表,其特点是具有可变长度子网掩码和无类别域际路由寻址模型。

类似地,中间系统-中间系统(Intermediate System to Intermediate System, IS-IS)是一种替代的链路状态路由协议。与 OSPF 协议类似,IS-IS 使用 Dijkstra 算法来计算通过网络的最优路径。IS-IS 协议由 Digital Equipment 公司开发,是 DECnet V 版本的一部分。在 1992 年该协议被 ISO 标准化为 ISO 10589,用于中间系统之间的通信,允许使用 ISO 开发的 OSI 协议栈进行数据包转发。IS-IS 随后被扩展用于支持互联网 IP 协议中数据包的路由,其详细说明见 RFC1195[17]。尽管这两种链路状态协议在概念上相似,两者都是动态链路状态 IGP,并且能够检测拓扑变化,如链路故障,可在数秒内收敛于新的无循环路由结构,这两者之间仍存在一些差异,其细节超出了本书的范围。正是由于这种相似性,才导致这两种协议同时被扩展到流量工程,后来又扩展到 GMPLS。在下文中,我们将重点介绍 OSPF 及其扩展。

在 OSPF[6] 中,区域分割是衡量网络规模的主要手段。区域 0 代表 OSPF 网络的核心或骨干区域。每个附加区域必须具有与 OSPF 骨干区域的直接或虚拟连接,由区域边界路由器维护。区域边界路由器为其服务的每个区域维护单独的链路状态数据库,并汇总网络中所有区域的路由。

OSPF-TE 是 OSPF 流量工程扩展的扩展,并在非 IP 网络中使用,详细描述见 RFC 3630[18]。用于链路和节点的流量工程属性被传送到携带类型-长度-值元素的 OSPF-TE 不透明链路状态公告(Link State Advertisement,LSA)中。这些扩展允许 OSPF-TE 在带外的数据平面网络中完整地运行,并描述非 IP 网络。OSPF-TE 扩展最初是用于 MPLS,被进一步细化用于 GMPLS。

简而言之,用于 GMPLS 的 OSPF-TE 扩展使得能够在每个链路的基础上传播 TE-LSA 中的 TE 链路属性。包括链路类型、链路标识符、本地和远程接口 IP 地址(如果是有编号的接口)、本地和远程无编号接口、流量工程度量、最大带宽、最大可预留带宽、最大 LSP 带宽、共享风险链路组(SRLG)和管理组属性。确定 GMPLS 的一般性质,并介绍了接口交换能力描述符(Interface Switching Capability Descriptor,ISCD)的概念,用于描述节点在给定链路中进行什么样的交换,如分组交换和 TDM。

2. BGP-LS

路由协议能够构建和传播域内的 TED,如 OSPF-TE 或 IS-IS-TE。在某些情况下,将 TED 输出到另一个控制元素(如 PCE)可能是有用的,该元素可以执行 CPU 的穷举任务,如复杂优化或多域路径选择。IETF 已经对 BGP-4 协议进行扩展,用以支持两个实体之间的链路状态信息交换[19]。BGP-4 的这个特殊扩展被称为基于链路状态的边界网关协议(BGP-Link State,BGP-LS)。总体来说,BGP-LS 履行输出 TED 的功能。

3. BGP-LS 对话建立

为了进行 TE 信息的交换,出口商和消费者之间建立了一个 BGP-LS 会话。这两个对等体之间的 BGP-LS 会话以常规 BGP-4 会话启动,并伴随 OPEN 消息交换。BGP-LS 会话(而不是常规 BGP-4 会话)可以通过添加可选性能参数(参数类型 2)来实现,具备多协议扩展能力(性能代码 1),其地址族编号(Address Family Number,AFI)为 16388,后续地址族编号(Subsequent Address Family Numbers,SAFI)为 71。

每个边界网关协议(Border Gateway Protocol,BGP)中的扬声器(对等体)既可作为客户端又作为服务器。因此,扬声器会发起连接并加入其他尝试连接的扬声器。在交换 OPEN 消息后,如果对等体接受该能力,双方会发送保持存活(KEEP ALIVE,KA)消息。

4. 拓扑交换

对等体发送 BGP-4 UPDATE 消息中的节点和链路信息,用以分发 TED。对等体发送这些 UPDATE 消息,而不等待远程对等体的任何回复。想要导出拓扑的对等体在 BGP 会话建立完成之后开始发送 UPDATE 消息(在发送 KA 消息之后)。BGP-LS 并没有定义更新的频率,该参数留给实现者进行选择。

每个 UPDATE 消息被编码为 BGP-4 UPDATE 消息[20]。在 BGP-LS 中,每个要导出的节点或链路发送更新消息。哪个特殊节点或链路信息必须要导出是基于一定策略的。例如,一个对等体可以决定导出拓扑的所有细节,而另一个对等体可以决定仅导出自治系统的互联链路,或者甚至只发送抽象消息。

5. BGP-LS 中节点和链路描述

光的节点或链路信息在 UPDATE 消息中传送。消息的路径属性中携带节点和链路信息。具体来说,当通知新的节点/链路或者更新的节点信息时,必须将 MP_REACH 属性作为信息的一部分,而与流量工程有关的其余信息,则携带于 BGP-LS 属性中。如果节点或链路不再有效,则使用 MP_UNREACH 属性代替。

MP_REACH 属性中的部分信息与节点/链路的寻址及其所属域有关。MP_REACH 和 MP_UNREACH 属性是用于携带不透明信息的 BGP 容器。MP_REACH 具有地址族标识符(Address Family Identifier,AFI)、后续地址族标识符(Subsequent AFI,SAFI)以及可变网络层可达信息(Network Layer Reachability Information,NLRI)的特点。NLRI 包含节点和链路地址信息。一个链路需要由其源和目的地(节点、接口及所属域)以及 TE 信息来描述。

流量工程信息携带在 BGP-LS 属性中。发送的信息与信息的来源无关(OSPF-TE、IS-IS-TE、直接配置)。其目标是具有一个通用的表示。例如该信息可表示为本地和远程节点的路由器 ID、最大链路带宽、未预留带宽、度量、默认度量以及 SRLG 等。

8.3 用于 EON 的控制平面架构

8.3.1 用于 EON 的信令扩展

在 GMPLS 中所考虑的资源预留参考协议为 RSVP-TE。关于标准 GMPLS(如在 WSON 的背景下),EON 中的通用分布式资源预留机制采用 Path 和 Resv 消息(与 PathErr、ResvErr 消息在信令阻塞、竞争和出错的情况)几乎没有发生改变。已经提出的 RSVP-TE 扩展完全支持 EON 启用的 LSP 的配置和修改[21]。扩展 WSON 波长预留的关键概念在于预留一个可变的和连续的频谱部分,称为频率槽,即参考基本频率切片的倍数。为实现 EON 的全面支持,从以下三个方面着手。

(1)支持灵活栅格信道分配的可扩展标签。
(2)扩展的资源预留请求。
(3)可预留的频谱集(LABEL_SET)扩展描述。

参考文献[22]中提出并在表 8.1 中描述的灵活栅格扩展标签,采用 64bit 编码,并以下列参数识别保留的通道:

(1)栅格:栅格种类包括固定(如 CWDM、DWDM)和灵活(如灵活栅格)。
(2)CS:频道间隔标识(如当前的灵活栅格为 50/100、6.25GHz)。
(3)标识符:在相同频率下工作的不同激光器的本地属性。
(4)n:槽的中心频率,用 193.1THz 参考频率的整数偏移来表示。该值的计算方法为:中心频率 = 193.1+CS·nTHz。
(5)m:槽宽度表示为基本频率槽(2·CS)的整数倍。该值表示为:槽宽度 = m·2·CSGHz。

表 8.1 所建议的灵活栅格 64bit 表

```
 0                   1                   2                   3
 0 1 2 3 4 5 6 7 8 9 0 1 2 3 4 5 6 7 8 9 0 1 2 3 4 5 6 7 8 9 0 1
+-+-+-+-+-+-+-+-+-+-+-+-+-+-+-+-+-+-+-+-+-+-+-+-+-+-+-+-+-+-+-+-+
|栅格 |  C.S.  |    标识符       |               n               |
+-+-+-+-+-+-+-+-+-+-+-+-+-+-+-+-+-+-+-+-+-+-+-+-+-+-+-+-+-+-+-+-+
|              m                |            保留                |
+-+-+-+-+-+-+-+-+-+-+-+-+-+-+-+-+-+-+-+-+-+-+-+-+-+-+-+-+-+-+-+-+
```

该标签可同时用于 Path 和 Resv 消息。当频谱分配在信令阶段之前被预先计算或建议时(如当频谱在源节点或由 PCE 计算时),以及在显式标签控制(ELC)选项的情况下(当标签包含在 ERO 对象中时),该标签都可以被携带。在 Resv 消息中,灵活栅格标签作为一种预留标签,用于在选定的输出接口上实际执行过滤器配置。需要注意的是,扩展标签同样可以应用于标准固定栅格和传统 DWDM 网络中。

在标准 GMPLS 中,所请求的资源预留类型(如信号类型、分层类型、标称比特率)在 SENDER_TSPEC 对象内执行,并封装在 Path 消息中。在 EON 中,请求的预留资源与频率槽宽度相符,由 m 参数唯一标识。类似地,扩展分配的预留资源在封装于 Resv 消息中的 FLOWSPEC 对象中执行。扩展对象格式如表 8.2 所示。

最后,必须扩展 LabelSet 对象,用以描述可用的和可预留的频谱部分。用于描述标签集的可能信息结构可以由多种方式获得,如参考文献[23]中所提出的:①包含/排除列表;②包含/排除范围;③位图集。

由于使用灵活栅格,可用中心频率的数量可能会很高(由于频率槽间距的减少),位图集采用紧凑的、有效的和固定大小的方式表示标签集,是一个很好的选择。具体地,在这种情况下,布尔数组的阵列(位图字)从标称基本标识的基本标称中心频率开始(表 8.3)描述标称中心频率(位 0:已占用,位 1:空闲)。

在多层次、多领域情况下,用于 WSON 中的参考信令机制对于 EON 仍然有效。

具体来说,在多域中,嵌套、拼接和邻近的 LSP 机制可以用于不同区/域/供应商之间的端到端资源预留。

表 8.2　建议预留 SENDER_TSPEC 和 FLOWSPEC

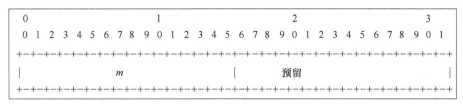

表 8.3　标签集表示的位图集

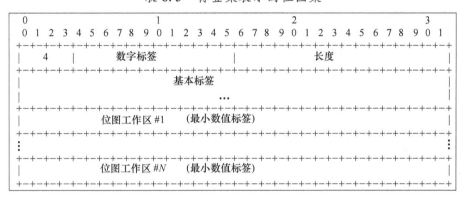

8.3.2　灵活栅格网络中的路径计算

在 EON 中,路径计算作为一个关键方面:它能够实现新的转发器性能优点和新型灵活栅格粒度。关于标准 WSON,启用 EON 的 LSP 的输入/输出参数数量可能会更高。此外,由于新一代 BVT 的出现,新型的先进网络操作要求对路径进行精确的路径计算,并依赖于有关标准 TED 的其他网络信息。最后,与在固定栅格光网络中一样,有效的路径计算与损伤验证严格相关,并且可能需要有关光损伤模型的其他信息,这些信息通常在管理平面可用。基于上述原因,我们特别努力提出与 PCE 执行的集中式路径计算兼容的可扩展解决方案。

得益于针对路径协议提出的灵活栅格扩展(如用于灵活栅格的 OSPF-TE 扩展),PCE 可以以灵活栅格粒度向 TED 求助链路的状态信息。例如,通过所考虑的通道间隔粒度来了解已占用的中心频率(如 6.25GHz)。这种扩展的 TED 可以实现能够满足典型光网络需求的约束路径计算(如对于透明的 LSP 的频谱连续性约束)[36],并支持不同的 PCE 结构方案,实现功能如下:

(1) 在使用组合算法的单个 PCE 内采用联合路由和频谱建议/配置(RSA)。

(2) 使用独立算法或在不同专用 PCE 中执行分离式路由和频谱建议/配置(R+SA)。

(3) 在 PCE 处执行路由,并通过信令协议执行分布式频谱分配(R+dSA)。

在文献中一些针对 WSON 的路径计算路由算法(如最短路径、最小拥塞路径)可以被扩展用于支持新型灵活栅格粒度(见第四章)。

如在 WSON 中用于波长建议的一样,基于 PCE 的路径计算也可能包括频谱建议(如在 RSA 和 R+SA 方案中)。在 EON 中,灵活栅格标签不仅包括建议的中心频率(n),而且还包括频率槽宽度(m)。在这种情况下,可以考虑两个基于 PCE 的频谱建议选项:①给定输入槽宽度的中心频率建议;②综合中心频率和槽宽度的建议。

这代表了基于 EON 的路径计算在 WSON 方面的主要扩展之一。事实上,路径计算请求消息(PCReq)携带指定连接所需带宽的 BANDWIDTH 对象。如果带宽对象携带输入频谱槽宽度(m),考虑第一个选项。相反,如果它携带请求比特率(以 Gb/s 表示),则考虑第二个选项。对于第一种情况,PCE 基于路径计算请求来计算中心频率,该路径计算请求包括对信道宽度的刚性约束。因此,在这种情况下,m 是路径计算的输入。只要连接所需预定数量的频谱(如与启用了固定栅格的节点兼容的连接),就可以使用此选项。对于第二种情况,PCE 计算两者的中心频率和频率槽宽度。根据请求的比特率,在选择 m 时应考虑在源节点和目的节点中配备的转发器的特性及功能。在计算过程中可以采用不同的策略:通过参考刚性查找表(对于任何请求的比特率,选择固定的时隙宽度)或灵活查找表(对于给定的请求比特率,m 的值可能是不同的)来选择 m。如果网络节点支持 BVT,即具有根据必要的光学范围来适应传输参数(如调制格式和编码)的能力,则使用灵活查找表。实际上,在给定比特率的情况下,就传输质量(QoT)而言,调制方式对占用频谱的效率越高,信号的鲁棒性就越差,这反过来又决定了整体的光程。例如,16-QAM 相对于 QPSK 所需的频谱占用减少了一半,但与 QPSK 相比,16-QAM 的光传输范围有限。因此,对于给定的请求比特率(如 200Gb/s),可以根据可选择的调制方式、编码以及其他传输参数,来选择不同的 m 值,这可能是 RSA 的输出[24]。因此,与传统的光网络一样,PCEP 协议应在 PCReq 消息中包括调制方式信息,以传达转发器约束,此外,它还应该指示所选定的解决方案。参考文献[24]和[25]报告了上述提出方法的实验结果,这些结果在光网络测试平台上采用应用于单载波和 OFDM 信号的相干检测进行了评估。

与 WSON 一样,在 EON 中,由于需要考虑物理损伤,因此路径计算变得更加复杂。必须考虑许多端到端的物理参数来评估预期的 QoT。以及提出了几种基于 PCE 的损伤感知 RSA(IA-RSA)架构作为解决方案,并已成功验证:

(1) 联合损伤验证(Impairment Validation,IV)和 RSA 流程(IV&RSA):将损伤验证和 RSA 流程合并为单个 PCE。

(2) IV 候选对象+RSA 过程(IV 候选对象+RSA):损伤验证和 RSA 流程是分

开的,并由两个不同的 PCE 实体执行。在这种情况下,IV PCE 为 RSA PCE 提供了一组经过验证的可保证 QoT 的候选路径。因此,IV PCE 除路由信息外,还利用物理参数信息。然后,RSA PCE 执行 RSA 验证集合而无需考虑参数和 QoT。

(3) 路由+分布式频谱分配和 IV:假定 PCE 不知道频谱资源可用性信息和物理参数。频谱分配和损伤验证通过利用信令或路由协议扩展以分布式的方式执行。

对于分布式 IV,所有的网络节点都必须存储网络物理参数,而对于集中式 IV,只需要 PCE 存储(在某些特殊的数据库中)和维护物理参数。

因此,IV&RSA 和 IV 候选+RSA 减轻了节点中存储的信息量。此外,在这些集中的情况下,网络资源通常能得到更好的利用。另一方面,网络可能无法自主运行(如在 PCE 失效的情况下)。

采用活动的带状态 PCE(存储当前安装在网络中 LSP 状态,并直接建议修改其属性)可以提高对基于 EON 的光路控制,简化重新优化程序,与标准状态 PCE 相反。特别是参考 EON 支持的特定功能,高级路径计算/重新优化可以通过活动的带状态 PCE 来使用:

(1) 弹性操作,动态扩大或降低连接比特率(通过单载波频谱扩展/收缩或在超通道中开启/关闭子载波实现)。

(2) 碎片整理(在线无中断或全局重新优化),启用程序缩小预留频谱,提高网络利用率。

(3) LSP 适配,当网络发生故障时,动态改变 LSP 的物理参数属性(如调制方式、代码)。

(4) 切片功能,实现可靠的多径传输。

(5) 有效共享保护。

(6) 支持高级 QoT 的计算。

根据无状态或带状态条件,也可以体验到不同的性能。参照 QoT,对于无状态条件下的 QoT 评估,通过对已建立的 LSP(包括物理参数)属性的了解,可以实现先进的损伤感知路径计算。其中,必须考虑最坏情况和保护带(也隐含在其中)导致频谱资源的浪费情况。此外,由于主动功能,PCE 可以执行重新优化,这样就可以最大限度地减少专用于保护带的频谱资源的浪费(如通过创建相同类型的连续光路池)。

8.3.3 资源发现

如上所述,路由和拓扑传播(如借助 OSPF-TE 路由协议)用于处理 TED 网络节点之间的同步,该 TED 包含表征网络节点和链路的 TE 属性。需要解决的主要问题之一是,传达此类信息的 GMPLS/OSPF-TE 类型、长度和值(Type,Length,Value,TLV)是基于带宽(每秒字节数)的链路特征而言,并且在灵活/弹性网络中,链路资源是根据光谱考虑的。链路光谱(以 Hz 为单位)和 GMPLS 宣布的带宽值(以每秒字节或位为单位)之间并不具有直接关系,而取决于所选择的调制方式、FEC 开销等类似的考虑。

因此,为了定义用于资源发现的协议扩展,重点关注 OSFP-TE 协议,控制平面需要具有所有交换元件及其限制的模型(如设备可能具有不同的最小槽大小或无法支持所有槽尺寸)。应当注意,计算实体需要获得详细的网络信息,即连接拓扑、节点能力和链路的可用频率范围。

路由计算是基于连接拓扑和节点能力执行的;频谱分配是根据链路的可用频率范围执行的。由于计算实体可以通过使用 GMPLS 路由协议获取详细的网络信息,因此建议对协议进行扩展和调整[26],其中包含以下信息:

(1) DWDM 链路的可用频率范围/频率槽。在灵活网络中,槽中心频率从 193.1THz 到 C 波段频谱的两端,范围为 6.25GHz。不同的 LSP 可以在同一链路上使用不同的槽宽度。因此,应该公布可用的频率范围。

(2) DWDM 链路的可用槽宽度范围。需要公布可用的槽宽度范围,并结合可用的频率范围,以验证是否可以建立具有给定槽宽度的 LSP。这受到介质矩阵可用槽宽度范围的限制。根据槽宽度范围的可用性,可以分配比 LSP 严格需要的更多频谱。

对于基于灵活栅格的 EON,应该分发一组不重叠的可用频率范围,以允许高效地管理灵活栅格 DWDM 链路和 RSA 程序的资源,即在灵活栅格情况下,将为链接通告可用的频率范围,而不是特定的"波长"。拟议的扩展主要是用于传播名义中央频率的状态。该扩展被携带到接口交换能力描述符(ISCD)中,并更具体地在交换能力特定信息(Switching Capability Spectific Information,SCSI)中显示,如表 2.1 所示(表 8.4)。

交换能力规范信息(SCSI)用于承载灵活栅格 DWDM 的技术规范部分,如可用标签集子 TLV[27],可用于指定弹性栅格 DWDM 链路的可用中心频率。给定其紧凑格式,可以使用可用标签集子 TLV 的位图格式。在这种情况下,基本标签字段指定了所支持的最低中心频率。位图中的每个位代表一个特定的中心频率,其值为 1/0,指示中心频率是否在此集合中。比特位置 0 表示最低的中心频率,并且对应于基本标签,而每个后续比特位置在逻辑上均比上一个比特高(表 8.5),表示下一个中心频率。

子 TLV 定义见表 8.6。

PRI 字段指定一个位图,用于指示要发布的优先级。该位图按升序排列,最左边的位表示优先级 0(最高),最右边的位表示优先级 7(最低)。标签集字段如表 8.7 所列,其中动作标签字段可以是包含列表(值 0)或位图(值 4);数字标签字段指定了支持的波长总数(如 128 个标称中心频率);长度标签字段是该字段的总大小,以字节为单位。对于设置为包含列表的特定操作案例,每个"输入"的格式为:栅格通道间距-标识符-n 值。

表 8.4 交换能力特定信息

```
 0                   1                   2                   3
 0 1 2 3 4 5 6 7 8 9 0 1 2 3 4 5 6 7 8 9 0 1 2 3 4 5 6 7 8 9 0 1
+-+-+-+-+-+-+-+-+-+-+-+-+-+-+-+-+-+-+-+-+-+-+-+-+-+-+-+-+-+-+-+-+
|    交换能力   |     解码      |             预留              |
+-+-+-+-+-+-+-+-+-+-+-+-+-+-+-+-+-+-+-+-+-+-+-+-+-+-+-+-+-+-+-+-+
|                     优先级0的最大LSP带宽                      |
+-+-+-+-+-+-+-+-+-+-+-+-+-+-+-+-+-+-+-+-+-+-+-+-+-+-+-+-+-+-+-+-+
|                     优先级1的最大LSP带宽                      |
+-+-+-+-+-+-+-+-+-+-+-+-+-+-+-+-+-+-+-+-+-+-+-+-+-+-+-+-+-+-+-+-+
:                     优先级2的最大LSP带宽                      :
+-+-+-+-+-+-+-+-+-+-+-+-+-+-+-+-+-+-+-+-+-+-+-+-+-+-+-+-+-+-+-+-+
|                     优先级3的最大LSP带宽                      |
+-+-+-+-+-+-+-+-+-+-+-+-+-+-+-+-+-+-+-+-+-+-+-+-+-+-+-+-+-+-+-+-+
:                     优先级4的最大LSP带宽                      :
+-+-+-+-+-+-+-+-+-+-+-+-+-+-+-+-+-+-+-+-+-+-+-+-+-+-+-+-+-+-+-+-+
|                     优先级5的最大LSP带宽                      |
+-+-+-+-+-+-+-+-+-+-+-+-+-+-+-+-+-+-+-+-+-+-+-+-+-+-+-+-+-+-+-+-+
|                     优先级6的最大LSP带宽                      |
+-+-+-+-+-+-+-+-+-+-+-+-+-+-+-+-+-+-+-+-+-+-+-+-+-+-+-+-+-+-+-+-+
:                     优先级7的最大LSP带宽                      :
+-+-+-+-+-+-+-+-+-+-+-+-+-+-+-+-+-+-+-+-+-+-+-+-+-+-+-+-+-+-+-+-+
|                                                               |
|                    交换能力特定信息(可变)                     |
|                                                               |
+-+-+-+-+-+-+-+-+-+-+-+-+-+-+-+-+-+-+-+-+-+-+-+-+-+-+-+-+-+-+-+-+
```

表 8.5 交换能力具体信息内容

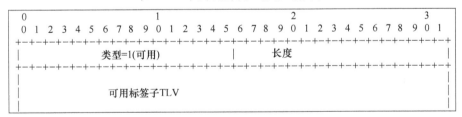

表 8.6 可用标签集子 TLV

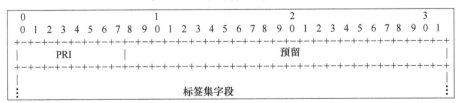

表 8.7 标签集字段

```
 0                   1                   2                   3
 0 1 2 3 4 5 6 7 8 9 0 1 2 3 4 5 6 7 8 9 0 1 2 3 4 5 6 7 8 9 0 1
+-+-+-+-+-+-+-+-+-+-+-+-+-+-+-+-+-+-+-+-+-+-+-+-+-+-+-+-+-+-+-+-+
| 动作  |    数字标签     |              长度               |
+-+-+-+-+-+-+-+-+-+-+-+-+-+-+-+-+-+-+-+-+-+-+-+-+-+-+-+-+-+-+-+-+
|              ncf-                 数字1                        |
+-+-+-+-+-+-+-+-+-+-+-+-+-+-+-+-+-+-+-+-+-+-+-+-+-+-+-+-+-+-+-+-+
|              ncf-                 数字2                        |
+-+-+-+-+-+-+-+-+-+-+-+-+-+-+-+-+-+-+-+-+-+-+-+-+-+-+-+-+-+-+-+-+
|              ncf-                 数字...                      |
+-+-+-+-+-+-+-+-+-+-+-+-+-+-+-+-+-+-+-+-+-+-+-+-+-+-+-+-+-+-+-+-+
|              ncf-                 数字M                        |
+-+-+-+-+-+-+-+-+-+-+-+-+-+-+-+-+-+-+-+-+-+-+-+-+-+-+-+-+-+-+-+-+
```

最后,表 8.8 显示了设置为位图的特定操作情况的编码。

如表 8.9 所示,使用起始标签的标称中心频率(Nominal Central Frequency,NCF),其中 n 设置为支持的最低中心频率。这与参考文献[28]中提出的波长定义编码以及参考文献[22]中确定 NCF 的 GMPLS 标签编码部分是一致的。

表 8.8 位图编码

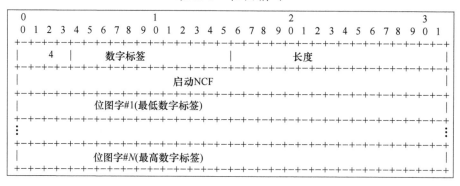

表 8.9 起始标签标称中心频率(NCF)

在撰写本书时,正在讨论有关如何扩展 OSPF-TE 的几个建议。需要注意端口标签和端口控制限制、物理层损坏以及 BVT 控制的扩展。

8.4 多域 EON 控制平面 GMPLS&H-PCE 结构

即使在单个管理实体的控制下,出于技术或可伸缩性的原因(如以供应商岛的形式),传输网络也可能会被划分为多个域。这样的多域网络特征在于所包含的实体没有一个具有完整的 TE 拓扑可见性,从而影响了网络的最优性以及有效的资源使用。此外,每个网域都运行自己的控制平面。因此,控制平面之间存在协作关系,并且在控制平面中可以隐藏每个域的详细信息,从而确保网络管理员或供应商岛的机密性。

多域灵活栅格网络的控制需要执行多域信令(允许多域 LSP 的配置和恢复)、路径计算和路由功能。

多域 EON 控制平面考虑的架构围绕用于最佳路径计算的分层路径计算单元(Hierarchical Path Computation Element,H-PCE)框架,用于拓扑交换的 BGP-LS 和用于信令的 RSVP-TE 构建。

8.4.1 H-PCE

分层路径计算单元(H-PCE)架构提供了一种允许选择域的最优序列机制,通过使用域之间的层次关系得出最优端到端路径。每个网域有一个父 PCE(parent PCE,pPCE),用于协调多个子 PCE(child PCE,cPCE)。pPCE 负责域选择和域间路径计算。cPCE 负责细分扩张,用于各自域的路径计算。

基于分层 PCE 的最优路径计算基于三个基本方面:存在可访问拓扑和域间流量工程的 pPCE(以一种可选的方式汇总有关域的信息,甚至整个域的信息),域内 cPCE 的参与,以及基于 PCEP 标准协议的 cPCE 和 pPCE 之间的路由请求交换。

参考文献[29]中描述了用于实现分层 PCE 过程的 PCEP 扩展。PCE 需要指示 PCE 请求的资格,即是否需要端到端路径,或者仅是域序列。此外,还需要包括多域目标函数和多域指标。

8.4.2 分层 PCE 拓扑结构

每个域必须提供有关节点信息,将该节点指定为边界节点,因此其可能进入其他域的连接,以及从这些边界节点开始的域间链接。以这种方式,可以维护多区域流量工程数据库,该数据库可从 H-PCE 访问,且必须永久更新。当计算多域光学连接的最佳路由时,该数据库必须具有聚焦于域间的全局可视化。有多种方法可为 pPCE 提供必要的拓扑和流量工程信息。

第一个选择是静态配置所有域间链路和拓扑信息。此选项不足以跟踪网络中的更改。第二个选择是 IGP 实例中 pPCE 的成员资格;通过加入 IGP 每个 PCE 域的实例,pPCE 可以得到必要的拓扑信息。但是,这样做会破坏域名机密原则并受到可扩展性问题的约束。第三个选择是在 PCEP 通知消息中将信息从 cPCE 发送到 pPCE。可采用的一种方法是将 AS-Inter OSPF-TE LSA 嵌入 PCEP 通知中,将域间链接信息从 cPCE 发送到 pPCE,并补充可达性信息,即每个域中的端点列表。但是,有人认为利用 PCEP 传播拓扑结构超出了协议的范围。

第四个选择是单独的 IGP 实例。RFC 6805[30]指出,在诸如自动交换光网络

(Automatically Switched Optical Network,ASON)之类的模型中,可以考虑在父域中运行的 IGP 的单独实例,其中参与协议的发言人是域和 PCE(pPCE 和 cPCE)中的节点。可以使用具有 TE 扩展[18]、GMPLS 扩展[12]和 AS 间扩展[31]的 OSPFv2 协议[6]。由于该协议是一种拓扑更新和同步机制,因此符合体系结构需求。这样,在边界节点和 cPCE 之间建立了 OSPF 邻接关系,并在每个 D-PCE 和 H-PCE 之间建立了附加邻接关系。

最后一个选择是使用 TE 信息的北向分配(BGP-LS),本章对此进行了说明。在每个域中,BGP 发言人都可以访问该域 TED,并充当 BGP-LS 路由反射器,以向 pPCE 提供网络拓扑。pPCE 旁边是一个 BGP 发言人,该发言人与域中的每个 BGP 发言人保持 BGP 会话,以接收拓扑并建立父 TED。

8.4.3 域间信令

信令机制负责建立、维护、恢复和释放确保支持端到端服务的 LSP。GMPLS 提出了建立端到端 LSP 的几种替代方案。IETF 提出了连续的 RSVP-TE 信令方法(在 RFC 3209[4]和 RFC 3473[5]中描述)、分级 RSVP-TE(在 RFC 4206[32]中提出)以及串联 RSVP-TE(在 RFC 5150[33]中详细描述)。

另一方面,光学互联网论坛(OIF)在参考文献[34]中提出了一系列抽象消息,这些抽象消息是通过 IETF 在与 RSVP-TE 相关的 RFC 中建议的消息进行映射而定义的,尽管它引入了一些扩展。到目前为止,OIF 并没有涵盖与端到端(End to End,E2E)恢复相关的标准化方面,这使得开发基于 IETF 标准的解决方案变得更加可行。

对于连续的 RSVP-TE 信令,可使用参考文献[4]和[5]中描述的信令过程,通过其穿过的多个域来建立单个 TE-LSP。创建和维护 E2E LSP 并不需要额外的 TE LSP,通过基于连接段(拼接)的模型在数据平面中产生单个 E2E LSP。尽管如此,在控制平面中,每个网段都被发信号表示为不同的 TE-LSP(不同的 RSVP-TE 会话)和用于 E2E LSP 的附加会话。

RFC 4206[32]详细介绍了基于 E2E LSP 层次结构的信令机制。这种机制允许在称为分层标签交换路径(Hierarchical Label Switched Path,H-LSP)的域内分层 LSP 中嵌套一个或多个 E2E LSP。如 RFC 5151[35]所述,H-LSP 是用于指代允许其他 LSP 嵌套在其中的 LSP 术语。此外,该 H-LSP 可以与域内使用的路由协议在同一实例中宣布,在这种情况下,它可称为转发邻接 LSP(Forwarding Adjacency LSP,FA-LSP)。

FA-LSP 是其入口和出口节点相邻的一种 LSP。作为 FA-LSP 创建的 LSP,其针对相关的 LSP 提供了附加功能计算、恢复和光路重新优化。例如,通过这种方式,FA-LSP 可以更好地遵守控制策略。另一个例子是能够实现对 E2E LSP 穿越的接纳控制。根据其可用资源通过 FA-LSP,而不是查看 E2E LSP 穿过的每一条链路。

域间 TE LSP 可以由连续 LSP、拼接 LSP 和嵌套 LSP 三个选项之一支持。单个端到端 RSVP-TE 信令会话允许简化设置和拆除过程,尤其是在处理异常情况下以及在分离信令会话(每域一个)的情况下。作为替代方案,利用 H-PCE 结构,pPCE 可以协调 cPCE,作为其自身域内的责任人,用于建立(和释放)到基础 GMPLS 控制平面的连接。通过这种方法,所有 PCE 都是带状态的,并具有实例化功能。也就是说,每个域都有其自己的"本地"RSVP-TE 会话,并且通过每个域中媒体通道的连接来确保数据平面级别的联通性,同时域之间的协调(入口/出口、标签等)是 pPCE 的责任。在这种情况下,互操作性要求的范围仅限于具有实例化功能的带状态 PCE 的 PCEP 扩展,并且在域间边界不需要任何协议。因此,pPCE 可以通过垂直自上而下的方式协调段的建立,从而确保所分配的频率时隙的连续性。

8.5 结　论

本章介绍了光传输网络控制平面的主要概念,并深入介绍了如何为 EON 构建控制平面。特别是在本章中深入分析了如何扩展 GMPLS 架构以支持 EON 的细节。完整的 EON 支持从以下三个方面解决:

(1) 支持灵活栅格通道分配的扩展标签。
(2) 扩展的请求资源预留。
(3) 对可预留频谱集(LABEL_SET)的扩展描述。

最后,EON 商业部署的理想特征是支持多域环境。多域 EON 控制平面考虑的架构围绕用于最佳路径计算的 H-PCE 框架,用于拓扑交换的 BGP-LS 和用于信令的 RSVP-TE 构建。

参 考 文 献

[1] A. Farrel, J. P. Vasseur, J. Ash, *A Path Computation Element (PCE)-Based Architecture*, IETF RFC 4655 (2006, August)

[2] ONF Foundation, *Software-Defi ned Networking: The New Norm for Networks*, Open Networking Foundation White paper (2012, April 13)

[3] E. Mannie (ed.), *Generalized Multi-Protocol Label Switching (GMPLS) Architecture*, IETF RFC 3945 (2004, October)

[4] D. Awduche, L. Berger, D. Gan, T. Li, V. Srinivasan, G. Swallow, *RSVP-TE: Extensions to RSVP for LSP Tunnels*, IETF RFC 3209 (2001, December)

[5] L. Berger (ed.), *Generalized Multi-Protocol Label Switching (GMPLS) Resource Reservation Protocol-Traffic Engineering (RSVP-TE) Extensions*, IETF RFC 3473 (2003, January)

[6] J. Moy, *OSPF Version 2*, IETF RFC 2328 (1998, April)

[7] J. P. Vasseur, J. L. Le Roux (ed.), *Path Computation Element (PCE) Communication Protocol (PCEP)*, IETF RFC 5440 (2009, March)

[8] N. McKeown, T. Anderson, H. Balakrishnan, G. Parulkar, L. Peterson, J. Rexford, S. Shenker, J. Turner, OpenFlow: enabling innovation in campus networks. ACM SIGCOMM Comput. Commun. Rev. **38** (2), 69-74 (2008)

[9] J. Case, M. Fedor, M. Schoffstall, J. Davin, *A Simple Network Management Protocol (SNMP)*, IETF RFC 1157 (1990, May)

[10] R. Enns, M. Bjorklund, J. Schoenwaelder, A. Bierman (eds.), *Network Configuration Protocol (NETCONF)*, IETF RFC 6241 (2011, June)

[11] R. T. Fielding, R. N. Taylor, Principled design of the modern Web architecture, in *Proceedings of the 22nd International Conference on Software Engineering (ICSE '00)*, pp. 407–416 (2000)

[12] K. Kompella, Y. Rekhter, *OSPF Extensions in Support of Generalized Multi-Protocol Label Switching GMPLS*, IETF RFC 4203 (2005, October)

[13] J. Lang (ed.), *Link Management Protocol (LMP)*, IETF RFC 4204 (2005, October)

[14] E. Crabbe, I. Minei, J. Medved, R. Varga, *PCEP Extensions for Stateful PCE*, IETF draftietf-pce-stateful-pce (work in progress) December 2015

[15] E. Crabbe, I. Minei, S. Sivabalan, R. Varga, *PCEP Extensions for PCE-Initiated LSP Setup in a Stateful PCE Model*, IETF draft-ietf-pce-pce-initiated-lsp (work in progress) October 2015 O. G. de Dios et al. 215

[16] R. Coltun, D. Ferguson, J. Moy, A. Lindem, *OSPF for IPv6*, IETF RFC 5340 (2008, July)

[17] R. Callon, *Use of OSI IS-IS for Routing in TCP/IP and Dual Environments*, IETF RFC 1195 (1990, December)

[18] D. Katz, K. Kompella, D. Yeung, *Traffic Engineering (TE) Extensions to OSPF Version 2*, IETF RFC 3630 (2003, September)

[19] H. Gredler et al., *North-Bound Distribution of Link-State and TE Information using BGP*, IETF draft-ietf-idr-ls-distribution (work in progress) October 2015

[20] Y. Rekhter, T. Li, S. Hares, *A Border Gateway Protocol 4 (BGP-4)*, IETF RFC 4271 (2006)

[21] F. Zhang, X. Zhang, A. Farrel, O. Gonzalez de Dios, D. Ceccarelli, *RSVP-TE Signaling Extensions in support of Flexi-grid DWDM networks*, IETF draft-ietf-ccamp-flexible-grid-rsvp-te-ext (work in progress) November 2015

[22] A. Farrel, D. King, Y. Li, F. Zhang, *Generalized Labels for the Flexi-Grid in Lambda Switch Capable (LSC) Label Switching Routers*, RFC 7699, November 2015

[23] G. Bernstein, Y. Lee, D. Li, W. Imajuku, *General Network Element Constraints Encoding for GMPLS Controlled Networks*, IETF draft-ietf-ccamp-general-constraint-encode (work in progress)

[24] F. Cugini, G. Meloni, F. Paolucci, N. Sambo, M. Secondini, L. Gerardi, P. Castoldi, Demonstration of flexible optical network based on path computation element. J. Lightwave Technol. **30** (5), 727-733 (2012)

[25] R. Casellas, R. Muñz, J. M. Fabrega, M. S. Moreolo, R. Martinez, L. Liu, T. Tsuritani, I. Morita, Design and experimental validation of a GMPLS/PCE control plane for elastic CO-OFDM optical networks. IEEE J. Sel. Areas Commun. **31**(1), 49–61 (2013)

[26] Y. Lee (ed.), *Framework for GMPLS and Path Computation Element (PCE) Control of Wavelength Switched Optical Networks (WSONs)*, IETF, RFC 6163 (2011, April)

[27] X. Zhang, H. Zheng, R. Casellas, O. Gonzalez de Dios, D. Ceccarelli, *GMPLS OSPF-TE Extensions in Support of Flexible Grid*, IETF draft-ietf-ccamp-fl exible-grid-ospf-ext (work in progress)

[28] T. Otani (ed.), *Generalized Labels for Lambda-Switch-Capable (LSC) Label Switching Routers*, RFC 6205 (2011, March)

[29] F. Zhang et al., *Extensions to Path Computation Element Communication Protocol (PCEP) for Hierarchical Path Computation Elements (PCE)*, IETF draft-ietf-pce-hierarchy-extensions (work in progress) January, 2015

[30] D. King, A. Farrel, *The Application of the Path Computation Element Architecture to the Determination of a Sequence of Domains in MPLS and GMPLS*, IETF RFC 6805 (2012)

[31] M. Chen, R. Zhang, X. Duan, *OSPF Extensions in Support of Inter-Autonomous System (AS) MPLS and GMPLS Traffic Engineering*, IETF RFC 5392 (2009)

[32] K. Kompella, Y. Rekhter, *Label Switched Paths (LSP) Hierarchy with Generalized Multi-Protocol Label Switching (GMPLS) Traffic Engineering (TE)*, RFC 4206 (2005, October)

[33] A. Ayyangar, K. Kompella, J. P. Vasseur, A. Farrel, *Label Switched Path Stitching with Generalized Multiprotocol Label Switching Traffi c Engineering (GMPLS TE)*, RFC 5150 (2008, February)

[34] O. I. F. Forum, *User Network Interface (UNI) 2.0 Signaling Specification* (2008, February)

[35] A. Farrel, A. Ayyangar, J. P. Vasseur (eds.), *Inter-Domain MPLS and GMPLS Traffic Engineering—Resource Reservation Protocol-Traffic Engineering (RSVP-TE) Extensions*, RFC 5151 (2008, February)

[36] O. Gonzalez de Dios, R. Casellas (eds.), *Framework and Requirements for GMPLS-Based Control of Flexi-Grid Dense Wavelength Division Multiplexing (DWDM) Networks*, RFC 7698, November 2015

第9章 光网络中的软件定义网络

Filippo Cugini, Piero Castoldi, Mayur Channegowda, Ramon Casellas,
Francesco Paolucci, and Alberto Castro

近来,软件定义网络(SDN)作为一种新兴的网络体系架构,可实现转发功能的可编程以及对基础架构的有效抽象。SDN 已经在分组交换背景下(如数据中心)被成功引入,并且近期已经做出了相关努力来扩展 SDN 架构,以促使该架构在光网络上高效地运行。

在本章中,首先介绍 SDN 架构的通用概念。其后提供了 OpenFlow 的主要功能以及可访问网络节点转发平面中最相关的 SDN 通信协议。接着在光网络的具体背景中描述和讨论了 SDN 架构和 OpenFlow 协议。额外的解决方案也被特意强调,如基于 NETCONF 协议。最后,本章介绍并讨论了使用案例以及初步实施方案。

9.1 SDN 架构

9.1.1 通用概念

SDN 的概念源自计算机工程领域基础,其基于抽象的结构简化了软件编写和维护的编程问题。抽象是将数据和程序定义为与其含义相似的表征形式的过程,同时隐藏了实现细节。通过定义不同级别的抽象,可以提供不同数量的细节(高级别和低级别),并且相应地创建不同的接口,即抽象实例。

正如参考文献[1-2]所规定的,SDN 范例的目标是通过重新设计网络结构,使

F. Cugini(✉)
CNIT,意大利比萨
e-mail:filippo.cugini@cnit.it

P. Castoldi · F. Paolucci
Sant' Anna,意大利比萨

M. Channegowda
布里斯托尔大学,英国布里斯托尔

R. Casellas
CTTC 光网络和系统部门,西班牙卡斯特尔德费尔斯

A. Castro
加泰罗尼亚理工大学,西班牙巴塞罗那

它们以与计算机架构相似的方式运行。事实上,如图9.1(左图)所示,计算体系架构拥有足够通用的硬件来承载不同操作系统(Operating System,OS),即硬件与操作系统(如 Windows 或 Linux)是分离的。与硬件类似,操作系统也是通用的,足以支持其顶层的多种应用程序,即操作系统与应用程序是分离的。事实上,归功于很久以前在上述体系架构的抽象层次中引入了最合适的层次,使得程序员能够实现复杂的操作系统,而无须处理涉及个人设备的专属特性或与机器语言的交互。

在网络世界中可以应用相同类型的逻辑分离。如图9.1(右图)所示,当前大多数的网络设备具有与网络硬件高度"集成"的软件,并且硬件的任何修改都可能需要对该设备的相关软件进行修改。图9.1中描述的演进分离了网元的基本元素;在通用的网络操作系统中分区的硬件和软件可以承载不同的高级应用程序。这种方法使得网络元件易于编程,且分区中任意逻辑块易于替代。

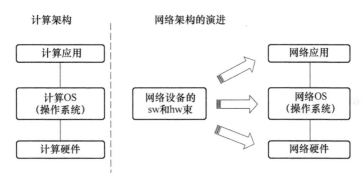

图 9.1　SDN 分区结构(左图),从整体到分段的结构(右图)

9.1.2　SDN 逻辑分区

图9.2所示为 SDN 体系结构[3]的逻辑视图。在该体系结构中定义了应用层、控制层和基础设施层三个层次。因此,SDN 范例设想了一种网络体系架构,其中网络设备(包括路由器、交换机、光节点等)变得可编程。可通过使用控制接口引入适当级别的抽象,特别是应用程序编程接口(Application Programming Interface, API),来实现这一目标。应用层与控制层之间的接口被称为北向接口,由 API 指定,而控制层与数据层之间的接口为南向接口,由各种协议规范进行定义,其中 OpenFlow[4]是最流行的。

网络智能是将逻辑集中于 SDN 控制器,可保持网络的全局视图。因此,网络在应用程序和策略引擎中看起来像是一个逻辑交换机。通过 SDN,企业和运营商从单一逻辑点上获得在整个网络上的与供应商独立的控制,大大简化了网络设计和操作。SDN 同样大大简化了网络设备本身,因为它们不再需要了解和处理数以千计的标准协议,而仅接受来自 SDN 控制器[3]的指令。

集中式的控制层的优点为:网络的单一视图,无须同步。它也存在一些缺点,尤其是关于故障定位和故障恢复方面。已经提出一些采用多个控制器的方法,并且从实现的角度仍然保持逻辑式集中架构。

SDN 方法对于存储和分组转发网络已变得非常自然,尤其是在核心城域网段[5]中,在接入网段[6]中也是如此。光网络的 SDN 架构扩展带来了一些挑战,这些挑战将在下一节中讨论。

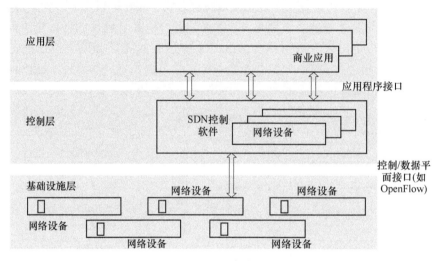

图 9.2 SDN 参考架构

9.2 OpenFlow 协议

SDN 架构涵盖了控制层和数据层之间不同可能的南向技术,包括开放流协议(OpenFlow Protocol,OFP)[4]。设计 OpenFlow 最初是用于分组交换,允许控制器直接配置网元中的转发表。一个 OpenFlow 控制器通常管理多个 OpenFlow 交换机,而一个 OpenFlow 交换机可以被一个或多个控制器管理。通过 OpenFlow,控制器可以主动和被动(响应数据包)地添加、更新和删除流表中的流条目,可以支持每个交换机中的多个流表。每个流表包含一组流条目,每个流条目由匹配域、计数器和指令三部分组成,如图 9.3 所示。

当一个分组到达,查找表开始工作。如果查找到匹配字段,则执行相应的指令(如通过确定的输出端口进行转发),并且更新相关联的计数器。否则,根据表丢失流条目的配置,通过 OpenFlow 协议将数据包转发到控制器。

此外,OpenFlow 的一个技术特性已经引起了人们对该技术的关注。OpenFlow 可以根据任何可能的分组字段,以标准的唯一方式定义流匹配和相关指令。这可能使得单个 OpenFlow 网络元素可以执行任何网络操作,而不需要像今天网络中所

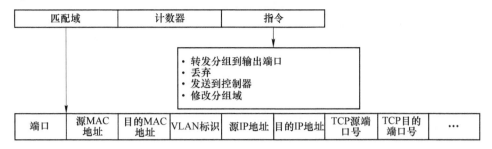

图 9.3 流表中每个流条目的主要组成

用的 2 层交换机、路由器、7 层交换机、防火墙等专用设备一样。

例如,2 层交换机的行为可以通过配置,依据 MAC 地址的流匹配、IP 地址的路由器以及其他分组数据包头的 7 层交换机来实现。此外,防火墙的行为可以通过在匹配动作内包含分组丢弃而不是转发来实现,并且通过指定多个输出端口号来支持本地多播和广播。此外,指令还可以更新某些分组字段的内容,从而轻松实现诸如地址设置或生存时间递减的操作。

为了有效地支持上述行为,OpenFlow 协议依赖于以下解决方案和功能:

(1) 控制器与网络元素之间的安全通道。控制器通过该加密通道对交换机及其流条目进行配置和管理,并从交换机接收事件和统计信息,将数据包发送到交换机(如用于拓扑发现)。

(2) 引入了多流表、组、行为桶和流水线处理,以支持指令集合并提高可扩展性。

(3) 定义物理和逻辑端口。

(4) 流删除:流过期机制使得交换机能够在流超时到期后删除未使用的条目。

(5) 支持流表机制,以使 OpenFlow 能够实现诸如速率限制等多种简单的 QoS 操作。它可以与每个端口队列相结合,以实现如区分服务等更复杂的 QoS 框架。

9.2.1 主要的 OpenFlow 消息

最相关的 OpenFlow 消息定义如下:

(1) 问候:当连接启动时,在交换机和控制器之间进行交换。

(2) 响应请求/回复:主要用于验证控制器-交换机连接的活跃度,也可用于测量通信延迟或带宽。

(3) 特征:控制器请求交换机的身份和基本功能,并期望得到回复。

(4) 配置:控制器设置和查询交换机中的配置参数。

(5) 修订状态:控制器添加、删除或修改 OpenFlow 表中的流/组条目。

(6) 阅读状态:控制器从交换机(当前配置、统计信息和功能)中收集信息。

(7) 分组输出:通过控制器从交换机的特定端口发送数据包。

(8) 分组输入:交换机将数据包的控制信息传输到控制器。
(9) 端口状态:通知控制器端口变化(上/下的变化)。
(10) 错误:通过交换机或控制器通知连接的另一方的问题。

9.3　用于光网络的 SDN:参考架构

由于控制层与数据层的分离,随着主要的供应商和服务提供商正在向前推进基于 SDN 技术的产品和服务[7],SDN 的潜力在分组领域中已经显而易见。相对于已经存在的控制平面解决方案——GMPLS,用于光传输的 SDN 在几个具体方面[8-10]已经显示出实质性的优势。基于 SDN 架构可以简化在多个网络技术之间处理流量的复杂性。它允许对底层基础设备进行抽象,并将其作为一种虚拟实体,用于应用程序和网络服务。这允许网络运营商定义和操纵网络的逻辑映射,创建独立于底层传输技术和网络协议[11]的多个共存的网络切片,即虚拟网络。

此外,控制平面与数据平面的分离使得 SDN 成为支持多个网络域和多种传输技术的一体化控制平面的合适候选者。该架构不仅非常适合解决和支持当前不同管理及技术部分、弥合分组层与光层之间差距有关的光网络问题,并且还支持新的操作,如虚拟化、跨层编排、带宽按需分配、负载均衡等。图 9.4 扩展了这一概念,

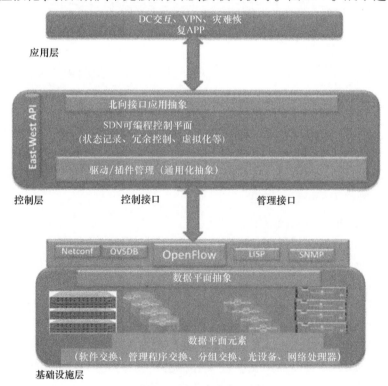

图 9.4　SDN 参考架构

并提供了光 SDN 参考架构概述,该架构基于网络抽象原理、架构关联驱动程序、网络虚拟化以及用于动态指示和灵活网络使用的应用程序接口。

9.3.1 传输网络抽象挑战

由于光层特有的模拟特性,在光资源抽象的过程中,需考虑各种静态和动态的属性及特性(如调制方式、容量、功率及损伤)。因此,抽象层同样应该是自适应和认知的,具有实时和预知特点,以映射物理层的动态变化,并持续地监控物理层信息用于学习、分析和表征物理层参数。依据所涉及的光传输和网络元素的类型以及上层操作的要求,需要定义不同抽象级别(如向上层显现的信息量),且需要设计和评估相应的抽象算法。

优化使用光学基础设施的关键挑战之一是创建一个抽象的光学资源模型,并以一种足够简单的方式描述这种模型,以便更高的控制层利用它,同时捕捉分布式非线性的、含噪声的以及色散模拟光通道的真实特性。现有的模型往往是保守的或者过度简化,并且以直接检测系统为目标,现在已被数字相干传输系统取代。这里的一个关键挑战是从理解光通道的基础物理学和光层模拟特性开始,为光物理层开发简化的模型。

9.3.2 流抽象

SDN 控制平面抽象主要依赖于可重用性、模块化和可扩展性的关键概念。光控制平面支持通用流抽象,非常适合不同的网络类型(分组、光纤),并提供了通用的控制范例。其基于由通用交换 API(如 OpenFlow[12],NETCONF[13]等)所控制的交换流表或交叉连接表的数据抽象。

它支持通用流抽象,非常适合不同的网络类型(数据包、光纤),并提供了通用的控制范式。

这种机制(OpenFlow,NETCONF-YANG 等)实现了流交换概念的泛化,该概念用于底层异构光传输技术及其与分组交换域的集成。使用控制器的控制平面能够以通用流的形式提取每个技术域的交换实体和传输格式,并使用特定技术的流表配置网络元素。例如,在分组域中,流可以是 L2-L4 报头的任何组合,在光网络(固定或灵活栅格)中,可以通过端口、频隙、调制格式、信号类型字段[14-15]等来识别流。

9.3.3 驱动程序

可编程控制平面需要知道如何使用所提及的网络/节点抽象来配置和操作各种硬件设备和网络元素。光网络供应商只给自己的供应商提供配置 API 和网元(Element Management System,EMS)/网络管理系统(NMS),这种做法会阻止创新。诸如本体定义、不同供应商的网络元素之间的本体映射机制、语言建模以及语义适应和处理之类的通用技术,只是研究界为克服供应商不可知障碍而进行的许多尝试中的一些。IETF 提出了更为实用的方法,并推出 NETCONF[13]。NETCONF 是一种允许对网络元素进行配置的协议,YANG 被定位为一种良好的候选数据模型,但是未来还需要进一步观察,NETCONF 和 YANG 是否可以不仅以配置和管理为目的,并且还可以用于动态网络。最流行的 SDN 协议驱动程序是 OpenFlow(当前版本为 OpenFlow1.4),其中包括对光学设备的支持,详见下一节内容。还有许多其他值得注意的驱动程序,如 PCEP[16],OVSDB[17]等,但是它们的采用速度缓慢或仅限于特定的应用。

9.3.4 虚拟化

SDN 的主要驱动力之一是虚拟化,它为光传输网络带来了最大的收益。虚拟化允许在抽象的物理网络上创建逻辑隔离的网络分区,并以灵活和动态的方式分享它们。但传统的光网络与底层的物理基础(如波长)紧密集成,使得难以在与传统 TDM 或分组网络[18]相同的级别上享受虚拟化概念的好处。随着弹性光网络的出现,用于新兴灵活光技术的虚拟化将在定义未来服务中发挥重要作用。在参考文献[18-19]中,介绍了光网络虚拟化的作用及其对面向数据中心的未来光学技术的意义。Google SDN 广域网(Wide Area Network,WAN)[20]和 NTT SDN 内部数据中心[21]已经展示了虚拟化 WAN 资源的潜力,从而证明了光网络虚拟化的必要性。

9.3.5 北向应用层抽象

北向抽象不仅对于定义基于应用的服务和策略至关重要,而且对于整合基于光的核心网络中典型的不同技术和管理域也是至关重要的。北向接口考虑的两个主要方面是暴露于外部应用的功能集,以及确定用于与它们交互的不同机制的不同接口。

应用程序抽象是基于由网络 API 操纵的整个网络通用映射的数据抽象的通用映射抽象。通用映射具有分组和电路交换网络的全视角,允许创建跨越多层和多种光技术的网络应用。全面的可视性使得应用程序能够联合并且全面地优化跨越多层和多种技术的网络功能及服务。采用集中式应用程序实现网络功能既简单又可扩展,由于通用映射抽象隐藏了状态分布的详细信息(包括应用程序[9]中的用于多个控制器的东西方 API),从而允许在多层上进行统一操作。

用于向应用程序描述信息的一种方式是采用图表。诸如开源网络操作系统(Open Source Network Operating System,ONOS)[22]和 PAC[9]之类的传输网络控制器的实现很少使用网络图作为定义北向抽象的方法。这些图的抽象帮助光网络控制和管理功能利用在光领域中广泛使用的大量图表计算算法。另一个额外的好处是使用现有的和新兴的 PCE 编排体系结构(ABNO[23]等),允许应用程序在多个管理和技术领域上无缝地定义网络要求。

9.3.6 性能

除了网络资源虚拟化和流量抽象之外,由于 SDN 具备网络资源的集中视角,因此具有保证有效的流量工程解决方案的能力。此外,能够直接配置每个特定网络元素(如通过 OpenFlow 或 NETCONF)的能力可以提高对光连接的控制,避免了 GMPLS 信令协议的一些复杂性和局限性,该类特性必须沿着前端光路在一条消息中包含所有网络属性。

另外,对于任何集中式架构,SDN 可能会遇到可扩展性和可靠性问题。可扩展性问题可以通过在有限可视性的几个域中组织整个网络,并使用 PCE 架构采用的分层架构来解决。控制器的可靠性也可以通过提供热备份机制来解决。但是,网络故障的快速恢复似乎是最关键的挑战。实际上,与允许每个节点在故障检测时自主地做出反应的分布式 GMPLS 架构不同,SDN 技术必须依赖于预先/计划的修复策略以及集中式控制器的参与,伴随着可伸缩性问题以及长恢复时间的相关风险。

9.4 用于光网络的 OpenFlow:协议扩展

如前几节所述,尽管 OpenFlow 的起源是作为一种协议用于配置分组交换网络范围之内的(OpenFlow Protocol,OFP)转发行为,不过将 OpenFlow 协议和过程应用于传输网络,尤其是光网络,是其一直不变的目标。

值得注意的是,本节设定选择 OFP 作为 SDN 控制器南向接口与光设备交互所使用的协议。鉴于其可用性、行业支持以及开源实现的存在,这样的选择看起来简单明了且很合理。但是,正如下节所报告的那样,随着基于诸如 NETCONF(或 RESTCONF)不同方法的出现,这种选择在未来可能会发生变化。

在该技术背景下,统一性和集中式控制平面的目标:一方面是扩展 OpenFlow 协议,以支持电路交换(也就是说,在端到端之间建立一个专用通信信道或电路),另一方面要确保运营商使用案例和工作流程得到全面覆盖。这一点很重要,因为光传输网络的操作与分组交换网络的操作有很大不同。例如,前者通常在新的光连接之前需要操作人员干预,并且两者中服务的生命周期在不同时间尺度上。

从标准化的角度来看,考虑到光技术固有的复杂性,扩展用于光网络的 OpenFlow 在某种程度上被认为是一项困难的任务。其中一个原因是,目前还没有通用的、综合的光学设备抽象模型,如可重构的光分/插复用器(ROADM),以及相关的信息和数据模型。也就是说,开放网络基会(Open Networking Foundation,ONF)光学传输工作组和其他标准开发组织以及相关研究计划正在做出初步努力。

9.4.1 基本 OpenFlow 协议要求

用于光网络的 OpenFlow 扩展至少需要覆盖一组基本的功能需求。这些需求涵盖了主要的控制平面功能,如资源和拓扑发现;编程交叉连接;执行所需信号映射和适配;以及报告错误、故障和动态状态。换句话说,逻辑的OpenFlow交换机需要能够向控制器报告其端口的特征、能力和动态状态;根据控制器的需求,配置光交叉连接和光参数。假定主要的操作模式是主动的。在这种模式下,服务作为运营商控制过程的一部分,与运营商的业务和运营支持策略相一致,与之相对的是响应模型,在该模型中,新的数据流可以是在接收到触发输入分组事件的分组时,检测到新的数据流时触发的数据。协议扩展的附加要求与启用路径的后处理、功率调整、均衡等相关,并考虑诸如可调性限制、非对称交换能力、信号兼容性或物理损伤等的硬件约束。

尽管如此复杂,从研究和原型设计的角度来看,下面会给出不同的建议。由于缺少正式的完整标准规范,很难评估所提议的扩展在多大程度上满足要求,不过值得注意的是,最近发布的OpenFlow v1.4规范可以提供基本的支持①。

9.4.2 用于光电路交换的OpenFlow

用于光电路交换的OpenFlow规范的部分扩展已得到解决,该团队正是构思初始OpenFlow规范的团队。目前存档的具有历史意义的文件涵盖了支持电路交换的OpenFlow协议扩展[24],也称为PAC.C,该文档描述了OpenFlow电路交换机的要求以及扩展的OpenFlow v1.0消息和数据结构,可以支持基本电路交换操作和信号适配。该规范介绍了电路流和电路交换流表(或交叉连接表)的概念,并包含其若干扩展。这些扩展是描述逻辑交换机功能的新信息对象、新型物理端口的电路交换端口概念、配置交叉连接的方式、使数据包流适应电路流的新操作类型、新状态和错误报告。

然而,这种电路交换附录并不支持光控制平面中被认为是关键功能的一些特性,如对交换约束和光学损伤的考虑,也不支持诸如灵活DWDM栅格等先进和新兴的光传输技术。某些编码并没有考虑所有的技术选项,并且这些编码是固定的,如假设信道间隔为100GHz,每个端口带宽编码仅支持有限数量的波长,并且不支持50GHz的信道间隔。

尽管存在缺点和实际部署受限,但主要在研究活动中,已使用电路交换附录作为基础,将OpenFlow扩展到涵盖基于ITU-T DWDM灵活栅格的光网络[10,14,15,25]。下面的列表试图从高层次的角度来获得建议的扩展类型,以及它们是如何实现以及编码。大多数实现可以共享主要的基础方法,不仅扩展上述电路交换附录并且通过使用"实验"标记的保留字段和信息范围进行操作。

(1)调整代理及其控制器之间的初始握手,以便在OFP_FEATURES_REPLY

---

① ONF的成员Vello提供了涵盖光网络的OpenFlow扩展。此类扩展包含在1.4版中,这是截止原文撰写时最新发布的版本。

消息(ofp_switch_features 架构)有效载荷中传达包括电路端口数量、支持能力以及每个电路端口的端口描述符可变列表,该列表主要包括端口名称、标识符和基本交换类型。

(2) 初始握手以及由 OpenFlow 代理发送给控制器的后续状态消息(稍后描述),通常用作自动拓扑发现和动态更新的机制。该机制允许控制器构建可用于路径计算、路由和波长/频谱分配(RWA/RSA)的网络连接有向图。当然,这并不妨碍控制器可信地管理网络拓扑和链路/节点的状态情况。

(3) 基本电路流表已被扩展以支持多种技术和相关参数。例如,在灵活栅格网络中,条目包含标准中心频率和频率间隙宽度(分别被称为 n 和 m 参数)以及可选的信号类型开关频率间隙的特征、调制格式等。

(4) 如果既不能假设管理信道又不能假设邻居之间的发现协议(因此排除了为端口标识符相关性注入测试消息的能力),则通常在节点或控制器上预先配置本地和远程端口标识符。

(5) 保留一定数量的端口号标识符,以指定映射器端口,这些映射器端口将以太网数据包映射到 TDM 时隙,主要用于信号适配。

(6) 通过几个例子来说明常见过程:为了保证网元和控制器之间连接的活跃性,使用了回显请求和回显应答消息。下面介绍的交叉连接请求操作的结果被明确确认,而不是被假定,等等。

(7) 定义一条新的信息用于配置交叉连接,即可添加和删除电路流。该消息(OFPT_CFLOW_MOD,尽管有时将新消息,如 SLICE_MOD 用于此目的[15])包含传递类型之间关联的 ofp_connect 结构,这些类型包括:传入端口,传出波长信道,传出端口和传出 λ 信道。该消息还包含一组动作,这些动作在电路交换范围内用途有限,除非在特殊情况下向电路流中插入/删除分组流。对于光网络,最新的扩展编码改善了表征服务的参数,如固定 DWDM 栅格的中心波长或灵活栅格的频率槽。最后,特定的扩展解决了其他功能,如中心频率、频谱范围、交换机的端口数量和波长信道数量,多个域内部及跨域的对等连接、信号类型、光学约束等。

(8) 使用新的异步消息(OFP_CPORT_STATUS)报告光端口的动态状态,从而增加了报告带宽(波长)的新原因。

9.4.3 用于光收发器配置和监控的 OpenFlow

光网络的一个固有的方面是传输技术使用光转发器,该光转发器直接集成到 IP 路由器卡或光传输节点本身中,并与客户端信号连接。这些设备可以通过软件动态配置部分参数,如可用调制格式或 FEC。此外,在特定情况下使用新的调制格式。例如,光学正交频分复用(O-OFDM)使用多个频谱重叠的较低速度副载波,作为相干光 OFDM(CO-OFDM)或使用直接检测(DDO-OFDM)传输高速光信号,可能为 EON 提供低成本解决方案,特别是在城域网和短距离或中距离核心网络中。最后,不同的传输技术(如调制格式和比特率)可能共存于相同的网络基础设施上,增加了对有效性和自动控制及监视的需求。

因此,OpenFlow 协议也适用于在 OPFT_CFLOW_MOD 消息中传达这样的参数,尽管编码和参数是(供应商)指定的,但它们仍被发送到控制此类收发器的专用代理[26]。同样,监控功能也经过重新设计以实现有效的光网络。在 OpenFlow 中,控制器向交换机发送请求消息(OFPT_STATS_REQUEST),交换机使用 OFPT_STATS_REPLY 进行响应。

在参考文献[27]中,通过新的 OpenFlow 结构中的特定字段(OFPST_STATS_PORT _LP)对光路进行监视,该结构由控制器通过在可配置的时间间隔激活周期性的统计请求来检索。这种统计数据可以有效地用于管理和关联目的,如成功定位 QoT 降级的可能来源。

9.4.4 用于光突发和光分组交换的 OpenFlow

最后,主要是在研究项目的背景下,OpenFlow 还被扩展用以支持光突发交换(Optical Burst Switching,OBS)和光分组交换(OPS),既可以作为独立技术,也可以与光电路交换(Optical Circuit Switching,OCS)集成在一起[4,28-31]。这样的扩展具有几个共同点,如当边缘节点检测到新流时,使用和扩展 OFPT_PACKET_IN 消息作为触发来建立光资源,以及对现有 OFPT_FLOW_MOD 消息的适配。OFPT_FLOW_MOD 消息用于传达,例如传入的光学标签信息,并允许控制器在光分组交换机中安装流。特别是,在此类已报告的实验测试平台中,位于 OPS 网络边缘的 OF 使能 OPS 节点同时具有电接口和光接口,并且在接收到不匹配的电数据包后,将向控制器发送 OFPT_PACKET_IN,该控制器将在 OPS 域内修改流表并相应地配置收发器。这些协议扩展的细节大部分仍然是未公开的,只在描述层面报告,或者为特定的使用情况而设想并提供更改。

从标准化的角度来看,OpenFlow 规范版本 1.4[4] 正式考虑了光网络,其中一组新的端口属性增加了对光端口的支持,包括配置和监视激光器的发射和接收频率的领域,以及其用于描述光端口功能的功率和光端口描述。这些扩展使用的编码在旧版(v1.0)协议定义中不可用,如属性类型,可以概括为:

(1) 控制器使用 OFPT_PORT_MOD 消息,通过可变的属性列表来修改端口的行为。这允许控制器配置中心频率、偏移、栅格跨度和传输功率。栅格跨度是指该端口消耗的带宽量,对于灵活栅格以及其他调谐信息非常有用。

(2) 新属性用于报告光端口统计信息,如当前的频率、功率或激光器的温度。

最后,让我们注意到,ONF 光传输工作组正在内部进行初步的 OpenFlow 扩展,以扩展具有 GMPLS 标签编码,来补充[24]并适用于 OpenFlow 1.1 的多技术交换机。也就是说,尚不确定是否会发布此类扩展,并且在撰写本书时,唯一发布的版本仍然是 1.4 版。可以预期,较新的版本将改善光网络的支持,以便以更全面的方式解决对固定网和灵活网的识别要求,特别是滤波器配置和媒体矩阵中交叉连接的媒体信道配置。

9.5 NETCONF 协议

9.5.1 分组交换机的配置

在为数据包流设计的传统 OpenFlow 体系结构中,假定在网络交换机上对最少的一组参数进行预配置。这些参数的典型示例包括:将一个或多个 OpenFlow 控制器分配给交换机,启用/禁用端口,配置交换机与控制器之间的安全通信证书。

在当前部署的 OpenFlow 交换机中,这些参数通常通过手动干预进行配置。为了通过网络协议启用远程配置,并避免由于手动操作导致的低效,开放网络基金会(ONF)正在对自动机制进行标准化以提供远程设置。但是,ONF 并不认为 OpenFlow 协议特别适合于配置和管理目的。实际上,预期配置参数的改变不会在分组流的快速时间尺度上频繁执行或处理。此外,最重要的是,与基于位级协议规范的数据包流编码不同,配置参数通常依赖于更复杂的数据模型,通常通过可扩展标记语言(XML)规范进行描述。

为了定义网络交换机和管理平台之间的配置参数交换,ONF 最近引入了 OF-CONFIG 规范[32]。在 OF-CONFIG 中,不是扩展 OpenFlow 协议,而是建议使用 NETCONF 协议[13]作为配置传输机制,允许远程配置实体对 OpenFlow 交换机进行配置,在 OF-CONFIG 环境中被称为配置点。图 9.5 所示为 OF-CONFIG 的参考体系结构,包括用于数据包流处理的 OpenFlow 协议和用于管理和配置目的的 NETCONF 协议。

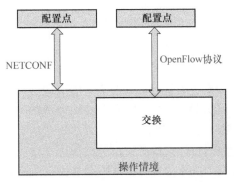

图 9.5　传统 OpenFlow 交换机示例[32]

注:除 OpenFlow 协议外,还支持 OpenFlow 配置和管理协议(OF-CONFIG)。

NETCONF 由 RFC 4741 于 2006 年首次提出[13],它使用基于 XML 的数据编码来通过协议消息提供配置信息。NETCONF 使功能可以安装、操作和删除配置。此外,它支持同步和异步事件通知以及操作参数的交换。它通过使用 SSH 传输协议保证消息交换的安全性和可靠性。NETCONF 依赖 YANG 作为人性化的数据建模语言[33]。

NETCONF 已被广泛部署在大多数网络设备中,主要是路由器和光节点。然而,迄今为止,许多实践项目都采用了专有的数据建模解决方案,使得多供应商互操作网络解决方案和控制器的实现变得困难。

为了解决这个问题,标准化组织目前就通用 YANG 模型的定义做出相关的努力。就此而言,OF-CONFIG 还定义了基于 XML 的数据模型,在 OpenFlow 体系结构环境中指定类、属性和单个元素的描述。例如,交换机通过几种类型的数据资源来定义,包括端口、队列、证书和流表,如图 9.6 所示。然后数据模型基于 XML 字符串,采用命名空间可以唯一标识各个元素。

```
<!-- Example for a physical port -->
<port>
        <resource-id>Port214748364</resource-id>
        <number>214748364</number>
        <name>name0</name>
        <current-rate>10000</current-rate>
        <max-rate>10000</max-rate>
        <configuration>
                <admin-state>up</admin-state>
                <no-receive>false</no-receive>
                <no-forward>false</no-forward>
                <no-packet-in>false</no-packet-in>
        </configuration>
        <state>
                <oper-state>up</oper-state>
                <blocked>false</blocked>
                <live>false</live>
        </state>
        ...
```

图 9.6 数据包交换机物理端口的 XML 描述示例[32]

9.5.2 光节点的配置

在光网络中,管理和配置方面比在分组流网络中更为相关和复杂。实际上,光节点架构和技术的模块化和复杂性以及高级功能和传输技术的存在,通常使光节点的启动和维护阶段变得极为关键。

大多数光节点已经支持基于 XML 的配置,如图 9.7 所示。此外,通常已经从集中式网络管理系统启用了通过 NETCONF 协议进行的远程配置。但是,在这种情况下,不同实现方式采用完全不同的专有解决方案用于数据建模,影响多供应商可互操作的网络控制器的实现。

我们已经做出了特定的努力来定义通用的 YANG 模型,该模型没有针对主要光节点组件和功能的类别及属性。相关的命名空间和 XML 字符串将启用最相关和通用参数的标准配置。考虑到上述光节点和设备固有的复杂性,支持某些特定于供应商的解决方案的可能性也将得到保证。

预计 YANG 模型还将包含用于建立光连接的标准属性和参数,例如频隙、信号类型、调制格式等。然而,这些参数也可以通过 OpenFlow 协议的扩展版本进行控制。

```xml
<!-- Example for a physical port of an optical node-->
<port>
        <resource-id>Port003018323</resource-id>
        <number>003018323</number>
        <name>name0</name>
        <fabricId>1</fabricId>
        <OCHCtp_cdb_array>
                <OCHCtp_cdb_entry>
                        <class>OCHCtp</class>
                        <lineId>1</lineId>
                        <ochId>1</ochId>
                        <data>
                                <mappingMode>2</mappingMode>
                                <nIndex>-272</nIndex>
                        </data>
                </OCHCtp_cdb_entry>
                ...
```

图 9.7 关于光节点物理端口的 XML 描述的部分示例

在撰写本书时,一些供应商正在针对支持光网络的 Openflow 扩展版本的实际需求进行争论,而不仅仅是通过采用 NETCONF 限制远程配置。支持此方法的主要动机如下:

(1) NETCONF 的实施已经基本可以达到,同时需要在光学节点上引入对 Openflow 的支持。

(2) NETCONF 将始终用于配置目的。

(3) NETCONF 将发展为采用标准的 YANG 模型,该模型还包含用于建立光连接的属性。

(4) NETCONF 的实施有望变得更加高效、反应更加灵敏。例如,在路由系统(I2RS)接口的环境中,NETCONF 也是一种候选技术,有望提供对节点参数地快速访问。

(5) 预计不会在数据包流量的时间尺度上对光路进行动态操作。

(6) 如前几节所述,对于为数据包交换设计的原始 SDN 架构,Openflow 不仅在协议对象方面,并且在流量、表、节点功能(如状态控制器)和约束、错误报告和监视等的完整概念方面需要进行相关的更改和增强。

(7) NETCONF 和 Openflow 协议的存在会增加额外的复杂性,并且需要实现中间抽象层来解决这两个协议可能处理的属性。

9.6 实例和用例

在本节中,将介绍一些初步使用案例和实现实验,以显示 SDN 提供高效集中配置的能力,同时简化网络节点执行的控制操作。实际上,与基于 GMPLS 的控制平面相比,SDN 不仅避免了网络节点之间的流量工程信息的泛滥,也避免执行节点配置的分布式信令。在这些使用示例中,SDN 集中式控制器通过通信协议直接提供流量切换信息来触发节点配置。特别地,这里考虑用于光网络的 OpenFlow 的扩展版本①。

9.6.1 用例 Ⅰ:恢复

支持恢复的 SDN 的主要特点是其能够并行配置多个元素(如 ROADM 和转发器),从而缩短总配置时间。请注意,减少配置时间对于缩短总恢复时间至关重要。

在该示例中,介绍了在动态 SDN 控制[34]的 EON 环境中使用比特率压缩和多路径恢复(Bitrate squeezing and multipath restoration,BATIDO)。在这方面,先正式提出 BATIDO 问题;该问题旨在通过利用沿着多条路径的可用频谱资源来最大化恢复比特率。然后,引入了 SDN 架构来支持 EON 中可分片带宽可变转发器的配置。提出了 OpenFlow 扩展,用于控制特定的 EON 传输参数。

1. 比特率压缩和多路径恢复

为了说明可应用于受 EON 环境故障影响的连接集的恢复方案,图 9.8 所示为一个简单的网络拓扑,其中在节点 s 和节点 t 之间建立光路。在正常情况下,如图 9.8(a)所示,我们假设光路使用由 16 个频率切片组成的时隙来传输所需的比特率,在该示例中比特率为 400Gb/s。

假设,当链路发生故障时光路受到的影响。在故障检测和定位后将执行恢复,如利用分布式监视系统和链路管理协议(LMP)。针对所需的 16 个切片,如果在网络中可以找到包括路由和频率时隙的恢复光路,则使用恢复路径可以明显地恢复被中断的光路。这是传统用于光网络的正常恢复方案,我们称这种方案为单路恢复,如图 9.8(b)所示。

但是,与保护方案相反,恢复方案通常不能保证在故障时间内 16 个连续频率切片的可用性。在这种情况下,中断的光路可以部分恢复。这种情况在本书中被称为比特率压缩的单路径恢复,如图 9.8(c)所示。请注意,恢复光路仅使用 10 个频率切片,因此传输的比特率已被压缩至 200Gb/s。

另一种可能性是使用多个平行的光路,每条路径传输总比特率的一部分,因此可恢复中断光路的原始比特率,如图 9.8(d)所示。请注意,在这种情况下,尽管恢复光路使用 16 个频率切片,但总比特率无法恢复,因为可以在 10 个切片内传输

---

① 本节中报告的引入的协议信息、字段和对象,最为高级实验实现的一部分,必须被视为开放的变更和互操作性协定。

200Gb/s,而在 6 个切片内只能传输 100Gb/s。这说明了当使用多个光路时光谱效率降低的事实。尽管因网络运营商不愿意使用多路径进行配置,但只要保持并行光路的数量有限,可以利用它来提高可恢复性。

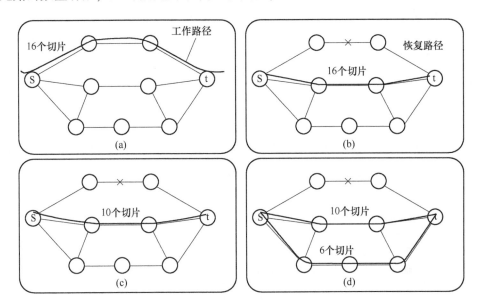

图 9.8 比特率压缩和多路径恢复

(a)正常情况;(b)单路径恢复;(c)基于比特率压缩的单路径恢复;(d)基于比特率压缩的多路径恢复。

2. 比特率压缩和多路径恢复问题陈述

这个问题可以正式说明如下:

(1)假定:

① 由图 $G(N,E)$ 表示网络拓扑,其中 N 代表光节点集合,E 代表连接两个光节点的光纤链路集合。

② E 中每个光纤链路中给定频谱带宽的可用频率切片的集合为 S。

③ 需要恢复的失败请求集合为 D,每个请求固定比特率 b^d。

(2)输出:每个恢复的需求 $d \in D$ 的路由和频谱分配。

(3)目标:最大化总的恢复比特率。

如前所述,可以使用三种不同的方法来面对 BATIDO 问题:

(1)单路径恢复,其中总请求的比特率不是使用单个光路进行恢复就是被阻止。

(2)比特率压缩恢复,其中原始请求比特率的一部分被恢复,而其余部分被阻塞。

(3)通过比特率压缩实现多路径恢复,其中建立多条恢复光路可以部分或完全恢复单一需求。

3. 支持 BATIDO 的 SDN 实施示例

这里通过增强的 SDN 架构提供了对多路径恢复和比特率压缩的支持,从而可以在 EON 上运行。在此实践中,OpenFlow 协议已经被扩展为通过配置灵活的发射器、接收器和中间节点来启用灵活栅格光路的配置。以下考虑三种新的消息:LIGHTPATH_IN 消息(从标准 PACKET_IN 消息扩展),LIGHTPATH_OUT 消息和 FLOW_ACK 消息。此外,扩展现有的 FLOW_MOD 消息以支持频谱流入口的配置。

频谱流条目存储着交换机输入端口和输出端口当前活动的交叉连接以及相关的保留频谱,表示为元组{中心频率,根据数量频率切片的信道宽度},即 ITU-T 灵活栅格标签的 n 和 m 值。扩展的 OpenFlow 消息结构如图 9.9 所示。

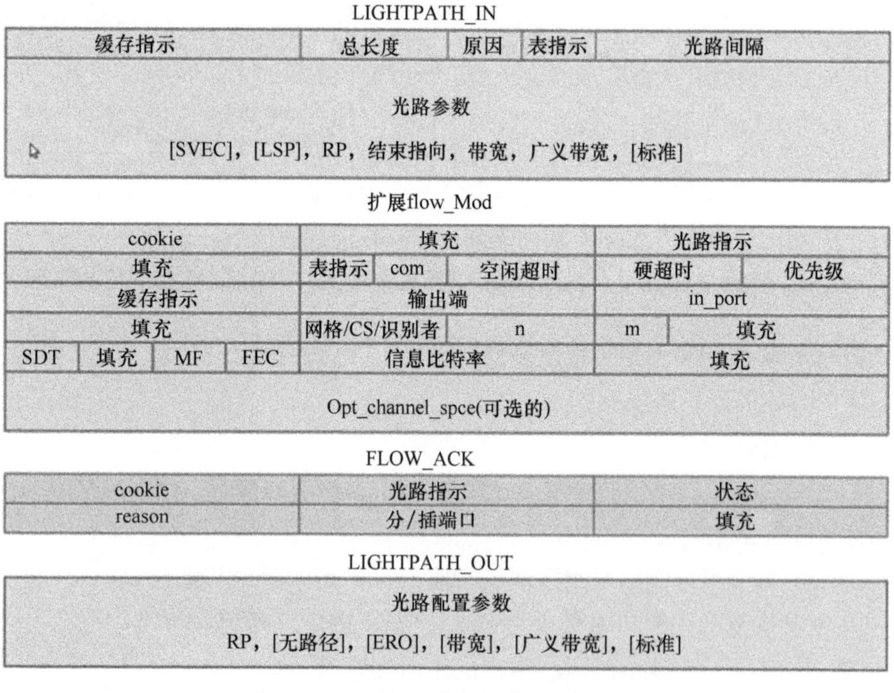

LIGHTPATH_IN

缓存指示	总长度	原因	表指示	光路间隔
光路参数				
[SVEC], [LSP], RP, 结束指向, 带宽, 广义带宽, [标准]				

扩展 flow_Mod

cookie		填充			光路指示	
填充		表指示	com	空闲超时	硬超时	优先级
缓存指示		输出端			in_port	
填充		网格/CS/识别者	n		m	填充
SDT	填充	MF	FEC	信息比特率	填充	
Opt_channel_spce(可选的)						

FLOW_ACK

cookie	光路指示	状态
reason	分/插端口	填充

LIGHTPATH_OUT

光路配置参数
RP, [无路径], [ERO], 带宽, [广义带宽], [标准]

图 9.9 OpenFlow 消息扩展(试验性的)

源节点将 LIGHTPATH_IN 消息发送到控制器,请求提供或恢复光路。该消息由 PACKET_IN 消息继承,并且包括灵活光路径最常用参数,如端点和请求比特率。可选的持续时间包含在这个消息中。扩展的 FLOW_MOD 消息由控制器发送到交换机以设置新的流条目。新产品域指定了操作的类型(新流程、对现有流程的修改、删除),并包括交叉连接指示(输出端口,输入端口),灵活的栅格频率时隙(栅格/CS/身份,n 和 m),调制格式(MF)和前向纠错(FEC)指示。在源节点或目的节点的情况下使用后一个参数,由源/目的地/传输(SDT)标志指示。此外,执行信息比特率和可选的光信道规范[35](如在多个子载波的情况下,子载波的数量及其在中心频率和宽度方面的位移)。

当执行数据平面交叉连接配置时,交换机在接收到相关 FLOW_MOD 消息后发送专门引入的 FLOW_ACK 消息。在该消息中报告这种配置的结果,指定相关流条目的状态(启用/禁用)以及配置失败的可能原因(如软件错误或硬件错误)。LIGHTPATH_OUT 消息将光路建立的结果和实际配置参数报告给源节点。在成功设置的情况下,该消息的接收可触发数据平面开始向活跃光路传输数据传输到活动光路上。

4. 评估恢复时间

图 9.10 所示为恢复时间与节点配置时间的关系(考虑泛欧网络)。图 9.10 中显示,对于 GMPLS&PCE 以及 SDN,平均恢复时间随着节点配置时间线性增加。但是,获得的斜率是不同的。特别地,当考虑 EON 的典型节点配置时间(高于100ms)时,GMPLS/PCE 情况的可缩放性较小。相反,由于采用了用于执行节点配置的并行信令过程,SDN 控制平面显著缩短了恢复时间。

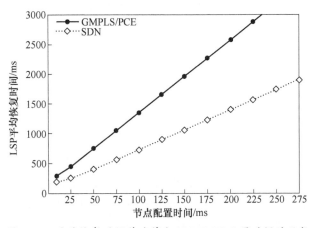

图 9.10 平均恢复时间作为节点(ROADM)配置时间的函数

9.6.2 使用案例 Ⅱ:滤波器优化配置

在该示例中,介绍了一种最新提出的技术,称为超级滤波器[36]。该技术旨在减少有害的滤波效应并提高整体网络频谱效率。超级滤波器由多个独立滤波器聚合而成,该独立滤波器的配置与流经公共滤波器(输出端口)的不同光路连接相关。

超级滤波器具有直接执行独立节点配置的能力,因此适用于 SDN 架构。另一方面,在根据前端光路参数配置节点资源(包括遍历过滤器)的 PCE 和 GMPLS 架构的情况下,可能很难实现超级滤波器。

1. 提出的超级滤波器技术

图 9.11 所示为通过传输节点 G-L 的两条光路 A-B 和 E-F。这里考虑广播和选择节点架构,其中每个节点的一个滤波器被任意输入的光信号遍历。在该示例中,每条光路占用 37.5GHz 的频谱资源。沿着传输节点 G-L 的两条光路之间有 25GHz 的频谱量。

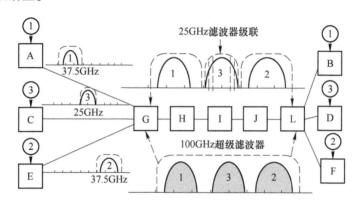

图 9.11 超级滤波器应用实例

新的光路请求从 C 到达 D。对于传统策略,路径计算仅考虑沿 G-L 的可用 25GHz。因此,考虑每个遍历节点 25GHz 的窄滤波进行损伤评估。鉴于滤波器级联引入的过度降级,沿着所考虑资源的 C-D 路径计算失败,并且请求被拒绝。

所提出的超滤技术包括一种路径计算策略,该策略专门考虑其他现有的光路,尤其是考虑了网络节点中滤波器的实际配置。也就是说,对滤波器配置进行了计算,使得具有不同源-目的地配对的不同光路可以在单个滤波器配置的同一平面内同时存在。参考上面的示例,当新的光路径请求从 C 到达 D 时,该技术使得路径计算也能够考虑所有候选节点中的整体滤波器配置。尤其是,路径计算还可以考虑所有三条光路径中的节点 G-L 中唯一的滤波器配置。也就是说,仅使用 25GHz 的可用频谱资源就可以成功地实现路径计算。实际上,已经计算出 100GHz 的滤波器,并将其应用于传输节点 D-G 中的所有三条光路,如图 9.11 所示。然后,光路 C-D 在其平坦区域中遍历级联滤波器,而沿着 G-L 路径不会出现显著的传输衰减。

与传统网络解决方案不同的是,拆除情况下的行为也会被修改。如果 A-B 的光路被拆除,则 SDN 控制器必须说明所考虑的 C-D 连接的存在。因此,A-B 的所有频谱资源不会被完全释放。特别是,将沿着 G-L 保留与 C-D 资源相邻的 12.5GHz 切片。

2. 超级滤波器实现,OpenFlow 扩展和实验演示

一旦从源节点 C 到目的节点 D 的请求到达,C 处的节点控制器就将 LIGHTPATH_IN 消息发送到 OF 控制器,以请求路径计算和光路建立。接收到消息后,OF 控制器将计算路径 C 和 D。OF 控制器利用物理参数数据库来了解所考虑的调制格式(此示例中为 PM-QPSK)沿网络的光路所经历的 QoT。在状态条件下所考虑的 OF 控制器还利用标签交换路径数据库(LSP Database,LSP-DB)存储现有活跃光路的属性,包括其路径和相关的过滤器配置。这样,OF 控制器能够在路径计算期间考虑过滤级联效应以及 QoT 参数(如 OSNR)。

如上所述,当不考虑超滤器时,OF 控制器仅依赖于可用的网络资源(沿着 G-L 的 25GHz)。因此,由于不可接受的 QoT,无法沿着 G-L 计算 C-D 请求。

另外,通过考虑超滤器,OF 控制器成功地计算了沿着 G-L 通过该频谱资源的路径。特别是,OF 控制器考虑了沿路径保留的连续频谱资源的存在,并计算它们的扩展以合并新的请求。然后,OF 控制器与 C、D 处的节点控制器以及沿着 G-L 的所有中间节点进行通信,以执行光路设置。特别地,OF 控制器发送针对弹性网格网络扩展的 FLOW_MOD 消息,以配置光开关、发送器和接收器。指向转接节点的 FLOW_MOD 消息会根据频率切片(m)来更改由标称中心频率(n)和通道宽度标识的滤波器配置。

图 9.12 和图 9.13 所示的 Wireshark 捕获中,25GHz 的频谱预留被发送到节点 C 和 D,而 100GHz 被配置在节点 G 到 L 中。在后一种情况下,将特定引入的 SUPER_FILTER 标志封装在 FLOW_MOD 内,以绕过本地滤波器争用和准入控制,并允许滤波器重叠在 A-B 和 E-F 光路的现有滤波器上。这样,路径已成功激活。

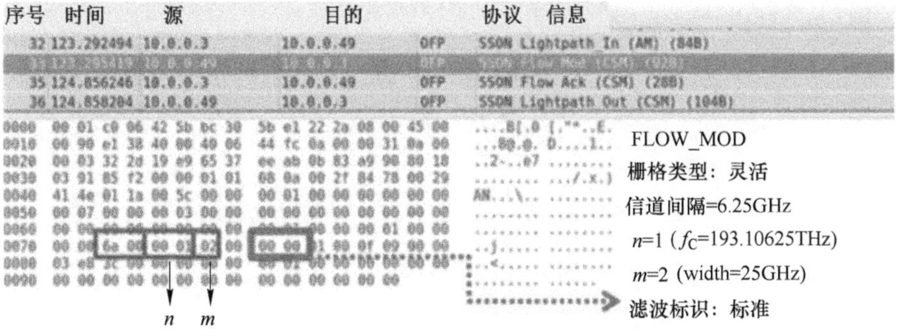

图 9.12 在节点控制器 C 处的捕获信息

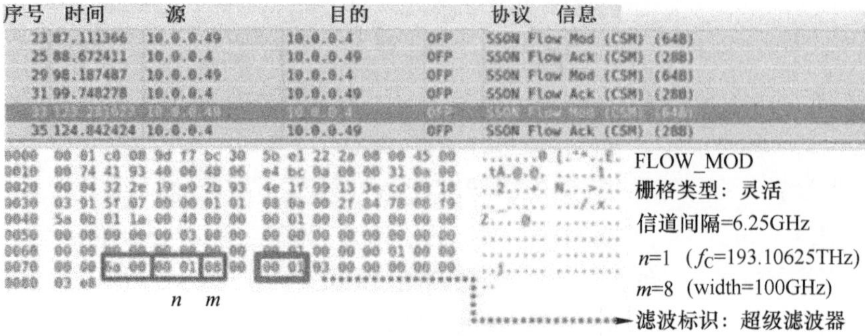

序号	时间	源	目的	协议	信息
23	87.111366	10.0.0.49	10.0.0.4	OFP	SSON Flow Mod (CSM) (648)
25	88.672411	10.0.0.4	10.0.0.49	OFP	SSON Flow Ack (CSM) (288)
29	98.187487	10.0.0.49	10.0.0.4	OFP	SSON Flow Mod (CSM) (648)
31	99.748278	10.0.0.4	10.0.0.49	OFP	SSON Flow Ack (CSM) (288)
33				OFP	SSON Flow Mod (CSM)
35	124.842424	10.0.0.4	10.0.0.49	OFP	SSON Flow Ack (CSM) (288)

FLOW_MOD
栅格类型：灵活
信道间隔=6.25GHz
$n=1$ (f_C=193.10625THz)
$m=8$ (width=100GHz)
滤波标识：超级滤波器

图 9.13　在节点控制器 L 处的捕获信息

如果 A-B 光路被拆除，OF 控制器将不会完全释放 A-B 资源。特别是，将在 G-L 上保留与 C-D 资源相邻的 12.5GHz 切片。在这种程度上，"删除"类型的 FLOW_MOD 将包括 SUPER_FILTER 标志，并且将封入(n)和(m)值(与流条目中安装的值不同)，该值与要释放的过滤器部分相对应。

如上述实验所示，SDN 架构本身可以轻松支持与前端光路参数解耦的节点配置，而无须像 GMPLS 协议族那样需要复杂的信令功能。

9.7　结　　论

在本章中，已经介绍并讨论了软件定义网络(SDN)架构。SDN 支持转发功能的直接可编程性，从而保证对底层基础设施的有效抽象。SDN 已经成功地进行了试验并应用于分组交换网络(如数据中心)，并且正在进行大量工作扩展 SDN 架构已在光网络上运行。

SDN 依靠南向通信协议来提供网络节点转发平面的直接可编程性。提出了 OpenFlow 和 NETCONF 两个最相关的南向协议。前者被广泛采用，主要设计为在分组交换网络中运行。后者提供了有趣的灵活性，可应用于光网络的特定环境中。

最后，介绍并阐述了用例和第一个实现解决方案。

参 考 文 献

[1] S. Shenker, *The Future of Networking, and the Past of Protocols*. Open Networking Summit 2011, keynote speech (2011)

[2] N. McKeown, *Software Defined Networks and the Maturing of the Internet* (IET Appleton Lecture, London, 2014)

[3] *Software-Defined Networking: The New Norm for Networks*, ONF White Paper (2012, April 13). https://www.opennetworking.org/sdn-resources/sdn-library/whitepapers. Accessed 14 Jun 2014

[4] Open Networking Foundation, *OpenFlow Switch Specification*, version 1.4 (*Wire protocol 0x5*)

(2013, October 14). https://www.opennetworking.org/images/stories/downloads/sdnresources/conf-specifications/openflow/openflow-spec-v1.4.0.pdf

[5] D. Mcdysan, Software defined networking opportunities for transport. IEEE Commun. Mag. 51 (3), 28–31 (2013)

[6] K. Kerpez, J. Cioffi, G. Ginis, M. Goldburg, S. Galli, P. Silverman, Software-defined access networks. IEEE Commun. Mag. 52 (9), 152–159 (2014)

[7] *SDN Based Companies*. http://www.sdncentral.com/sdn-directory/

[8] S. Das, G. Parulka, N. Mckeown, Why OpenFlow/SDN can succeed where GMPLS failed, in *38th European Conference and Exhibition on Optical Communications (ECOC 2012)*, Technical Digest (CD) (Optical Society of America, Washington, DC, 2012), paper Tu.1.D.1

[9] S. Das, G. Parulkar, N. McKeown, P. Singh, D. Getachew, L. Ong, Packet and circuit network convergence with OpenFlow, in *Conference on 2010 Optical Fiber Communication (OFC), Collocated National Fiber Optic Engineers Conference* (IEEE, San Diego, 2010)

[10] M. Channegowda, R. Nejabati, D. Simeonidou, Software-defined optical networks technology and infrastructure: enabling software-defined optical network operations [invited]. IEEE/OSA J. Opt. Commun. Netw. 5, A274–A282 (2013)

[11] D. E. Simeonidou, R. Nejabati, M. Channegowda, Software defined optical networks technology and infrastructure: enabling software-defined optical network operations, in *Optical Fiber Communication Conference and Exposition and the National Fiber Optic Engineers Conference (OFC/NFOEC)* (IEEE, Anaheim, 2013)

[12] N. McKeown et al., OpenFlow: enabling innovation in campus networks. ACM Commun. Rev. 38 (2), 69–74 (2008). Accessed 02 Nov 2009

[13] R. Enns, *NETCONF (Network Configuration Protocol)*, IETF RFC 4741 (2006)

[14] M. Channegowda et al., Experimental demonstration of an OpenFlow based software-defined optical network employing packet, fixed and flexible DWDM grid technologies on an international multi-domain testbed. Opt. Express. 21, 5487–5498 (2013)

[15] L. Liu, R. Muñoz, R. Casellas, T. Tsuritani, R. Martínez, I. Morita, OpenSlice: an OpenFlow-based control plane for spectrum sliced elastic optical path networks. Opt. Express. 21, 4194–4204 (2013)

[16] J. P. Vasseur, J. L. Le Roux, *Path Computation Element (PCE) Communication Protocol (PCEP)*, IETF RFC 5440, (2009)

[17] B. Pfaff, B. Davie, *Open vSwitch Database Management Protocol*, IETF RFC 7047 (2013)

[18] M. Jinno, H. Takara, K. Yonenaga, A. Hirano, Virtualization in optical networks from network level to hardware level [invited]. IEEE/OSA J. Opt. Commun. Netw. 5 (10), A46–A56 (2013). doi: 10.1364/JOCN.5.000A46

[19] R. Nejabati, E. Escalona, P. Shuping, D. Simeonidou, Optical network virtualization, in *15th International Conference on Optical Network Design and Modeling (ONDM)*, (IEEE, Bologna, 2011), pp. 1–5

[20] S. Jain, et al., B4: experience with a globally-deployed software defined WAN, in *Proceedings of the ACM SIGCOMM 2013, Hong Kong*, (2013)

[21] *O3 Project SDN WAN.* http://www.sdnjapan.org/
[22] *Network Operating System.* http://onlab.us/tools.html#os
[23] A. Farrel, D. King, *PCE-Based Architecture for Application-Based Network Operations*, IETF RFC 7491 (2015)
[24] S. Das, *Extensions to the OpenFlow Protocol in Support of Circuit Switching*, addendum to OpenFlow Protocol Specification (v1.0)—Circuit Switch Addendum v0.3, (2010, June). http://archive.openflow.org/wk/images/8/81/OpenFlow_Circuit_Switch_Specification_v0.3.pdf
[25] R. Casellas, R. Martínez, R. Munoz, L. Liu, T. Tsuritani, I. Morita, An integrated stateful PCE/ OpenFlow controller for the control and management of flexi-grid optical networks, in *Optical Fiber Communication Conference and Exposition and the National Fiber Optic Engineers Conference (OFC/NFOEC)* (IEEE, Anaheim, 2013)
[26] L. Liu, W. R. Peng, R. Casellas, T. Tsuritani, I. Morita, R. Martínez, R. Muñoz, S. J. Yoo, Design and performance evaluation of an OpenFlow-based control plane for software-defined elastic optical networks with direct-detection optical OFDM (DDO-OFDM) transmission. Opt. Express. 22, 30–40 (2014)
[27] F. Paolucci, F. Cugini, N. Hussain, F. Fresi, L. Poti, OpenFlow-based flexible optical networks with enhanced monitoring functionalities, in 38*th European Conference and Exhibition on Optical Communications (ECOC 2012)*, paper Tu.1.D.5, (Optical Society of America, Washington, DC, 2012)
[28] L. Liu, D. Zhang, T. Tsuritani, R. Vilalta, R. Casellas, L. Hong, I. Morita, H. Guo, J. Wu, R. Martinez, R. Muñoz, First field trial of an OpenFlow-based unified control plane for multilayer multi-granularity optical networks, in *Optical Fiber Communication Conference and Exposition and National Fiber Optic Engineers Conference (OFC/NFOEC 2012)*, paper PDP5D.2, (Optical Society of America, Washington, DC, 2012)
[29] T. Miyazawa, *Architecture for Interworking Between an Optical Packet & Circuit Integrated Network and OpenFlow-based Networks*, iPOP 2013, Tokyo, (2013, May)
[30] H. Harai, *Optical Packet and Circuit Integrated Networks and SDN Extensions*, ECOC 2013, Mo.4.E.1, (2013, September)
[31] X. Cao, N. Yoshikane, T. Tsuritani, I. Morita, T. Miyazawa, N. Wada, Openflow-Controlled Optical Packet Switching Network with Advanced Handling of Network Dynamics, in 2014 *European Conference on Optical Communication (ECOC)*, Cannes (2014, September)
[32] Open Networking Foundation, *OF - CONFIG 1.2—OpenFlow Management and Configuration Protocol*, version 1.2 (2014)
[33] RFC 6020, *YANG—A Data Modeling Language for the Network Configuration Protocol (NETCONF)*, IETF, (2010, October)
[34] F. Paolucci, A. Castro, F. Cugini, L. Velasco, P. Castoldi, Multipath restoration and bitrate squeezing in SDN-based elastic optical networks, (invited paper). Photon. Netw. Commun. 28 (1), 45–57 (2014)
[35] N. Sambo, F. Paolucci, F. Cugini, M. Secondini, L. Potì, G. Berrettini, G. Meloni, F. Fresi, G. Bottari, P. Castoldi, Software Defined Code-Rate-Adaptive Terabit/s Based on Time-

Frequency Packing, in *Optical Fiber Communication Conference*, (Optical Society of America, Washington, DC, 2013) OTh1H. 5

[36] F. Paolucci, F. Cugini, F. Fresi, G. Meloni, A. Giorgetti, N. Sambo, L. Poti, A. Castro, L. Velasco, P. Castoldi, Superfilter technique in SDN-controlled elastic optical networks [Invited]. IEEE/OSA J. Opt. Commun. Netw. 7 (2), A285–A292 (2015)

第 10 章 基于应用的网络操作

Daniel King, Víctor Lopez, Oscar Gonzalez de Dios, Ramon Casellas, Nektarios Georgalas, and Adrian Farrel

今天的网络集成了多种技术，允许网络基础设施提供各种服务，以支持应用程序不同的特性和动态需求。目标是使网络响应成为直接从应用层和高层客户端接口发出的服务请求。这点与已建立的模型不同，已建模型中网络服务被实例化，用来响应由人工用户驱动的操作命令，该命令使用各种各样运营支持系统（Operations Support System，OSS），甚至在业务周期的高峰期，通常对网络进行过度配置，以确保最小的业务丢失。

10.1 基本概念

一个理想化的网络资源控制器将基于一个结合了许多技术组件、机制和进程的架构。这些包括：

（1）用于管理网络资源信息和连接请求的实体及应用的策略控制。
（2）收集有关网络中可用资源的信息。
（3）考虑多层资源以及拓扑如何映射到底层网络资源。
（4）处理路径计算请求和响应。
（5）配置和保留网络资源。
（6）验证连接和资源设置。

D. King(✉)
兰开斯特大学,英国兰开斯特
e-mail：daniel@olddog.co.uk

V. Lopez · O. G. de Dios
西班牙马德里电信 西班牙马德里

R. Casellas
CTTC,西班牙卡斯特尔德费尔斯

N. Georgalas
英国电信,英国伦敦

A. Farrel
Old Dog 咨询,英国兰戈伦

10.2 网 络 抽 象

软件定义网络(SDN)的主要目的是隐藏复杂性,在无须调用网络中由许多制造商部署的管理和配备软件的情况下,使服务部署和整体网络运营更简单。因此,允许更高层次的应用程序使自动请求和服务的创建更加简单和直接。

10.2.1 逻辑化集中式控制

我们使用术语"逻辑集中式"来表示网络控制可能集中在单个实体中,与它可能以分布式形式实现无关。集中式控制原则指出,当从全局角度来考虑时,可以更有效地利用资源。

集中式 SDN 控制器将能够协调跨越多个下级域或者可用于与其他实体合作的资源,从而在设置服务和网络资源的整体运作时提高资源效率。进行逻辑化集中式控制的其他原因包括规模、信息交换优化以及传播时延的最小化。

由于受到总是无法部署未成熟领域网络的约束,控制器必须与本地的 SDN 转发技术(OpenFlow)和非本地的 SDN 流量工程技术(MPLS,GMPLS 等)共存。

10.2.2 应用驱动使用案例

动态应用驱动的请求及其建立的服务对网络的运行提出了一系列新的要求。其需要在各种网络应用(如点对点连接,网络虚拟化或移动回传)中进行网络连接、可靠性和资源(如带宽)的按需和特定应用程序的预留,并需要从分组网络(IP/MPLS)及光传输网络到软件定义网络(SDN)转发技术一定范围内的网络技术中,应用驱动使用案例包括:

(1)虚拟专用网络(VPN)规划:支持和部署新的 VPN 用户,并通过数据报和光网络调整现有的用户连接情况。

(2)流量优化:能够请求和创建覆盖网络的应用程序,用于文件共享服务器、数据缓存或镜像、媒体流或实时通信之间的通信连接。

(3)内容分发网络(Content Delivery Networks,CDN)和数据中心(DC)的互联:建立和调整核心网络和分布网络之间的连接。

(4)自动化网络协调:自动化资源配置、优化疏导和重新疏导、带宽调度和并行资源优化。

(5)集中式控制:允许通过转发和控制部分分离(ForCES)OpenFlow(OF)技术协调分配网络资源的远程网络组件。

网络运营商环境下的 SDN 控制器框架,必须结合许多技术组件、机制和程序,包括:

(1)实体和应用程序的策略控制,用于管理网络资源信息和连接请求。

(2)网络中收集可用资源信息。

(3) 多层资源的考虑,以及这些拓扑如何映射到底层网络资源。
(4) 处理路径计算请求和响应。
(5) 配置和预留网络资源。
(6) 验证连接和资源设置。

总体目标是研究传输网络的控制和管理架构,以允许网络运营商使用软件定义网络的核心原理管理其网络,并允许高层应用和客户端实时地请求、重新配置和重新优化网络资源,并对流量变化和网络故障进行响应。

本章介绍了传输网络基于应用程序的网络操作所需的核心网络控制原理,并讨论了关键控制平面原理和架构。着重介绍了基于应用的网络操作(Application-Based Network Operations, ABNO)框架[1],以及如何将这个框架和功能组件结合起来用于自适应网络管理器(Adaptive network manager, ANM)[2],用于处理运行弹性光网络(EON)的需求。最后,本章介绍了研究挑战和研究方向,以继续发展传输SDN和EON控制。

10.3 网 络 控 制

SDN的核心原则是网络转发平面和控制平面的分离,如图10.1所示。通过分离这些功能,可以出现集中或分布式程序控制方面的一系列优势。第一,使用通用硬件而不是专有特性的硬件,具有潜在的经济优势。第二,不再需要完全分布式的控制平面,该平面通常需要高级工程经验来部署和运行,而且该平面具有多种功能,但往往未得到充分利用。第三,整合一个或多个部分的能力,通常是OSS软件相当复杂的一部分,用于配置和控制网络资源。

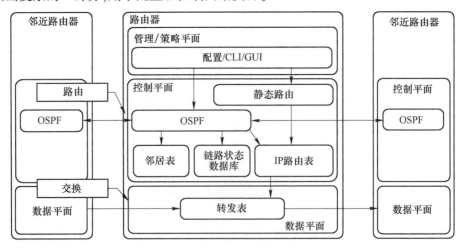

图 10.1 管理、控制和转发例子

通常,网络运营商已经按照规定的路径对硬件进行了升级,以绕过网络扩展问题。这要求运营商根据性价比来考虑节点转发性能,以选择参与硬件升级的正确时间。相反,随着网络拓扑的增加,控制平面的复杂性和可扩展性也需要考虑。

互联网代表了一个重大扩展问题的例子。随着流量模式的变化和故障的发生,松散互联的大量管理区域不断发生变化。因此,为了解决控制形式,互联网进行了相应设计。其结构是联合的,其中各个节点共同参与以分发可达性信息,以便利用 IP 的转发来开发一个一致性、无环路网络的局部视图。互联网转发模式可交换路由和可达性信息,随后导致数据平面路径被编程以实现这些路径;然而,这些路径通常不是最佳的,容易发生流量拥塞,所以这种方法是存在弱点的,这些弱点可以使用集中式方法解决。

随着网络技术的演变和 SDN 概念的提出(集中式控制、控制和转发的超级站以及网络的可编程性),为适应规模、控制平面的增长和扩展机制周期及升级是一个很明确的目标。在集中式管理环境下控制分布式、简单的转发件的解决方案要容易得多。

10.3.1 控制平面

控制平面是节点架构中与建立网络映射有关的部分。控制平面功能(如参与路由协议)是控制单元。为了在同一个节点输入和输出端口之间转发流量,如图 10.2 所示,这里建立了用于创建由数据平面解释的转发表条目的本地规则集。目前 IP 控制平面模型的基础是使用内部网关协议(IGP),通常诸如开放最短路径优先(OSPF)或中间系统到中间系统(ISIS)的链路状态协议形式。IGP 将在 IP 转发件之间建立第三层的可达性。

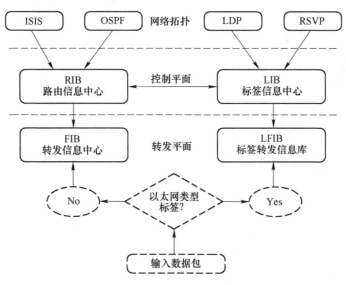

图 10.2 控制平面和转发平面之间的关系

第三层网络可达性信息主要与目的 IP 地址前缀的可达性有关。在当前所有的用途中,第三层被用于将二层域分割或拼接在一起,以克服第二层的扩展性问题。在大多数情况下,路由表包括目的第三层地址列表以及与他们相关的输出接口。控制平面逻辑可以确定某些流量规则,即高质量服务的特定服务会被优先处理,并称其为差分化服务。转发则侧重于网络地址的可达性。

控制平面的任务包括:
(1)网络拓扑发现(资源发现)。
(2)信令,路由,地址分配。
(3)连接建立/拆除。
(4)连接保护/恢复。
(5)路径计算和流量工程。

10.3.2 管理平面

管理平面负责管理控制平面。它执行一系列任务,包括配置管理和应用策略。它还提供故障管理、性能管理,以及计费和安全管理功能。

在早期的部署中,光传输网络一出现就被管理、部署在单个管理区域里,并被锁定到单个运营商硬件解决方案(如安排给供应商岛屿)。这样小型和中型网络在节点数量方面相对均匀,从而减少了互操作性问题。部署一个单一的特定供应商的网络管理系统(NMS),该系统负责管理适应底层硬件的光网络,并使用专有的接口和可扩展范围。

这些系统被认为是封闭的,作为一个整体捆绑在一起,并具有依赖于给定版本的一组有限功能。网络连接服务的提供涉及手动操作,其中服务的激活或修改可能受到人为干预,用户请求服务运营商,然后服务运营商手动规划和配置网络路由及资源以支持这些服务。

一些挑战促进了向控制平面的演进。其一,网络运营商不断有降低运营成本的明确要求,同时要确保网络仍然能满足所支持服务的需求。其二,与基于 NMS 网络相关的手动、持久的程序似乎并不适用于可恢复服务和具有服务质量(QoS)服务的动态配置。简而言之,从操作角度出发,动态控制平面的引入是合理的,可实现特定任务的自动化,将运营商从手动管理和配置各个节点的负担中解放出来,从而显著降低成本。

在这样的背景下,控制平面的引入旨在实现快速、自动的端到端配置需求和灵活栅格的连接重路由需求,还可支持不同等级的服务质量。不管实际技术怎样,控制平面都需要解决诸如寻址、自动拓扑发现、网络抽象、路径计算和连接配置等常见的功能,如本章前面所述。从高层次的角度来看,作为自动执行任务和流程的任何软件系统,控制平面的功能可以简单地分为分布式或集中式,尽管稍后我们会看到这种分离变得模糊。这种二分法不仅适用于功能性角度,也适用于资源分配角度。两种模式都是可行的,都有其优点和缺点,并且两者都能被扩展以解决与上述新兴光学技术相关的新要求,如灵活频谱分配,有效地协同路由连接建立和相关光学参数的配置。因此,集中式或分布式控制平面的选择由诸如所需功能、灵活性、可扩展性、可用性等多个方面及更多具体的方面来决定。例如,光学技术固有的约束(如需要解决由监控系统收集、未标准化的物理损害)、已经安装的部署和实际网络的规模和可扩展性。

参与分布式控制平面环境的网络元件交换来自状态数据库(如 OSPF 数据库)中其他节点累积的广播信息,并运行 Dijkstra(最短路径)算法来建立到达目的地的最佳路径的可达性图表。该方法使用 IGP 协议程序中的分布式洪泛算法来传播附件信息。因此,在域中所有运行特定 IGP 协议的节点仍然保持彼此连接(直接地或间接地),及时分享可达性信息,并建立网络拓扑,该网络拓扑在故障情况下能够报告连接的改变。于是,最关键的方面是收敛,即网络元件引入由于网络引起的目的地可达性变化所需的时间。各种 IGP 机制和程序中存在多样性的方法,在物理设计和逻辑设计时,可处理网络控制平面状态(存储器和 CPU)的规模。这些方法包括汇总、滤波、递归和分离。

10.3.3 操作光网络的控制元件

1. 路径计算

路径计算管理的方面涉及在两个网络节点(通常称为端点)之间查找物理路由。路径计算是控制平面的功能组件,为以下目的而调用:(动态)配置、重路由、恢复以及高级用户案例,如整体优化、自适应网络规划或 DWDM 灵活栅格网络的特殊情况、频谱碎片整理。

2. 服务提供

节点和接口配置,具体称为服务提供,即连接的建立和拆除。控制单元将在源和目的节点之间自动配置所需跳数,在网络中两个节点之间(或点到多点)必须创建一个连接。为建立连接,通过控制器配置不同单元所使用的过程和协议,也就是通过可用的信令机制(如 RSVP-TE)进行分发,或者直接使用流量提供进程(如 OpenFlow)。

3. OAM 和性能监测

运营、管理及维护(Operation, Administration, and Management, OAM)常常作为通用术语来描述用于故障检测和隔离以及性能检测的工具集合。各种技术层面已经定义了许多 OAM 工具和功能[4]。

OAM 工具可能并且经常与控制平面和管理平面配合工作。OAM 提供用于度量和监测数据平面的仪器工具。OAM 工具通常使用控制平面功能,如初始化 OAM 会话并交换各种参数。OAM 工具与管理平面通信以发出警报,并且通常 OAM 工具可以由管理平面(也可以由控制平面)激活。例如,定位并定位问题,对光学段进行性能测量,或端到端服务。

10.4 分布式与集中式控制平面

10.4.1 控制平面结构演进

在早期部署中,光传输网络被固有管理、部署在单个管理域,并采用单个供应商硬件解决方案(如配置为供应商孤岛)。这样的小型和中型网络在节点数量方面相对均匀,从而减少了互操作性问题。这里配置一个单一的特定供应商网络管理系统,来负责底层硬件光网络的管理,并使用专有的接口和扩展。

例如,互联网代表了一个重要的扩展问题的例子。随着流量模式的波动和故障的发生,大量的管理区域松散地关联在一起,关联不断发生着变化。为了解决这个问题,互联网控制方式被设计为分布式。另外,当地理上跨越国家或大陆地区时,SDH 或光核心传输网络与 IP 网络相比,在组成部分的大小/数目上仍然相对较小,并且通常由单个实体或运营商控制。这种情况下提供的服务相对稳定,特点是持续时间长及流量动态变化缓慢,数天或数周的服务延迟是可以被接受。这样的部署模式可以通过集中式控制方式得到最好的解决。

尽管控制平面的需求似乎没有显著的障碍,但技术的选择仍然似乎存在争议。从历史的角度来看,光网络控制平面的发展起源于基于 NMS 的增强网络,该网络带有分布式控制平面,并基于具有通用多协议标签交换 GMPLS 协议栈的 ASON 结构[8],以下进行详细阐述。最近,研究人员提出了将软件定义网络(SDN)原理应用于光网络的控制,底层网络的可编程性成为可能(无论如何,数据平面和控制平面的正式分离是光网络控制中的一个关键概念)。在某种程度上,传输 SDN 架构和集中式 NMS 之间存在相似性,尽管前者坚持使用现代系统架构、开放和标准的接口以及灵活模块化的软件开发。

1. 分布式控制

在这种设置下,控制平面通过一组协同操作的实体(控制平面控制器)实现,这些协同操作的实体可以进行通信。控制平面功能是分布式的,如拓扑管理、路径计算或信令(对于第一个,每个节点可以在直接控制下分发拓扑元素,IGP 路由协议能够构建网络拓扑的统一视图。路由计算在连接的入口节点进行,信令由路径中所涉及的节点进行分发)。这些协议确保自主协调和同步功能(尽管通常情况下,新服务的配置需要根据 NMS 的请求完成)。

ITU-T 定义了命名为 ASON 的参考架构,对光网络进行动态控制,使资源和连接管理自动化。ASON 依赖于由 IETF 定义(具有较小的变化)的 GMPLS 协议栈。简而言之,ASON/GMPLS 架构定义了传输、控制和管理平面。特别地,控制平面负责实际的资源和连接控制,由光连接控制器(Optical Connection Controllers,OCC)组成,通过网络到网络接口(NNI)互联,用于网络拓扑和资源发现、路由、信令和连接建立及释放(具有恢复)。管理平面负责管理和配置控制平面及故障管理、性能管理、计费和安全。

如图 10.3 所示,主要涉及的过程是连接控制(CC)和路由管理(RC),以及可选的路径计算组件。基于 IP 控制信道(IPCC)的数据通信网络允许在 GMPLS 控制器之间交换控制信息,也可部署在带内或带外(如专用和分离的物理网络)。运行 GMPLS 的节点(包括控制和硬件)被命名为标签交换路由器(LSR)。每个 GMPLS 控制器管理所有连接的状态(如标签交换路径-LSPs),包括发起的、终止的或者通过一个节点的,所有状态都存储在一个 LSP 数据库(LSPDB)中,并维护其网络状态信息(拓扑和资源),由本地流量工程数据库(TED)收集。

参与分布式控制平面环境的网元交换从状态数据库(如 OSPF 数据库)中其他节点收集到的广播信息,并运行 Dijkstra(最短路径)算法来建立一个到达目的地最优路径的可达路径图。该过程使用 IGP 协议过程中的分布式泛洪算法来传播附加信息;因此,请求域内运行特定 IGP 协议的所有节点都与其他节点保持连接(直接或间接地),分享实时可达信息,并建立网络拓扑结构可用来报告故障发生时连接的变化。因此一个关键方面是收敛,这里是指当网络元件由于网络变化引起目的地可达性发生变化(如故障)时所花费的时间,各种 IGP 机制和过程中存在多样性的方法,在物理设计和逻辑设计时,可处理网络控制平面状态(存储器和 CPU)的规模。这些工具包括汇总、滤波、递归和隔离。

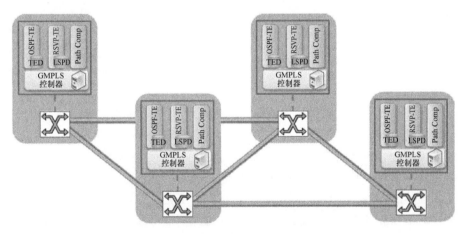

图 10.3　基于 GMPLS 控制的光网络

2. 集中式控制

在集中式控制中,通常由被称为控制器的单个实体负责控制平面功能,一般使用开放式和标准协议,譬如一些由 SDN 结构和协议定义的,如 OpenFlow 协议(OF/OFP)[9]。控制器执行路径计算和服务提供,并且继续配置节点的转发和交换行为。中心控制平面提供了一种网络资源的编程控制方法,简化了控制平面过程。

连接的部署和操作需要与控制点进行交互,以建立特定业务的转发规则。这些并不是最近的创新;多年前,随着 ForCES[10] 和通用交换机管理协议(GSMP)[11] 的发展,已经出现了控制和数据平面的分离。

通过在控制器中部署智能控制平面,使具有控制平面功能的硬件节点可分配的资源显著减少。此外,该解决方案在集中位置部署硬件(计算和存储),这比单个控制器的功能强大了几个数量级。尽管集中式控制器似乎与 NMS 没有明显区别,但一些方面值得注意,如过程自动化、可编程性以及使用开放接口和标准体系结构、术语、模型、协议等。请注意,逻辑化集中式控制本身可能以分布式系统的方式实现,并以编程的方式作为单个实体出现。最终,SDN 原理带来了新的发展机会,如 IT 和网络自由的联合分配资源,或者异构控制技术的编排,或者接入网和核心网段的统一控制。

3. 分布式与集中式的对比

在分布式控制方法中,各个节点共同参与分配可达性信息,以便逐渐形成一个一致的、无环路网络的局部视图。交换路由和可达性信息,后来导致数据平面路径被编程以实现这些路径;然而,路径通常不是最佳的,并且容易出现堵塞,所以显然这种方法有一些缺点,可以使用集中式方法来解决。大体上,分布式控制平面会受到数据传播和同步延迟的影响。给定网元处的变化需要被传播,而这种暂时性可能会影响网络性能。

另外,分布式模型中的每个节点单元大都具有自适应性。这种模式没有瓶颈或单点故障,如 SDN 控制器。当不需要中央授权以及功能要素之间合作时,这种模式似乎是最适合的。只要网络保持连接,在其他节点发生故障时,每个节点都可以继续工作。

集中式模型的优点是较低的造价和运营成本,在控制平面的情况下,每个节点包括最低的控制平面硬件和软件配置,同时在控制器处能够计算规模。假设组件之间紧密耦合且内部接口的要求不高(不受互操作性问题影响),集中式控制器可能会更容易实现。它简化了自动化和管理,实现了网络可编程性,并且由于需要同步实体,因此不需要延迟和过时的信息。它提供了更多的灵活性,运营商策略和自定义化的单一扩展点,以及改进的安全性。这种模型中控制平面开销较少,增加了网络的安全性,降低了复杂性,同时对潜在风险区域的控制能力更强。其缺点就是集中的部分常常会出现故障。

4. 混合控制平面模型

从当前控制平面架构的趋势和发展来看,将控制平面标记为分布式或集中式似乎过于简单化。控制平面架构正在向混合控制平面模型发展,其中一些部分可能会集中在一起,一些部分可能会被分开,有时遵循准则"尽可能分布,必要时集中"。即使一个给定的控制平面实体是集中式的,它也可以在逻辑上集中,其中系统是按照功能部件的组成来实现的,该部件是作为一个整体出现的。给定的功能可以集中在一个给定的区域(例如,假设每个域部署模型有一个 PCE,路径计算函数可以集中在路径计算单元 PCE 中),但是相同的功能可以分布在多区域场景分层 PCE(H-PCE)架构中的数个子 PCE 之间。

例如,远程数据中心互联之类的新实用案例,强调了对多区域提供服务以及异构 CP 互联的需求,这可能需要一个总体控制,如图 10.4 所示。另外,网络运营商的目的在于解决网络及其 IT 资源(如网络、计算和存储资源)的联合控制和分配,或不同网络元件的联合优化(如接入、汇聚和核心)。可提供具有多种集成度和灵活度的不同替代方案:直接方法的特征在于将一个控制模型适配到另一个或更高级的交互模型,这需要定义通用模型(如网络元件属性的一个子集)以及协调和编排功能。当特定功能授权给分布式子系统(如将提供连接性的功能授权给 GMPLS 控制平面)[8]时,这样的编排器(在逻辑上或物理上)是集中的。

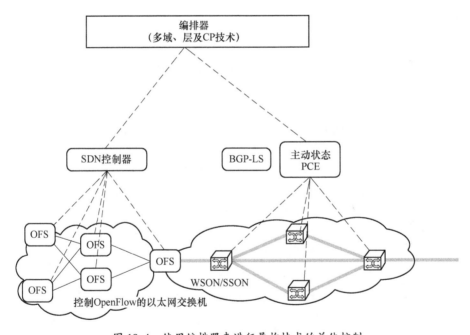

图 10.4 使用编排器来进行异构技术的总体控制

最后,我们提到,采用新的计算和互联模型以及服务器整合、主机虚拟化或网络功能虚拟化(NFV)思想,正在挑战常见的方法和现有的实践。例如,当 GMPLS 控制面板用于传统目的时,可以作为虚拟网络功能在数据中心运行,其中分布式系统能够在集中式物理基础设施上运行。

10.5 基于应用的网络操作架构

无论集中化程度如何，SDN 的租户都具有可编程性、控制平面与数据平面分离，并在集中式控制模型[1]中对短暂网络状态进行管理。在理想情况下，也应该可以利用分布式控制平面为短暂状态管理提供集中式控制和分布式控制平面的最佳实践。

基于应用的网络操作(ABNO)的设计原则如下：

(1) 松耦合：为了便于实现和快速开发，不试图紧密集成网络控制器的功能组件，而是使用明确的 APIs 和协议机制。

(2) 低开销：目标是确保每个管理和控制功能不重复，从而降低整个平台的开销。

(3) 模块化：模块化设计使现有功能更容易组成新的功能。

(4) 智能化：根据路径计算单元和流量工程原理设计架构，有利于控制一系列网络技术和最大限度地利用资源。

(5) 资源管理：该架构允许发现和存储各种网络和节点状态。状态信息使用协议机制进行收集，该机制通过传统的且已经存在的网络和服务管理工具提供。

(6) 动态管理：SDN 控制器的一个关键目标是基于应用需求和其他网络事件的实际动态控制。

(7) 策略控制：实现策略管理是很重要的，它为各种应用程序指定的连接需求(如 QoS，安全性)提供机制。它还允许网络运营商关联不同的服务等级。

(8) 技术不可知论：ABNO 框架使用各种南向 API 接口和协议与网络节点进行通信，允许使用 ABNO 管理多种转发机制。

图 10.5 举例介绍了一种 ABNO 网络结构。

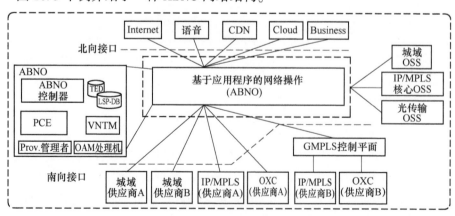

图 10.5　ABNO 框架示例

10.5.1 功能模块

1. 网络管理系统与运营支撑系统

网络管理系统(NMS)与运营支撑系统(OSS)能够用于控制、运行和管理一个网络。在 ABNO 框架中,NMS 或 OSS 可能为 ABNO 控制器解决更高级别的服务需求。

在该框架中,也可以为组件的活动制定策略。

OAM 处理程序(与图 10.5 中"OAM 处理机"不同)对网络事件进行报告,NMS 和 OSS 是网络事件的使用者,同时也可以处理这些报告,并将其显示给用户并引发警报。NMS 和 OSS 也可以通过访问流量工程数据库(TED)和标签交换路径数据库(LSP-DB)为用户显示网络的当前状态。

最后,在网络中 NMS 和 OSS 可以利用直接编程或配置接口与网络节点进行交互。

2. 应用服务编排器

应用服务编排器与 ABNO 控制器进行通信以请求网络操作。请求可以从诸如 NMS 和 OSS 之类的实体发起,ABNO 体系中的服务可以由应用程序或应用程序的代理发起。在这种情况下,"应用"一词非常广泛。应用程序可以在主机或服务器上运行,并向用户提供服务,如视频会议应用程序。或者,应用程序可以是用户向网络发出请求以建立特定服务的软件工具,诸如端到端连接或预定的带宽预留。最后,应用程序可能是一个复杂的控制系统,负责安排提供更复杂的网络服务,如 VPN。为了讨论 ABNO 结构,应用程序的所有这些概念都被组合在一起,称为应用服务编排器,因为它们都以某种方式负责协调网络的活动,为应用程序的使用提供服务。实际上,应用服务编排器的功能可以分布在多个应用程序或服务器上。

3. ABNO 控制器

ABNO 控制器是网络中 NMS、OSS 和应用服务编排器的主要网关,用于提供高级网络的协调和功能。ABNO 控制器根据不断变化的网络条件、应用网络需求及策略来管理网络的行为。它是配套的要点,并以正确的顺序调用正确的组件。

4. 策略代理

策略在网络控制和管理中扮演着很重要的角色。因此,在影响 ABNO 体系结构的关键组成部分是如何运作方面意义重大。策略代理负责将这些策略传播到系统的其他组成部分,这个讨论的简单性使我们省略了许多将要发生的策略交互。在我们的例子中,策略代理只用来讨论与 ABNO 控制器进行的交互。实际上,它也会和其他一些组件和网络元件本身相互作用。例如,路径计算单元(PCE)将是一个策略执行点(PEP)[14],而路由系统接口(I2RS)客户端的接口也将是如参考文献[15]所述的策略执行点(PEP)。

5. OAM 处理器

操作维护管理(OAM)在理解网络如何运行、检测故障中发挥着至关重要的作用,并采取必要的行动对网络中的问题做出反应。在 ABNO 体系结构中,OAM 处理器负责从网络中接收关于潜在问题的通知(通常称为警告),目的是关联它们,以及触发系统的其他组件以采取行动来保存或恢复由 ABNO 控制器建立的服务。OAM 处理器还报告网络问题,特别是针对 NMS、OSS 和应用程序编排器影响服务的问题。此外,OAM 处理器与网络中的设备进行交互,以启动数据平面内的 OAM 操作,如监视和测试。

6. 路径计算单元

路径计算单元(PCE)是一个功能组件,用于处理通过网络图计算路径的请求。特别是可以为 MPLS-TE 和 GMPLS 标签交换路径(LSP)生成流量工程路由。PCE 可能接收来自 ABNO 控制器、虚拟网络拓扑管理器(VNT Manager,VNTM)或网络元件本身的这些请求。

PCE 在网络拓扑视图上进行操作,该视图存储在流量工程数据库(TED)中。带状态的 PCE 可以提供更加复杂的计算,并使用数据库(LSP)来增强 TED,该数据库包含在网络内配置和运行的 LSP 信息。

在活跃 PCE 中,附加功能允许包含带状态 PCE 的功能组件创建配置请求,以建立新的服务或修改参考文献[16]中描述的原位服务。此功能可以直接访问网络元件或通过配置管理器引导。在不同的 TEDs 上运行的多个网络之间的协调可以证明在多个网络中进行路径计算是有用的。本例中的域可能是自治系统(AS),因而启用内部 AS 路径计算。

在后一种情况下,ABNO 控制器需要为服务请求最佳路径。如果域(AS)需要建立路径来保护其内部拓扑和功能的机密性,则它们将不再共享一个 TED,随后每个域(AS)将运行其 PCE。在这种情况下,参考文献[12]中描述的分层 PCE(H-PCE)架构是必要的。

7. 网络数据库

ABNO 体系结构包括一些数据库,这些数据库包含供系统使用的存储信息。其中,两个主要的数据库是 TED 和 LSP 数据库(LSP-DB),但是可能有一些其他数据库用来保存关于拓扑(ALTO 服务)、策略(策略代理)、服务等信息。

通常情况下,IGP(如 OSPF-TE 或 IS-IS-TE)负责在域内生成和传播 TED。在多域环境中,可能需要将 TED 导出到另一个控制部件(如 PCE),可以执行更复杂的路径计算和最优化任务。

8. 虚拟网络拓扑管理

将虚拟网络拓扑(Virtual Network Topology,VNT)定义为一个或多个底层网络的集合,为上层网络中的有效路径处理提供信息。例如,WDM 网络中的一组标签交换路径可以提供连接,作为更高层分组交换网络中的虚拟链路。

在网络中创建虚拟拓扑结构并不是一个简单的任务。必须决定上层中的哪个节点是最优连接,哪个下层网络提供保证联通性的LSP,以及如何路由LSP。

9. 分配管理

分配管理器负责制定或引导LSB请求的建立,它可以是运行在网络中的控制平面指令,或者可能涉及单个网络节点的编程。

10.5.2 南向接口

网络设备可以直接通过NMS/OSS配置或者编程。许多已经存在的协议来执行这些功能,包括以下协议:简单网络管理协议(SNMP)[17],网络配置协议(NETCONF)[18-19],RESTCONF协议[20],ForCES[10],OpenFlow[9],PCEP[21]。

所描述协议的作用是将状态分配给转发单元,或者通过对每个节点单独编程,或者通过分布式信令机制。

事实上,上述的协议并不是对可用的协议方法和程序的详尽表述。随着时间的推移,将开发新的转发机制。因此,ABNO框架的设计与转发机制无关。

10.6 自适应网络管理器

欧盟委员会资助的项目"IDEALIST"确定了控制体系结构的需求,将最好的分布式路由和信令协议结合在一起,提供实时适应性,以利于故障恢复,并提供集中的智能。既提供优化点(如与规划工具交互),也能够与更高级的应用程序(包括云平台和数据中心)进行交互。

分布式功能基于众所周知的GMPLS体系结构,而集中式智能和与应用程序的接口遵循SDN方法。因此,ANM是一个理想的网络控制器(基于ABNO框架)[22],它不仅考虑灵活栅格网络(要点是理想化),而且还考虑了一个更广泛的操作,即一个多层的IP/MPLS over optical网络。

10.6.1 接口

由于ABNO体系结构实质上是通用的,并在概念上定义了大多数接口。在ANM体系结构中,HTTP/JSON接口将用于这些未定义的接口,如图10.6所示。这里有简单的开发和工作流程定义的灵活性两个原因。这些接口将有助于进行模块化设计,以适应项目期间发生的未来需求。如果在项目期间,标准化论坛中还有一些其他的解决方案,这已经在ANM架构中进行了评估和应用。

应用程序内-这是应用程序层/NMS/OSS与ABNO控制器之间的接口。应用层请求建立连接或使用HTTP/JSON来触发任何其他工作流程。目前在IETF中,该接口还在发展中。请求的参数根据工作流程而变化,但操作类型始终是必需的。

(1) IAL-APP:这是ALTO服务器与应用层/NMS/OSS之间的接口,其中应用层充当 ALTO 客户端。其使用 ALTO 协议进行通信[23]，并在 HTTP/JSON 上通信。为了支持 TED、LSPs 和库存请求，需要为此接口定义一个信息模型。

（2）IA-I2,II2-N：路由系统（I2RS）的接口。

（3）IPA-A,IPA-V,IPA-AL：策略代理和权限请求模块之间的所有接口，该模块使用 HTTP/JSON 进行权限请求。

（4）IA-P：这是 ABNO 控制器和 PCE 之间的接口。ABNO 控制器使用 PCE 查询 PCE；可以使用无状态和带状态 PCE。该接口将支持这两种 PCE 请求。

（5）IA-V：该接口连接 ABNO 控制器和 VNTM，通过 PCEP 进行通信。

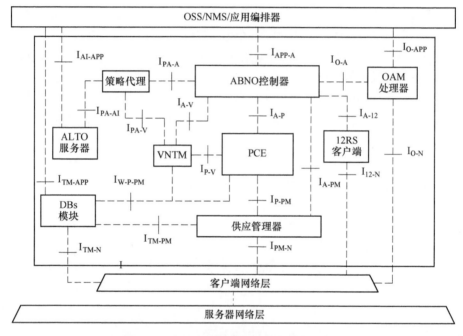

图 10.6　自适应网络管理器功能模块及接口

10.7　自适应网络管理器用例

10.7.1　灾难性网络故障

尽管大多数网络都设计为能够经受得住单个故障而不影响客户服务水平协议（SLAs），但是它们无法在地震、洪水、战争或恐怖主义行为等大规模灾难中恢复，仅仅是因为在当今网络中故障发生概率很低，为解决这类事件进行过度配置的成本很高。

因为许多系统可能受到影响，所以在大规模灾难恢复期间需要进行大型网络的重新配置。故障恢复过程与故障发生后的虚拟拓扑重新配置类似。然而，在灾难期间,多个光学系统、IP链路,以及可能的路由器和OXC(假设中心位置受到影响)可能会无法使用。以下强调了针对大规模灾害的几项额外规划和运营要求：

(1) 考虑潜在的 IP 层流量分布变化,使用 MPLS-TE 隧道或通过修改 IP 路由选择度量,并根据候选拓扑评估优势。

(2) 一步优化可能无法达到所需的网络最终状态。因此,可能需要进行两个或更多的步骤优化,如重新路由其他一些光纤连接,为一些新的连接腾出空间。

(3) 在每个这样的步骤之后,系统必须验证中间配置是否可靠并可以支持当前的业务,还能够承受额外的中断。

(4) 基于抢占和流量优先级,可能希望断开一些虚拟链路以便重新使用灾后优先级连接和流量的资源。

我们描述了一个灾难恢复创建计划,但在一个真实的网络中,会有几个可能的计划,每个计划都有其优点和缺点。必须向操作者提供所有这些计划,以便操作者能够选择最佳的计划,并且可能修改它并理解它的行为。

总结上述过程,其由以下几个步骤组成：

(1) 网络立即采取行动恢复部分流量。

(2) 传播新的网络状态。

(3) 根本原因分析,了解故障的内容和原因。

(4) 操作员协助规划过程,以制定灾难恢复计划。

(5) 在多个可能的步骤中执行计划。

(6) 在每一步和最终状态之后,网络重新聚合。

用于从灾难性网络故障中恢复的场景,也可以成为"运行中的网络规划"[24]。在下一章节中还将深入讨论 ANM 平台和使用情况。

10.8 基于 ABNO 控制和协调的下一步计划

我们可以假设 SDN 被定义为一个逻辑化集中式控制框架和架构。它支持网络功能和协议的可编程性,并通过一个已定义好的控制南向接口(SBI)协议将数据平面从控制平面中解耦。这些 SBIs 以多种形式存在,并有助于技术的隐藏或厂商特定的转发机制。随着网络的不断发展,一个被称为"网络功能虚拟化(NFV)"的新技术领域正在与 SDN 并行发展。

NFV 的发展是利用信息技术(IT)虚拟化技术,将通常搭载在专有硬件上的整个网络功能类迁移到基于通用计算和存储服务器的虚拟平台上。每个虚拟功能节点称为虚拟化网络功能(VNF),它可以运行在单个或一组虚拟机(VM)上,而不是为所提出的网络功能定制硬件设备。

此外,这种虚拟化允许在平日和工作时期内将多个独立的 VNF 或未使用的资源分配给其他基于 VNF 的应用程序,从而有助于所有内容交付组件,甚至其他网络功能设备共享整体IT容量。工业上,通过欧洲电信标准协会(ETSI)已经定义了一个合适的架构框架[25],并且还为虚拟化媒体基础架构提供了一些弹性需求以及特定目标。

利用支持技术(如基于ABNO控制原理和基于NFV的基础设施)的优势,有可能从根本上改变我们的构建、部署和控制广播服务的方式,其建立在灵活的光网络之上,允许动态以及弹性传输和高宽带广播及媒体资源。

10.8.1 虚拟内容分布式网络的控制及协调

内容分发网络(CDN)组件的虚拟化是创建内容网络必需的核心设计原则,能够以可扩展的方式快速部署内容分发网络。第一个被虚拟化的元件是缓存节点本身,然后是所需的服务,如内容监视和负载均衡器[26]。虚拟内容分发网络(vCDN)的一个关键需求是可重新配置的带宽,因为从1080p的高清内容移动到4k数据流的需求基于一天和一周的时间变化[27]。将CDN的各种基础设施元件作为虚拟设备(VNF)的集合进行部署,并将内容和接入(用户网络)与灵活光纤网络基础设施连接起来,可提供显著的优势。

图10.7描述了如何将一个启用ABNO的网络控制器与一个基于NFV的CDN集成。

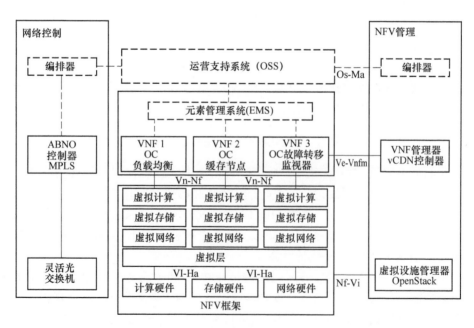

图10.7 基于ETSI NFV ISG模型的候选SDN & NFV框架

结合NFV管理和基础设施本身,使用基于ABNO的控制器将提供高比特率光学基础设施中 VNF 的连接性,并提供 IP 和以太网层存在的类似灵活性,直到最近以及 EON 的出现,使用基于 ABNO 的控制器与 NFV 管理和基础设施本身结合使用,将提供高比特率光学基础设施上的 VNF 连接性,以及在 IP 和以太网层中存在的类似灵活性,这些在以前的光传输领域中根本不可用。

参 考 文 献

[1] D. King, A. Farrel, *A PCE-Based Architecture for Application-Based Network Operations*, IETF Internet RFC 7491, (2015, March)

[2] R. Muñoz, et al., IDEALIST control and service management solutions for dynamic and adaptive flexi-grid DWDM networks, in *Proceedings of Future Network and Mobile Summit*, Lisbon, 3-5 July 2013

[3] Ó. González de Dios, R. Casellas, *Framework and Requirements for GMPLS Based Control of Flexi-grid DWDM Networks*, RFC 7698, (2015, December)

[4] N. Sprecher et al., *An Overview of Operations, Administration, and Maintenance (OAM) Tools*, RFC 7276, (2014, June)

[5] ITU-T Recommendation G. 8080/Y. 1304, *Architecture for the Automatically Switched Optical Network (ASON)* 02/2012

[6] ITU-T Recommendation G. 872, *Architecture of Optical Transport Networks* 10/2012

[7] ITU-T Recommendation G. 709/Y. 1331, *Interface for the Optical Transport Network (OTN)* 02/2012

[8] E. Mannie (ed.), *Generalized Multi-Protocol Label Switching (GMPLS) Architecture*, IETF RFC 3945, (2004, October)

[9] Open Networking Foundation, *OpenFlow Switch Specification Version 1.4.0 (Wire Protocol 0x05)*, (2013, October)

[10] J. Halpern, J. Hadi Salim, *Forwarding and Control Element Separation (ForCES) Forwarding Element Model*, RFC 5812, (2010, March)

[11] A. Doria, K. Sundell, F. Hellstrand, T. Worster, *General Switch Management Protocol (GSMP) V3*, RFC 3292, (2002, June)

[12] D. King, A. Farrel (eds.), *The Application of the Path Computation Element Architecture to the Determination of a Sequence of Domains in MPLS and GMPLS*, RFC 6805, (2012, November)

[13] O. Dugeon, et al., *Path Computation Element (PCE) Database Requirements*, IETF Internet Draft draft-dugeon-pce-ted-reqs-03, (2014, February)

[14] I. Bryskin, et al., *Policy-Enabled Path Computation Framework*, RFC 5394, (2008, December)

[15] A. Atlas, T. Nadeau, D. Ward (eds.), *Interface to the Routing System Problem Statement*, draft-tietf-i2rs-problem-statement (2015, March)

[16] E. Crabbe, I. Minei, S. Sivabalan, R. Varga, *PCEP Extensions for PCE-initiated LSP Setup in a Stateful PCE Model*, draft-ietf-pce-pce-initiated-lsp, (2015, October)

[17] J. Case, D. Harrington, R. Presuhn, B. Wijnen, *Message Processing and Dispatching for the Simple Network Management Protocol (SNMP)*, STD 62, RFC 3412, (2002, December)
[18] R. Enns, et al., *Network Configuration Protocol (NETCONF)*, RFC 6241, (2011, June)
[19] M. Bjorklund, (ed.), *YANG—A Data Modeling Language for the Network Configuration Protocol (NETCONF)*, IETF Request or Comments 6020, (2010, October)
[20] A. Bierman, M. Bjorklund, K. Watsen, *RESTCONF Protocol*, draft-ietf-netconf- restconf, (2015, July)
[21] J. P. Vasseur, J. L. Le Roux (eds.), *Path Computation Element (PCE) Communication Protocol(PCEP)*, RFC 5440 (2009, March)
[22] A. Aguado, et al., *ABNO: a Feasible SDN Approach for Multi-Vendor IP and Optical Networks*, in *OFC Conference*, Th3I. 5 (2014, March)
[23] J. Seedorf, E. Burger, *Application-Layer Traffic Optimization (ALTO) Problem Statement*, RFC 5693, (2009, October)
[24] L. Velasco, D. King, O. Gerstel, R. Casellas, A. Castro, V. López, In-operation network planning. IEEE Commun. Mag. 52 (1), 52–60 (2014)
[25] ETSI GS NFV 002. *Network Functions Virtualization (NFV); Architectural Framework*(2014)
[26] ETSI GS NFV 001. *Network Functions Virtualization (NFV); Use Cases*(2013)
[27] M. Broadbent, D. King, S. Baildon, N. Georgalas, N. Race, OpenCache: a software-defined content caching platform, in *1st IEEE Conference on Network Softwarization (NetSoft)*, London (2015, April)

第11章 运营网络规划

Ramon Casellas，Alessio Giorgetti，Lluís Gifre，Luis Velasco，Victor López，Oscar González，and Daniel King

当前的传输网络由于流量动态性相当有限，所以是静态配置和管理的。因此，需要长计划周期来升级网络并为下一个计划期做好准备。通常会安装备用容量来保证网络可以预测流量并处理故障情况，从而增加了网络支出。

此外，由于网络容量规划的手动部署，所以限制了网络的灵活性。在本章中，我们提出了一种控制和管理架构，使得网络能够动态运行。利用这些动态功能，可以自动重新配置和优化网络，以响应流量变化。因此，可以最小化资源的过度供应并降低整体网络成本。

11.1 运营网络规划简介

11.1.1 运营网络规划的驱动因素和动机

传统的网络规划生命周期通常包括顺序执行的几个步骤，如图11.1所示。初始步骤接收来自服务层的输入以及已经部署的网络中的资源状态，并将网络配置为能够处理一段时间内的预测流量。该时间段不固定，实际时间长度通常取决于许多因素，这些因素是特定于运营商和流量类型的。一旦规划阶段产生建议，下一步就是设计、验证和手动实施网络变更。在运行期间，持续监控网络容量，并将该数据用作下一个计划周期的输入。如果需求或网络变化意外增加，则可以重新开始计划过程。

R. Casellas(✉)
加泰罗尼亚技术中心(CTTC)，西班牙巴塞罗那
e-mail: ramon.casellas@cttc.es

A. Giorgetti
国家电信大学联盟(CNIT)，意大利比萨

L. Gifre · L. Velasco
加泰罗尼亚理工大学(UPC)，西班牙巴塞罗那

V. López · O. González
电信，西班牙马德里

D. King
Old Dog 咨询公司，英国兰戈伦

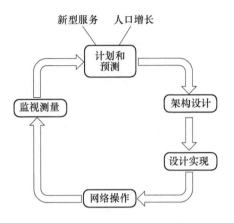

图 11.1 传统网络生命周期

但是,运营商的传输网络运作非常复杂,为了提供服务,需要多个手动配置动作。例如在中型网络中每年有数十万个节点需要配置。实际上,传输网络目前由基于容量过度配置的大型静态粗管道进行配置,因为它们是保证流量需求和 QoS 所必需的。此外,来自不同供应商的网络解决方案通常包括集中式服务供应平台,使用供应商特定的 NMS 实施以及运营商定制的伞式供应系统,其中包括技术特定的运营支持系统(OSS)。如图 11.2 所示这种复杂的体系结构为网络配置生成了复杂而漫长的工作流程:客户服务配置最长可达 2 周,而核心网上的核心路由器连接服务则需要 6 周以上。

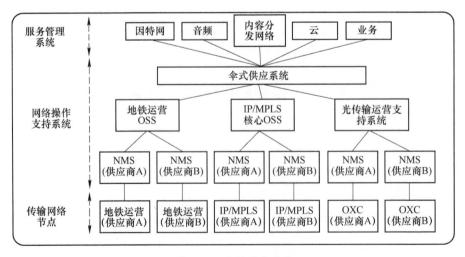

图 11.2 当前静态结构

图 11.3 说明了这样的事实:这种静态网络旨在应对多种故障情况的要求,并

预测带宽使用的短期增长,因此需要过度配置容量并显著增加了 CAPEX。图 11.3 显示了一个简单的网络,该网络由 3 个路由器组成,这 3 个路由器通过光网络上建立的一组光路连接到中央路由器。考虑两种不同的情况,每种情况下传输相同数量的 IP 流量。在场景 A 中,路由器 R3 需要建立 3 条光路来将其 IP 流传输到 R4,而 R1 和 R2 每条只需要一条光路。相比之下,在场景 B 中,R1 和 R2 需要两条光路,而 R3 只需要一条光路。在静态网络中,光网络中的光路静态建立,每对路由器必须配备最坏情况下所需的接口数量,导致 R4 需要配备 7 个接口。但是,如果光网络可以根据需要动态重新配置设置和拆除光路,则无论对等路由器如何,每个路由器都可以针对最坏情况单独确定尺寸。因此,R4 只需要配备 5 个接口,从而节省了 28.5% 的接口。

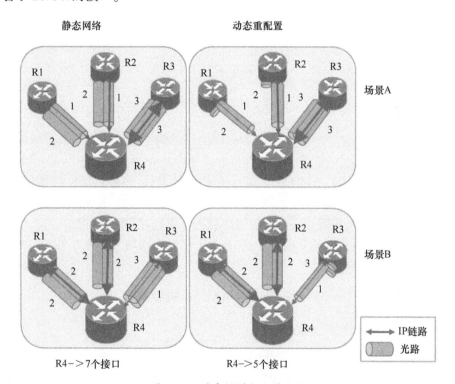

图 11.3 动态规划和配置示例

11.1.2 迁移到运营中的网络规划

技术的发展使网络变得更加灵活,可以通过近乎实时地重新配置网络来提供对流量变化的响应。实际上,一些运营商已经部署了 GMPLS 控制平面,主要用于服务的自动化设置和恢复。但是,那些只控制网络的一部分,不支持整体网络重新配置。此功能将需要一个运行规划工具,该工具通过 OSS 平台(包括 NMS)直接与数据和控制平面以及运营商策略进行交互。

假设以动态方式运行网络可以带来好处,则必须增加传统网络的生命周期,包括一个侧重于重新配置和重新优化网络的新步骤,如图11.4所示。我们将该步骤称为运行规划,与传统的网络规划相比,结果和建议可以立即在网络上实施。

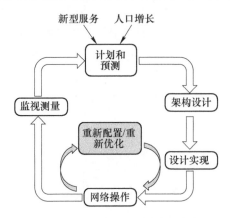

图 11.4 增强网络生命周期

然而,为了支持动态性,图11.2 中描述的当前网络架构将需要具有服务层和网络元件之间的功能块,来支持多供应商和多技术场景中的多服务供应,这需要北向和南向两类标准接口。北向接口,除了其他任务之外,还提供网络的抽象视图,使公共入口点能够提供多个服务并为网络提供计划的配置。此外,该接口允许根据服务要求协调网络和服务层。南向接口包括供应、监控和信息检索。

最后,运营商通常需要人机交互,这是为了确保在网络中实施之前审查和确认新的配置和网络影响。

11.2 支持运营计划的架构

11.2.1 支持运营计划的要求

网络规划过程旨在优化运营商的资源部署。此活动在运营商中定期完成,能够具有足够的容量来支持客户的流量工程要求。"互联网流量工程被定义为互联网网络工程的处理运营IP网络的性能评估和性能优化问题"[1]。根据这一定义,流量工程是一种技术,可帮助网络运营商获得更好的网络利用率,并提高性能。为此,规划过程有以下5个输入:

(1) 流量需求。流量需求是客户需要网络传输的信息。有许多功能可以确定给定的流量需求。具有端到端峰值速率的固定矩阵可以是问题的输入,但是可以定义更复杂的过程。例如,随机流量变化或TE参数。

(2) 网络状态。网络状态提供有关网络中已有的网络资源的连接状态和占用情况的信息。该信息可以是 MPLS 网络中的带宽,也可以是光网络中的频谱/波长占用。

(3) 网络设备。这是传输信息过程中使用的所有物理设备,包括路由器、ROADM 以及连接它们及其软件的电缆或电缆。运营商投资基础设施和规划有助于此网络容量任务,但一旦设备部署在网络上,规划算法必须仅处理可用资源。

(4) 目标。这是每个工程问题的关键。正确定义规划问题必须解决或改进的目标非常重要。CAPEX 最小化通常是运营商中许多实际规划问题的目标,但可能还有其他目标,如能源效率或延迟最小化。

(5) 网络配置。在规划过程之后,提供了对先前目标的解决方案。该解决方案可以有两个动作:①在网络中安装新硬件;②修改/激活网络中的配置。

传统计划流程和运营计划之间的主要区别在于网络和计划工具之间存在循环。这意味着必须有一些机制来向规划工具提供这些信息。基于前面的列表以及规划过程所需的信息,我们可以看出与网络无关的唯一参数是目标函数。因此,为了支持在线过程,定义了以下要求:

(1) 连接状态信息。运行中的计划过程需要知道网络连接设置的情况。这不是整个网络的流量需求,因为会有新的网络连接信息。

(2) 流量工程数据库。规划工具需要知道网络中可用的资源。基于这些连接,可以获得流量工程,但由于信息已经在网络中,这将降低规划工具的复杂性。

(3) 库存信息。有些资源在网络中由于未激活导致不可用,但是已经部署。此外,还存在物理限制,如机箱中的插槽数量。这些信息不在网络状态中,但对规划工具很重要,因此它可以优化新卡在节点中的放置位置或使用已部署的某些资源。

(4) 要部署的命令。在规划工具中运行优化过程后,规划工具需要一种机制来在网络中部署此类更改。操作员需要人在回路,但至少可以通过 GUI 来下载网络中的新配置。

运行中的计划过程需要具有与传统计划工具相同的信息。但是,还需要一组协议来从网络获取所有信息并在网络中下载所需的配置。此信息必须包含:①连接状态信息;②流量工程数据库;③库存信息;④部署命令。

11.2.2 现有的运营网络规划方法

运营规划的活动既可以是一个事件的结果,即所谓的反应性运营规划方法,定期的周期性规划方法,也可以是在已知事件之前的预防性规划方法。

1. 反应性运营规划

在反应性方法中,规划过程由网络中发生的相关事件触发。该事件通知网络中未解决的问题,如光纤切断或节点故障,或者告知相关质量参数的降级,如丢包率或视频质量,这需要注意并要求网络采取纠正措施。

强调故障事件首先由控制平面实时处理,使网络存活并自动运行,这一点很重要。但是,在控制平面已采取必要措施尽可能多地恢复所提供的服务之后,网络可能不处于最佳状态或可能处于潜在的高风险中。有些服务甚至无法通过控制平面恢复。在控制平面完成其自动恢复任务之后,运行规划过程查看流量工程和服务数据库,并执行全局优化,该优化可以推荐服务的动作,以便为未恢复的需求分配空间。根据问题来源的估计修复,运营商可以更改应用(如修理光纤,更换损坏的卡)。触发运营规划过程的事件由相关引擎生成,该引擎接收所有警报和实时质量指标参数。请注意,发生故障后,将在网络元件和监控设备中生存多个警报。相关联的引擎必须发现所有的警报和警告都与同一问题相关,并且触发单个操作中的事件。为了决定何时发送重新规划事件,运营商必须定义一组策略。

总而言之,触发重新规划事件的来源可以是:
(1)来自网络元素的警报和警告(如信号丢失警报);
(2)来自监控设备的警报(如 OTDR 或监控设备);
(3)超出了 KPI 的门限,可以实时衡量关键性能指标(KPI)。

网络规划人员获取网络实时信息和访问快速优化工具的能力,对于确保高服务可用性和提高网络质量至关重要。

2. 周期性规划

另一方面,运营商可以决定对网络进行周期性重新规划,作为早期检测风险和容量耗尽的预防性检查。每次执行重新规划过程时,网络的实际情况都会根据网络的潜在最佳情况进行基准测试。运营商在决定是否应用必要的变更或使网络保持相同状态时,必须考虑网络的非最优化程度,执行建议变更的复杂性和风险以及对运行服务的影响。网络操作的经典法则是"如果没有破坏,不要试图修复它"。但是,即使避免不必要的风险是主要规则,也需要设置策略以允许规划工具建议执行操作。

周期性规划的周期性决定了计算引擎可执行算法的复杂性。虽然年度进程可以通过强大的 CPU 饥饿算法来执行,这些算法需要花费几天时间才能提供最佳方案,但是每天或每周规划必须关注一些关键参数,如当前的网络可用性,找出最可能发生故障事件时出现的情况,质量 KPI 的发展,可满足新需求的能力。如果检查发现风险(如在不到 1 个月内耗尽新服务的能力),则通知运营商并进行更深入的重新规划。

周期性规划将尝试重新优化网络,以便为新需求创造空间。但是,如果不再可能,规划工具将发出警告并建议获取新资源。

对于后者,运行中的规划不仅要处理控制平面信息,还要处理网络库存。

3. 预防性规划

运营规划概念的一个有趣方法是在某些已知事件之前触发规划过程,如暑假或大型体育活动事件。银行假期和季节性假期引起人们的相关行动,他们将智能手机和笔记本电脑带到目的地。在夏季月份中,一个拥有少数居民的村庄出现数倍的居民是很常见的。沿海城市夏季特别拥挤。由于基础架构的部署和规模适用于常规网络状态,流量模式的重大变化可能导致高度拥塞,以及客户服务中心的数千起投诉。

在知道事件发生之前,可以重新计算网络,并考虑估计的新流量需求。例如,一组光链路或微波链路可以重新定向到度假地点。在第一组操作之后,必须执行定期的操作规划以确保网络在期望的质量 KPI 内运行。

与经典规划相反,预防性规划完全是自动化的,并与实时信息相关。但是,网络规划人员必须指出相关事件和最知名的信息,甚至不准确。采用经典方法时,由于缺乏持续的反馈和质量信息,为了避免任何风险必须进行高度过度配置。

11.2.3 与控制平面的关系

1. 前端/后端架构

在考虑 PCE 部署时,路径计算单元(PCE)架构允许很大的灵活性。尽管通常暗示 PCE 以集中方式部署(如每个域一个 PCE),但没有什么可以排除部署多个 PCE,甚至每个节点部署一个 PCE。网络可以具有多个 PCE,该 PCE 可以为负载共享、弹性或计算特征的划分提供冗余。

即使在逻辑集中部署的范围内,更复杂的架构也涉及灵活、可支持策略的架构设计,其中 PCE 可以交换关于其在路径计算中特定能力的详细信息,从而为网络运营商提供关于路径计算功能的进一步控制。该体系结构必须允许从负载均衡机制到将路径计算功能划分为专用 PCE 的高级部署。例如,我们可以提到通过全局并发优化(Global Concurrent Optimization,GCO)来部署一个或多个专门用于网络规划计算的 PCE,以及一个专门从事实时修复的 PCE 等。

所谓的前端/后端架构(FBA)[2]是一种基于前端和一个或多个专用后端概念的架构,其中路径计算客户端(PCC)的终端客户端只看到前端,运营商可以在后端部署不同的功能。同样,复杂的计算可以委托给专用的 PCE。一个常见的用例是当一个或多个 PCE 部署在同一 TE 域中时,后端 PCE 可能使用相同的 TED,尽管它不是强制性的。

这项工作背后的主要动机与可扩展性负载分担策略有关,同时实现了一定程度的专业化。如图 11.5 所示其提出的 FBA 也提供了更高级别的鲁棒性和冗余性:即使前端 PCE(Front-end PCE,f-PCE)仍然是单点故障,其实现也比后端 PCE(Back-end PCE,b-PCE)简单得多。此外,一些 b-PCE 可以提供相同的功能集,并且可以部署多个 f-PCE 来管理多个后端。

在此设置中,f-PCE 的作用是与执行路径计算请求的终端客户端连接以及选择备选和可行的 b-PCE:在初始部署(如配置)候选 PCE 之后,可行的 b-PCE 的动

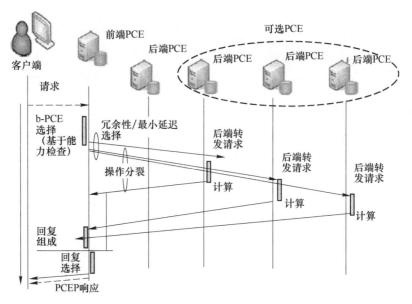

图 11.5 使用 ABNO 将复杂计算卸载到一个(或多个)专用 PCE 的 f-PCE/b-PCE 架构。
注:终端客户端连接到前端 PCE(可以是 ABNO 中的主 PCE),并负责选择候选后端 PCE 并将请求转发给它们。该架构在用于选择后端 PCE 的算法和策略方面是灵活的。

态选择(如根据请求)基于最终客户端请求和适用的策略。例如,选择最小等待时间响应或选择"后验"最佳路径。也可以应用循环法或更高级的方法,如使用最小负载 PCE 及其响应时间。请注意,当选择多个 b-PCE 并将特定请求转发给它们时,f-PCE 必须确保将单个回复转发到最终客户端。因此,转发第一个响应,丢弃其余响应,或者存储 N 个响应,然后选择最佳响应(使用计时器)。

2. 基于 GCO 和 ABNO 的无状态 PCE

鉴于前面的内容,可以采用不同的方式来实现"操作规划工具"的概念,以及它与控制平面的关系。直接的方法是将其部署为专用的后端 PCE,以实现性能改进和优化。后端 PCE 可通过 PCEP 接口访问,因此基于应用的网络操作(ABNO)[3]组件可以将请求转发给规划工具。

根据 PCE 的功能(作为独立元件或集成在 ABNO 控件中),应使用不同的接口和选项。例如,如果没有带状态功能,f-PCE 或 ABNO 控制器可能依赖于全局并发优化(GCO)。通过对 PCEP 的 GCO 扩展,b-PCE 能够同时考虑网络的整个拓扑和整套现有 TE LSP 及其各自的约束,并期望优化或重新优化整个网络以满足所有 TE LSP 的所有约束。GCO 也可以应用于网络中的 TE LSP 的某个子集。为此,请求消息中提供了一组活动连接。或者,如果启动了带状态扩展,则 f-PCE/ABNO 和 b-PCE 都可以同步 LSPDB。最后,BGP-LS 的使用可以允许 b-PCE 从位于 f-PCE、ABNO 拓扑服务器的 BGP-LS 扬声器或直接从映射 IGP 的节点检索 TED。

11.3 主 要 用 例

本节分析三个运行中的规划用例:①虚拟网络拓扑重构;②频谱碎片整理;③故障修复后优化。

11.3.1 使用案例 I:虚拟网络拓扑重新配置

在这个用例中,我们考虑一个多层网络,其中一组路由器通过一组光路在光纤网络上连接,以创建虚拟网络拓扑(VNT)。我们分析了光链路故障后 VNT 的重新配置。图 11.6(a)给出了一个场景,该场景由光层中的 4 个光交叉连接(OXC)和 IP/MPLS 层中的 3 个路由器组成;顶部显示了物理拓扑,其中 IP/MPLS 路由器通过 10Gb/s 光路连接以创建底部描绘的 VNT。在虚拟拓扑上建立 3 个双向分组标签交换路径(LSP)。

发生光链路故障后,可以使用快速重路由(FRR)[4]在故障后立即恢复部分受影响的数据包 LSP。此外,故障后的网络状态也可以在几秒钟内在控制平面中更新。但是,由于 VNT 中某些链路的高度拥塞,某些数据包 LSP 的容量可能会减少,甚至保持断开状态,因此需要重新配置以疏导和分配流量,使流量远离阻塞点和资源利用率高的链路。

图 11.6(b)给出了一个例子,其中链路 X1-X2 失败,需要重新路由分组 LSP R1-R2 到 R3,并使其容量从 8Gb/s 降至 2Gb/s。这种容量压缩的原因是光路 R2-R3 和 R1-R3 分别传送 8Gb/s 数据包 LSP R2-R3 和 4Gb/s 数据包 LSP R1-R3。已建立的光路具有 10Gb/s,因此光路 R2-R3 和 R1-R3 的剩余容量分别仅为 2Gb/s 和 6Gb/s。重新路由的数据包 LSP R1-R2 的可用容量是已使用的光路径上可用容量之间的最小值,在这种情况下为 2Gb/s。需注意,如果任一用于重新路由数据包 LSP R1-R2 的工作光路径中没有可用容量,则需要建立新的光路径。

在图 11.6(c)中,在 R2 和 R3 之间创建了一个新的光路,因此数据包 LSP R1-R2 可以重新路由,其容量扩展到 6Gb/s。数据包 LSP R1-R3 从光路 R1-R3 消耗 4Gb/s,因此数据包 LSP R1-R2 的可用容量为 6Gb/s。要恢复其原始容量 8Gb/s,应在 R1 和 R3 之间创建一个新的 LSP。

为了应对 VNT 重新配置,我们的方法依赖于图 11.7 所示的基于应用的网络操作(ABNO)架构,其中执行 VNT 的步骤如下:

当网络运营商需要执行网络范围内的 VNT 重新配置时,会将请求从网络管理系统(NMS)或运营支持系统(OSS)发送到 ABNO 控制器①,然后 ABNO 控制器将其转发到路径计算元素(PCE)②。为了减轻 PCE 的工作量,包含有效求解器的后端 PCE(b-PCE)负责考虑到网络当前状态来计算新的虚拟拓扑布局。因此,前端 PCE(f-PCE),以前称为 PCE,向在该 b-PCE 中运行的运行中规划工具发送路径计算请求(PCReq)消息,以计算新的虚拟拓扑③。

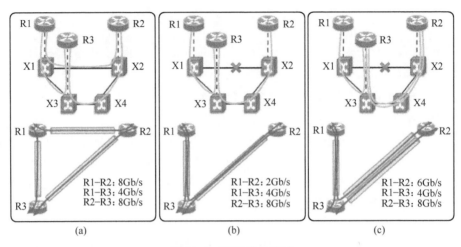

图 11.6 VNT 重组实例

(a) 故障前的状态;(b) 故障影响到一条光学链路,并且部分 IP/MPLS 流量已经恢复;(c) VNT 已经恢复。

该工具考虑所有可用的资源,其中可能包括连接到故障光纤连接的路由器接口和转发器,网络中通常存在的以便于正常增长的备用接口,以及可能提前安装的一些备用路由器;所有这些资源都可以存储在库存数据库中。此外,它必须考虑如何在光学层上实现所需的 IP/MPLS 连接。为此,考虑到光学损伤,需要知道哪些光学链路和节点已建立以及哪些连接在光学上是可行的。

当获得结果④时,在路径计算应答(Path Computation Reply,PCRep)消息⑤中向发起的前端 PCE(f-PCE)回复光路径集。如果操作员需要批准新的(虚拟)布局,则 f-PCE 将其转发给 ABNO 控制器⑥。然后将计算出的布局呈现给操作员最终批准⑦。当操作员确认新的优化布局⑧后,将其传递到 VNT 管理器(VNTM)⑨,该管理器计算要创建新光路和/或更新现有光路方面执行的操作序列,并且路由现有的 LSP,将中断降到最低。

对现有分组 LSP 的分类的动作序列被传递到配置管理器⑩,配置管理器⑩能够与每个头端节点交互。配置管理器能够通过该接口建议分组 LSP 的重新路由,该接口基于 PCE 协议(PCEP)接口,使用路径计算更新请求(PCUpd)消息[2]。请注意,在成功重新优化之后,ABNO 中的 LSP 数据库(LSP-DB)会相应更新。

11.3.2 用例Ⅱ:频谱碎片整理

在这个用例中,我们研究了频谱碎片整理问题,这是在灵活栅格网络中出现的一个特定问题[5],并且重新优化可以带来明显的好处。在这样的网络中,可以使用可变大小的频率时隙来分配光路,其宽度(通常是基本宽度的倍数,如 12.5GHz)是请求的比特率,前向纠错(FEC)和调制格式的函数。这些频率时隙必

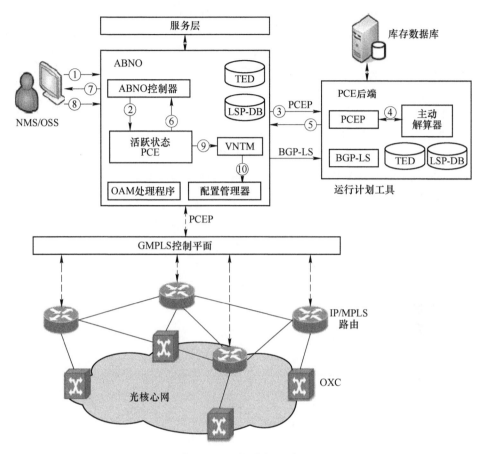

图 11.7 VNT 重优化过程

须在频谱中是连续的,并且沿着其路由中的链路是相同的。由于频谱转换器不可用,频谱碎片似乎增加了连接请求的阻塞概率,使网络服务等级变差。

图 11.8 所示为一个示例,其中链路的光谱以 3 种连续的情况表示。在图 11.8(a)中,3 个已建立的光路共享该链路,每个光路使用不同的频率时隙宽度。如果请求需要 50GHz 的新光路,则由于缺乏光谱连续性而将其阻塞。在这种情况下,可以通过重新分配频谱中已经建立的光路如图 11.8(b)所示,为请求的触发连接留出足够的空间,从而在阻塞连接请求之前对网络进行重新优化如图 11.8(c)所示。

参考文献[6]中描述了频谱重分配问题(Spectrum Re-allocation Problem,SPRESSO)算法,以有效地计算要重新分配的连接集。在参考文献[7]中,SPRESSO 算法被集成到活动状态 PCE 中,并且通过使用推挽技术以无中断方式执行重新分配。

239

参考文献[8]中引入了推挽技术以执行操作中的碎片整理。通过逐渐重新调谐所选光路的发射激光源,其在物理层上运行。考虑到用于直接检测的开关键控(OOK)调制和具有相干检测的偏振复用正交相移键控(Polarization Multiplexed Quadrature Phase Shift Keying,PM-QPSK)调制的控制平面和数据平面方面,已经实验性地演示了推挽技术。

图11.9所示的测试平台已用于具有相干检测功能的PM-QPSK 112Gb/s(100Gb/s加上开销)传输的推挽技术的实验演示。该测试平台包括两个80km链路和3个GMPLS控制的节点。第一个节点充当发送器,第二个节点通过带宽可变波长选择性交换(BV-WSS)实现,第三个节点充当接收器。实验使用的发射器和接收器在参考文献[9]中有详细说明。

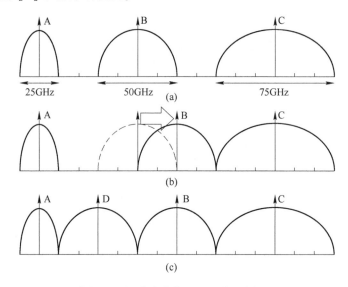

图11.8 频谱碎片整理优化的一个例子
(a)链路初始频谱;(b)重新分配LSP B用以为LSP D腾出空间;(c)建立新的LSP D。

在执行的实验中,逐渐调谐发射机激光器以移动PM-QPSK通道。在40次迭代中施加了50GHz的整体偏移,每次迭代在TX激光器处施加1.25GHz的频率偏移。对于每次迭代,接收器首先执行40s的数据采集。然后,它对接收到的数据进行脱机处理,获得频率偏移的估计。最后,它触发本地振荡器的调整,以消除估计的频率偏移。

图11.10所示为每次采集时接收机的估计频率偏移值。最初,频率偏移为零。当信号频率开始移动时,会估算出不同的频率偏移值并随后进行补偿。每次迭代都重复此过程。该图表明,在接收器的推挽操作期间,在每次迭代中有约1.25GHz的几乎恒定的频移。当推挽终止并且执行整体50GHz移位时,环回控制成功地估

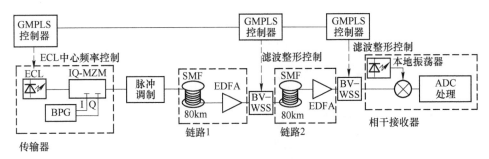

图 11.9 包括带有相干检测的 PM-QPSK 控制及数据平面的
推拉式实验测试平台示意图

计零频率偏移。图 11.10 中还报告了每个推动步骤的误码率值,表明在推挽操作期间没有性能下降。图 11.11 报告了恢复的 PM-QPSK 信号星座图,其中包括两个偏振分量。

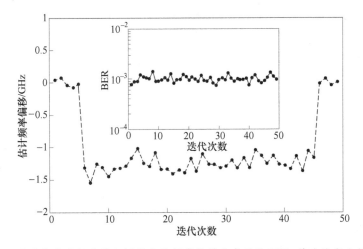

图 11.10 信号与本地振荡器之间的估计频率偏移和实现的 BER,作为迭代次数的函数

图 11.12 说明了参考文献[7]中提出的支持灵活栅格网络重新优化(包括推挽操作)的整体控制平面架构,而图 11.13 描述了本实验中架构组件之间交换的有意义的 PCEP 消息。此外,消息编号与图 11.12 中的步骤相关。

当 NMS 需要建立从路由器 A 到路由器 B 的新连接时,它会向 ABNO 控制器(IP = 172.16.4.2)①发送请求。在检查准入策略之后,将 PCReq 消息发送到 f-PCE(IP = 172.16.1.3)②,f-PCE 调用其本地设置算法③。

如果由于频谱碎片而无法获得足够的资源,则活动 f-PCE 向 ABNO 控制器报告 PCRep,通知无法建立路径④。然后,ABNO 控制器通过相关节点和连接的网络

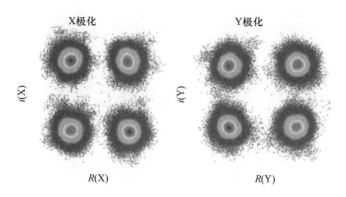

图 11.11 带有两个偏振分量的恢复信号星座图

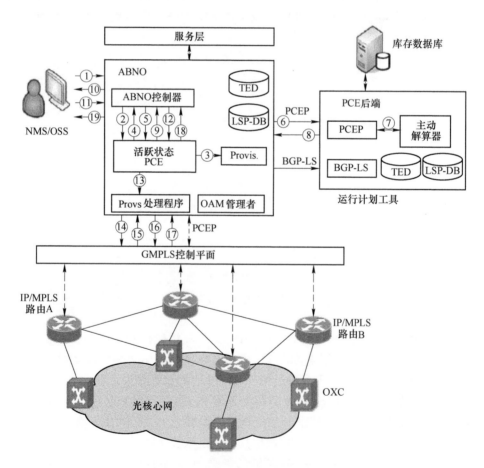

图 11.12 频谱碎片整理重新优化过程

碎片整理来请求路径计算⑤,利用正确的算法来提供此类重新优化。类似地,与之前的用例一样,我们假设提供这种算法的 b-PCE(IP = 172.16.50.2)将在接收到包含全局并发优化(GCO)请求的 PCReq 消息时执行计算⑥[10]。当获得结果⑦时,通过 PCRep 消息将其发送回 f-PCE⑧。

序号	时间	源	目的	协议	长度	消息
③	181.073832	172.16.4.2	172.16.1.3	PCEP	110	PATH COMPUTATION REQUEST MESSAGE
④	181.073980	172.16.1.3	172.16.4.2	PCEP	98	PATH COMPUTATION REPLY MESSAGE
⑤	181.146152	172.16.4.2	172.16.1.3	PCEP	110	PATH COMPUTATION REQUEST MESSAGE
⑥	181.147138	172.16.1.3	172.16.5.2	PCEP	730	PATH COMPUTATION REQUEST MESSAGE
⑧	181.282308	172.16.5.2	172.16.1.3	PCEP	574	PATH COMPUTATION REPLY MESSAGE
⑭	186.505937	10.0.0.49	10.0.0.5	PCEP	78	PATH COMPUTATION UPDATE MESSAGE
⑮	186.508890	10.0.0.5	10.0.0.49	PCEP	78	PATH COMPUTATION REPORT MESSAGE
⑭	188.735930	10.0.0.49	10.0.0.6	PCEP	78	PATH COMPUTATION UPDATE MESSAGE
⑮	188.738888	10.0.0.6	10.0.0.49	PCEP	78	PATH COMPUTATION REPORT MESSAGE
⑯	192.452368	10.0.0.49	10.0.0.4	PCEP	194	PATH COMPUTATION INITIATE MESSAGE
⑰	192.455502	10.0.0.4	10.0.0.49	PCEP	78	PATH COMPUTATION REPORT MESSAGE
⑱	195.426888	172.16.1.3	172.16.4.2	PCEP	190	PATH COMPUTATION REPLY MESSAGE

图 11.13　频谱碎片整理实验捕获

当获得解决方案后,如果操作员需要批准新的(虚拟)布局,f-PCE 则会将其转发给 ABNO 控制器⑨。然后,将计算出的重新优化结果提交给操作员,以获得最终的批准⑩。当操作员确认新的优化连接时⑪,首先将需求传递给 f-PCE⑫,然后将其传递给配置管理器⑬,配置管理器通过创建新的路径和/或更新现有的路径,来计算将要执行的操作的次序,并且对现有数据包的 LSP 重路由,从而最大限度地减少中断。

向其相应的前端路由器(IP 子网=10.0.0.X)请求现有的连接重新分配,向它们发送 PCUpd 消息⑭并等待对应的 PCRpt 消息⑮。

一旦更新了从属连接,就向路由器 A 发送路径计算启动(Path Computation Initiate,PCInit)消息以建立新连接⑯。当路由器 A 将相应的路径计算报告(Path Computation Report,PCRpt)消息发送到配置管理器⑰时,确认连接建立,配置管理器⑰又将其转发到 f-PCE。然后,f-PCE 通过 PCRep 消息向 ABNO 控制器确认,连接建立⑱。当 ABNO 控制器向 NMS 确认连接建立时,该过程结束⑲。有关此实验的更多详细信息,请参见参考文献[11]。

11.3.3　用例Ⅲ:故障修复后重优化

在本用例中,将面临故障修复后重优化(After Failure Repair Re-optimization,AFRO)问题,该问题在参考文献[12]中有定义。当发生光纤切割,受到影响的连接将会恢复;修复链路时,不仅可以重路由那些已恢复的连接,还可以重新路由任何其他连接,已修复链路也可以使用。

另外,为了增加可恢复性,可以采用多路径恢复[13],将原始连接分成几个并行的分解连接(子连接)。尽管多径恢复技术带来了好处,但它的资源利用率较差,且频谱效率低。因此,在修复链路后立即重新优化网络就十分重要了。为此,需要通过合并子连接来增强 AFRO 问题,这称为多路径 AFRO 问题(Multipath AFRO Problem,MP-AFRO)[14]。

为了说明 MP-AFRO 技术,图 11.14 所示为一个小型的灵活栅格网络拓扑,当前已经建立了几个连接。其中特别给出了连接 P1 和 P2 的路线。图 11.14 中也给出了频谱的使用情况,并且标出了已建立的 5 个连接的频谱分配。对 3 个网络状态通过快照进行了展示:图 11.14(a)中的连接 6-7 失败;图 11.14(b)中采用了多路径恢复技术,将连接 P2 分为两个并行的子连接 P2a 和 P2b;图 11.14(c)修复了故障链接 6-7,并通过解决 MP-AFRO 问题来展示怎样重新优化。

通过该用例,很明显地看到多径恢复技术可允许恢复能力增强,尤其是当沿着单个路径找不到足够的连续频谱时,就如同恢复连接 P2 时发生的情况。但是,这种好处是以增加资源使用为代价的,究其原因,这不仅是因为使用了并行路由(不是最短的),而且还因为拆分连接后频谱效率降低了。例如,400Gb/s 的聚合流量可以在一个单一的 100GHz 连接或四个并行的 37.5GHz 子连接(总计 150GHz)上传送。

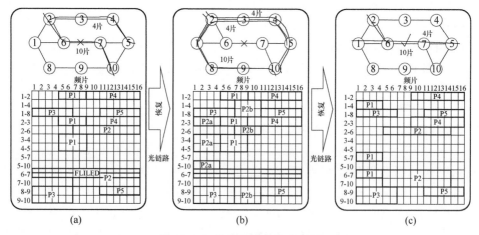

图 11.14 故障后修复优化示例
(a)链路故障之前的初始网络状态;(b)链接恢复失败后的网络状态;(c)链路修复失败并重新优化后的网络状态。

基于上述原因,可以采用 MF-AFRO 来提高资源利用率,即通过在较短的路线上重路由已建立的连接并且合并并行子连接,来实现更高的频谱效率。图 11.14(c)给出了这种重新优化的例子,该用例使用包含已修复链路的较短路由对连接 P1 进行了重路由,并将子连接 P2a 和 P2b 合并在传达原始请求带宽的单个连接上。

要对这种网络重新优化用例采用之前的处理方法,需要基于 ABNO 架构的控制平面,它包含负责计算配置请求、处理网络数据平面的 f-PCE,以及能够执行复杂的计算以解决优化问题的 b-PCE。图 11.15 再现了基于 ABNO 的重新优化序列。

根据对 MP-AFRO 问题的陈述,b-PCE 中的规划器需要当前的网络拓扑、节点信息、连接信息以及资源状态,即当前的需求及其相应的子连接信息。这些信息被分别存储在 f-PCE 的 TED 和 LSP-DB 数据库中。对该信息进行同步可以有不同的方案。在本用例中,我们采用边界网关协议-链路状态(BGP-LS)来同步 TED[15],采用面向状态 PEC 的扩展 PCEP 来同步 LSP-DB[2]。

图 11.15 同样说明了所提出的支持 MP-AFRO 的控制平面架构,图 11.16 给出了该实验中在架构各部分间交换的有意义的 PCEP 消息,并且消息编号与图 11.15 中的步骤相关。

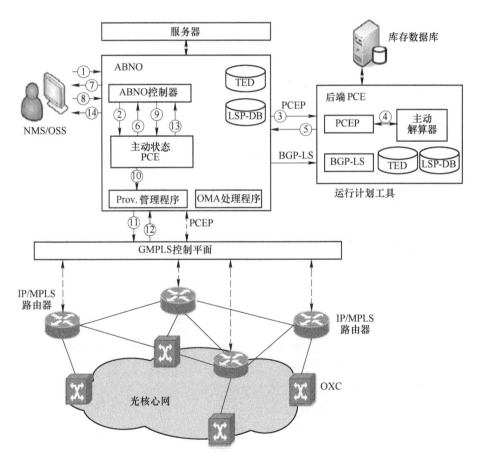

图 11.15　故障后修复优化流程

245

假设链路修复后,NMS 中的操作员会触发 MP-AFRO 工作流。为此,NMS 向 ABNO 控制器(IP = 172.16.4.2)发出服务请求(图 11.15 中的标记①)。当来自 NMS 的请求到达 ABNO 控制器,再通过向 f-PCE(IP = 172.16.1.3)发送 PCReq 消息②来请求重新优化。在接收到该请求后,f-PCE 收集相关数据,并以包含 GCO[10]请求③的 PCReq 消息形式发送给 b-PCE(IP = 172.16.5.2)。

序号	时间	源	目的	信息
②	8.097681	172.16.4.2	172.16.1.3	PATH COMPUTATION REQUEST
③	8.097845	172.16.1.3	172.16.5.2	PATH COMPUTATION REQUEST
⑤	8.199351	172.16.5.2	172.16.1.3	PATH COMPUTATION REPLY
⑪	8.220174	10.0.0.49	10.0.0.1	PATH COMPUTATION UPDATE
⑫	8.223918	10.0.0.1	10.0.0.49	PATH COMPUTATION REPORT
⑪	11.281405	10.0.0.49	10.0.0.8	PATH COMPUTATION UPDATE
⑫	11.285044	10.0.0.8	10.0.0.49	PATH COMPUTATION REPORT
⑬	16.639926	172.16.1.3	172.16.4.2	PATH COMPUTATION REPLY

图 11.16　故障后修复优化实验记录

发送给 b-PCE 的 PCReq 消息必须携带候选重优化请求的标识符列表,表项包括原始带宽(注意,由于恢复流程,当前连接的带宽可能小于请求的带宽),以及重新优化重点关注的固定连接的标识。因此,需要一种算法在 LSP-DB 中找到候选请求,我们的算法选择这样的请求:先前已拆分的请求或其最短路径能遍历已修复连接的请求。

在接收到 PCReq 消息后,b-PCE 运行 MP-AFRO 算法④。为了解决 MP-AFRO 问题,采用一种启发式算法,进行多次迭代计算,每次迭代将候选请求列表随机排序,并最终返回最佳解决的方案,即最大化所提供的比特速率并最小化资源使用量。

在每次迭代中,从本地流量工程数据库(TED)的副本中释放候选请求集,并按照指定的顺序为其中的每一个,请求计算新的路由和频谱分配(RSA)[16],分配找到的新路由,以便同一迭代的后续计算使用这些资源。

MP-AFRO 问题的解决方案编码在 PCRep 中⑤;每个单独的请求可以以指定的比特率答复,并且连接的 RSA 与每个请求相关。注意,该解决方案可能需要合并多个现有子连接,从而创建一个或多个新连接。解决方案在数据平面中的执行顺序应提供给每个重新优化请求。

当 f-PCE 从 b-PCE 收到携带解决方案的 PCRep 消息时,f-PCE 会将收到的重新优化路由与其 LSP-DB 中的当前连接进行比较。如果 f-PCE 收到更新消息,而且操作员需要批准重新优化解决方案,f-PCE 就会将消息转发给 ABNO 控制器⑥,然后将重新优化的计算结果提供给操作员,以便获得最终批准⑦。当操作员确认了新的优化布局⑧时,该信息将传递到 f-PCE⑨,然后再转发给配置管理器⑩。

配置管理器根据创建/更新的/现有的光路径来计算要执行的操作顺序,最大限度地减少干扰,并将相应的 PCUpd/PCInit 消息通过配置管理器⑪指定的顺序,从源 GMPLS 控制器发送至前端路由器(IP 子网 = 10.0.0.×)。当接收到相应的 PCRpt 消息⑫时,配置管理器将其转发给 f-PCE。最后,f-PCE 利用 PCRep 消息⑬向 ABNO 控制器回复请求操作已完成,该消息最后通知 NMS⑭。有关此实验的更多详细信息,请参见参考文献[17]。

11.4 结　　论

本章提出了传输网络的控制和管理架构以支持运营网络规划。该架构基于 ABNO,允许操作员以动态方式操作网络,并响应流量或故障等变化,近乎实时地重新配置和重新优化网络。

网络生命周期延长,资源利用率提高,带来了网络运营成本支出的减少。此外,流程的自动化减少了人工干预,因而减少了 OPEX。已经使用这些用例来说明拟提出的运营规划、控制和管理体系架构如何协同工作。在多层网络方案中,我们分析了故障后的 VNT 重新配置以及灾难恢复。在灵活的网络环境中,我们研究了 LSP 的重分配以减少连接阻塞。

参 考 文 献

[1] E. Mannie (ed.), *Generalized Multi-Protocol Label Switching (GMPLS) Architecture*, IETF RFC 3945 (2004, October)

[2] R. Casellas, R. Muñoz, R. Martínez, R. Vilalta, Applications and status of path computation elements [invited]. IEEE/OSA J. Opt. Commun. Netw. 5 (10), A192–A203 (2013)

[3] D. King, A. Farrel, *A PCE-Based Architecture for Application-Based Network Operations*, IETF RFC 7491 (2015, March)

[4] P. Pan, G. Swallow, A. Atlas, *Fast Reroute Extensions to RSVP-TE for LSP Tunnels*, IETF RFC 4090 (2005)

[5] M. Jinno, H. Takara, B. Kozicki, Y. Tsukishima, Y. Sone, S. Matsuoka, Spectrum-efficient and scalable elastic optical path network: architecture, benefits, and enabling technologies. IEEE Commun. Mag. 47, 66–73 (2009)

[6] A. Castro, L. Velasco, M. Ruiz, M. Klinkowski, J. P. Fernández-Palacios, D. Careglio, Dynamic routing and spectrum (re)allocation in future flexgrid optical networks. Comput. Netw. 56, 2869–2883 (2012)

[7] A. Castro, F. Paolucci, F. Fresi, M. Imran, B. Bhowmik, G. Berrettini, G. Meloni, A. Giorgetti, F. Cugini, L. Velasco, L. Poti, P. Castoldi, Experimental demonstration of an active stateful PCE performing elastic operations and hitless defragmentation, in *Proceedings of European Conference*

on *Optical Communication* (*ECOC*), London (2013)

[8] F. Cugini, F. Paolucci, G. Meloni, G. Berrettini, M. Secondini, F. Fresi, N. Sambo, L. Poti, P. Castoldi, Push-pull defragmentation without traffic disruption in flexible grid optical networks. J. Lightwave Technol. 31 (1), 125-133 (2013)

[9] F. Cugini, G. Meloni, F. Paolucci, N. Sambo, M. Secondini, L. Gerardi, L. Poti, P. Castoldi, Demonstration of flexible optical network based on path computation element. J. Lightwave Technol. 30 (5), 727-733 (2012)

[10] Y. Lee, J. L. Le Roux, D. King, E. Oki, *Path Computation Element Communication Protocol (PCEP) Requirements and Protocol Extensions in Support of Global Concurrent Optimization*, IETF RFC 5557 (2009)

[11] L. L. Gifre, F. Paolucci, A. Aguado, R. Casellas, A. Castro, F. Cugini, P. Castoldi, L. Velasco, V. López, Experimental assessment of in-operation spectrum defragmentation. Photon. Netw. Commun. 27, 128-140 (2014)

[12] M. Ruiz, M. Zotkiewicz, A. Castro, M. Klinkowski, L. Velasco, M. Pioro, After failure repair optimization in dynamic flexgrid optical networks, in *Proceedings of IEEE/OSA Optical Fiber Communication Conference (OFC)*, San Francisco (2014)

[13] A. Castro, L. Velasco, M. Ruiz, J. Comellas, Single-path provisioning with multi-path recovery in flexgrid optical networks, in *International Workshop on Reliable Networks Design and Modeling (RNDM)* (2012)

[14] L. Velasco, F. Paolucci, L. L. Gifre, A. Aguado, F. Cugini, P. Castoldi, V. López, First experimental demonstration of ABNO-driven in-operation flexgrid network re-optimization, postdeadline paper in IEEE/OSA Optical Fiber Communication Conference (OFC) (2014)

[15] H. Gredler, J. Medved, S. Previdi, A. Farrel, S. Ray, *North-Bound Distribution of Link-State and TE Information Using BGP*, IETF draft, work in progress (2014) November 2015

[16] L. Velasco, A. Castro, M. Ruiz, G. Junyent, Solving routing and spectrum allocation related optimization problems: from off-line to in-operation flexgrid network planning, (Invited Paper). J. Lightwave Technol. 32 (16), 2780-2795 (2014)

[17] L. L. Gifre, F. Paolucci, L. Velasco, A. Aguado, F. Cugini, P. Castoldi, V. López, First experimental demonstration of ABNO-driven in-operation flexgrid network re-optimization. J. Lightwave Technol. 33 (3), 618-624 (2015)

缩 略 语

A

ABNO	Application-Based Network Operations	基于应用的网络操作
ADC	Analog-to-Digital Converter	模数转换器
AFRO	After Failure Repair Re-optimization problem	故障修复后重优化问题
ANM	Adaptive Network Manager	自适应网络管理器
AFI	Address Family Identifier	地址族标识符
AoD	Architecture on Demand	点播结构
APSK	Amplitude and Phase-Shift Keying	幅相键控
API	Application Programming Interface	应用程序编程接口
ASIC	Application-Specific Integrated Circuit	专用集成电路
ASON	Automatically Switched Optical Network	自动交换光网络
AWG	Arrayed-Waveguide Grating	阵列波导光栅

B

B&B	Branch & Bound	分支定界
BCJR	Bahl Cocke Jelinek Raviv	最小误符号率
BER	Bit Error Rate	误比特率
b-PCE	Back-end PCE	后端 PCE
BPSK	Binary PSK	二进制相移键控
BGP	Border Gateway Protocol	边界网关协议
BGP-LS	BGP-Link State	基于链路状态的边界网关协议
BRAS	Broadband Remote Access Servers	宽带远程接入服务器
BRKGA	Biased Random-Key Genetic Algorithm	有偏随机密钥遗传算法

BV-OXC	Bandwidth Variable Optical Cross Connect	带宽可变的光交叉连接
BVT	Bandwidth Variable Transponder	带宽可变转发器
BV-WSS	Bandwidth Variable Wavelength Selective Switch	带宽可变波长选择交换

C

CAPEX	Capital Expenditure	资本支出
CAZAC	Constant Amplitude Zero Autocorrelation	恒包络零自相关
CCAMP	Common Control and Measurement Plane	通用控制与测量平面
C/D/C	Colourless Directionless Contentionless	无色/无方向/无竞争
CDN	Content Delivery Network	内容分发网络
CF	Central Frequency	中心频率
CFOE	Carrier Frequency Offset Estimation	载波频偏估计
CG	Column Generation	列生成
CO	Coherent Detection	相干检测
cPCE	child Path Computation Element	子路径计算单元
CMOS	Complementary Metal-Oxide-Semiconductor	互补金属氧化物半导体
CRUD	Create, Read, Update and Delete	生成、查询、更新及删除
CS	Comb Source	梳状源
CW	Continuous Wave	连续波

D

DAC	Digital-to-Analog Converter	数模转换器
DAD	Dynamic Alternate Direction	动态交替方向

DB	Database	数据库
DBP	Digital Back-Propagation	数字反向传播
DC	Data Centre	数据中心
DC	Delivery and Coupling	传递耦合型
DCM	Dispersion Compensation Module	色散补偿模块
DD	Direct-Detection	直接检测
DFT	Discrete Fourier Transform	离散傅里叶变换
DHL	Dynamic High Expansion-Low Contraction	动态高扩展-低收缩
DP	Dual-Polarization	双极化
DP-16QAM	Dual Polarization-16Quadrature Amplitude Modulation	双极化-16位正交幅度调制
DP-QPSK	Dual Polarization-Quadrature Phase Shift Keying	双极化-正交相移键控
DSP	Digital Signal Processing	数字信号处理
DWDM	Dense Wavelength Division Multiplexing	密集波分复用

E

EDFA	Erbium-Doped Fiber Amplifier	掺铒光纤放大器
ELC	Explicit Label Control	显式标签控制
EMS	Element Management System	网元管理系统
ENOB	Effective Number of Bits	有效位数
EON	Elastic Optical Network	弹性光网络
EO	Electronic Optical	电光
ER	Extinction Ratio	消光比
ERO	Explicit Route Object	显式路由对象
E2E	End to End	端到端

F

FA	Forwarding Adjacency	前向邻接
FA-LSP	Forwarding Adjacency LSP	前向邻接标签交换路径
FCAPS	Fault, Configuration, Administration, Performance, and Security	故障、配置、管理、性能和安全
FDE	Frequency Domain Equalizer	频域均衡器
FEC	Forward Error Correction	前向纠错
FEC-OH	FEC-Overhead	前向纠错开销
FPGA	Field Programmable Gate Array	现场可编程门阵列
f-PCE	Front-end PCE	前端 PCE
FRR	Fast Re-Route	快速重路由
FSC	Fibre Switching	光纤交换
FT	Fourier Transform	傅里叶变换
FTP	File Transfer Protocol	文件传输协议
FTTP	Fiber to the Premises	光纤入户
FWM	Four-Wave Mixing	四波混频

G

GA	Genetic Algorithm	遗传算法
GCO	Global Concurrent Optimization	全局并发优化
GMPLS	Generalized Multi-Protocol Label Switching	通用多协议标签交换
GN	Gaussian Noise	高斯噪声
GRANDE	Gradual Network Design	渐进网络设计
GRASP	Greedy Randomized Adaptive Search Procedure	贪婪随机自适应搜索程序
GSMP	Generalized Switch Management Protocol	通用交换机管理协议

GVD	Group Velocity Dispersion	群速度色散

H
H-LSP	Hierarchical Label Switched Path	分层标签交换路径
H-PCE	Hierarchical Path Computation Element	分层路径计算单元

I
I2RS	Interface to the Routing System	路由系统接口
IFFT	Inverse Fast Fourier Transform	逆快速傅里叶变换
IGP	Interior Gateway Protocol	内部网关协议
ILP	Integer Linear Programming	整数线性规划
IP	Internet Protocol	因特网协议
IP/MPLS	Internet Protocol/Multi-Protocol Label Switching	基于互联网协议的多协议标签交换
IPCC	IP Control Channel	IP 控制信道
IQ	In-phase Quadrature	同相正交
IRO	Include Route Object	内部路由对象
ISCD	Interface Switching Capability Descriptor	接口交换能力描述符
ISI	Inter-Symbol Interference	码间干扰
IS-IS	Intermediate System to Intermediate System	中间系统-中间系统
IS-IS-TE	IS-IS with Traffic Engineering	具有流量工程的 IS-IS
ITU	International Telecommunication Union	国际电信联盟
ITU-T	International Telecommunication Union Telecommunication Standardisation Sector	国际电信联盟电信标准化部门
IV	Impairment Validation	损伤验证

K

KA	Keep Alive	保持存活
KPI	Key Performance Indicators	关键性能指标

L

LAN	Local Area Network	局域网
LA-PSCF	Large Effective Area Pure-Silica Core Fiber	大有效面积纯硅芯光纤
LCoS	Liquid Crystal on Silicon	硅晶体
LDPC	Low-Density Parity Check	低密度奇偶校验
LMP	Link Management Protocol	链路管理协议
LP-SA	Link-Path-Slot-Assignment	链路-路径-频隙-分配
LS	Laser Source	激光源
LSA	Link State Advertisement	链路状态公告
LSC	Lambda Switch Capable	波长交换能力
LSO	Large Scale Optimization	大规模优化
LSP	Label Switched Path	标签交换路径
LSP-DB	LSP-Data Base	标签交换路径数据库
LSR	Label Switched Router	标签交换路由

M

MAC	Medium Access Control	媒体访问控制
MAN	Metropolitan Area Network	城域网
MCS	Multicasting Switch	多播开关
MEMS	Micro-Electromechanical System	微机电系统
MIB	Management Information Base	管理信息库
MIMO	Multiple-Input Multiple-Output	多输入多输出

MILP	Mixed Integer Linear Programming	混合整数线性规划
MLSE	Maximum Likelihood Sequence Estimation	最大似然序列估计
MLR	Mixed Line Rate	混合线速率
MP-AFRO	Multipath AFRO Problem	多路径 AFRO 问题
MPLS	Multiprotocol Label Switching	多协议标签交换
MPLS-TE	Multiprotocol Label Switching-Traffic Engineering	基于流量工程的多协议标签交换
MZM	Mach Zehnder Modulator	马赫曾德尔调制器

N

NCF	Nominal Central Frequency	标称中心频率
NFP	Network Function Programmability	网络功能可编程
NFV	Network Function Virtualization	网络功能虚拟化
NL	Nonlinear Impairment	非线性损伤
NLRI	Network Layer Reachability Information	网络层可达信息
NL-SA	Node-Link Slot-Assignment	节点-链路及频隙-分配
NMS	Network Management System	网络管理系统
NRZ	Non-Return-to-Zero	非归零
NWDM	Nyquist WDM	奈奎斯特波分复用

O

OA	Optical Amplifier	光放大器
OAM	Operation, Administration, and Management	运营、管理及维护
OADM	Optical Add and Drop Multiplexer	光分插复用器
OBS	Optical Burst Switching	光突发交换

OC	Optical Coupler	光耦合器
OCC	Optical Connection Controller	光连接控制器
OCS	Optical Circuit Switching	光电路交换
ODU	Optical Channel Data Unit	光信道数据单元
ODUflex	Flexible Optical Channel Data Unit	灵活光信道数据单元
OE	Optical Electronic	光电
OFO	Objective Function Object	目标函数对象
OFP	OpenFlow Protocol	开放流协议
OFDM	Orthogonal Frequency Division Multiplexing	正交频分复用
OIF	Optical Internetworking Forum	光纤互联论坛
OLT	Optical Line Terminals	无线路终端
ONF	Open Networking Foundation	开放网络基金会
ONOS	Open Source Network Operating System	开源网络操作系统
OOK	On-Off-Keying	开关键控
OOS	Optical Overhead Signal	光开销信号
OPS	Optical Packet Switching	光分组交换
OS	Operating System	操作系统
OSS	Operations Support System	运营支持系统
OSPF	Open Shortest Path First	开放式最短路径优先
OSPF-TE	Open Shortest Path First-Traffic Engineering	基于流量工程的开放式最短路径优先
OSNR	Optical Signal-to-Noise Ratio	光信噪比
OTN	Optical Transport Network	光传输网
OTU	Optical Transport Unit	光传输单元
OTLC	Optical Channels Transport Lanes	光信道传输通道
OXC	Optical Cross Connect	光交叉连接

P

PBS	Polarization Beam Splitter	偏振分束器
PB-NLC	Pilot-Based Nonlinearity Compensation	基于导频的非线性补偿
PCC	Path Computation Client	路径计算客户端
PCE	Path Computation Element	路径计算单元
PCEP	Path Computation Element Protocol	路径计算单元协议
PCInit	Path Computation Initiate	路径计算启动
PCRep	Path Computation Reply	路径计算应答
PCReq	Path Computation Request	路径计算请求
PCRpt	Path Computation Report	路径计算报告
PCSRpt	Path Computation State Report	路径计算状态报告
PCUpd	Path Computation Update Request	路径计算更新请求
PCInitiate	LSP Instantiation Request	标签交换路径实例化请求
PDM	Polarization-Division-Multiplexing	偏振分割复用
PLI	Physical Layer Impairments	物理层损伤
PLC	Planar Lightwave Circuit	平面光波电路
PM	Polarization Multiplexing	偏振复用
PMD	Polarization Mode Dispersion	偏振模色散
PM-QPSK	Polarization Multiplexed Quadrature Phase Shift Keying	偏振复用正交相移键控
pPCE	Parent PCE	父路径计算单元
PR	Path Relinking	路径重连接
PSK	Phase Shift Keying	相移键控
PT	Pilot-Tone	导频

Q

QAM	Quadrature Amplitude Modulation	正交幅度调制
QPSK	Quadrature Phase Shift Keying	正交相移键控
QoS	Quality of Service	服务质量
QoT	Quality of Transmission	传输质量

R

RC	Routing Controller	路由控制器
RCL	Restricted Candidate List	受限候选表
REST	Representational State Transfer	代表性状态转移
RFS	Recirculating Fiber Shifter	循环式光纤转换器
RMSA	Routing, Modulation and Spectrum Assignment	路由、调制以及频谱分配
RML	Routing and Modulation Level	路由调制等级
ROADM	Reconfigurable Optical Add Drop Multiplexer	可重构光分插复用器
ROSNR	Required OSNR	所需 OSNR
RPO	Request Parameters Object	请求参数对象
RRO	Reported Route Object	报告路由对象
RSA	Routing and Spectrum Assignment	路由频谱分配
RSVP-TE	Resource Reservation Protocol-Traffic Engineering	基于流量工程的资源预留协议
RWA	Routing and Wavelength Assignment	路由和波长分配

S

SA	Spectrum Allocation	频谱分配
SA	Subsequent Address Family Identifier	后续地址族标识

SBVT	Sliceable Bit Rate Variable Transponders	可切片比特率可变转发器
S-BVT	Sliceable Bandwidth Variable Transponder	可切片带宽可变转发器
SCC	Spectrum Continuity Constraint	频谱连续性约束
SCSI	Switching Capability Specific Information	交换性能具体信息
SDN	Software Defined Network	软件定义网络
SDH	Synchronous Digital Hierarchy	同步数字序列
SDM	Space Division Multiplexing	空分复用
SE	Spectral Efficiency	频谱效率
SEC	Spectrum Expansion/Contraction	频谱扩展/收缩
SI	Spectral Inversion	光谱反演
SL	Suggested Label	建议标签
SLA	Service Level Agreement	业务等级协议
SNMP	Simple Network Management Protocol	简单网络管理协议
SNR	Signal-to-Noise Ratio	信噪比
SONET	Synchronous Optical Networking	同步光网络
SPM	Self-Phase Modulation	自相位调制
SPRESSO	Spectrum Re-allocation Problem	频谱重分配问题
SRLG	Shared Risk Link Group	共享风险链路组
SSMF	Standard Single-Mode Fiber	标准单模光纤
SSS	Spectrum Selective Switch	频谱可选择交换
SSON	Spectrum Switched Optical Network	频谱交换光网络
SVEC	Synchronization Vector Object	同步矢量对象

T

TCP	Transport Control Protocol	传输控制协议
TC-LP-SA	Transponder Configuration-Link Path-Slot Assignment	转发器配置-链路路径-频隙分配
TDM	Time-Division Multiplexing	时分复用
TE	Traffic Engineering	流量工程
TED	Traffic Engineering Database	流量工程数据库
TE LSA	Traffic Engineering Link State Advertisement	流量工程-链路状态公告
TIA	Transimpedance Amplifiers	互阻抗放大器
TLV	Type, Length, Value	类型、长度和值
TG	Tributary Group	支路组
TS(92)	Training Sequences	训练序列
TX	Transmitter	发射机

W

WAN	Wide Area Network	广域网
WB	Wave Blocker	波形阻塞器
WDM	Wavelength Division Multiplexing	波分复用
WSON	Wavelength Switched Optical Networks	波长交换光网络
WSS	Wavelength Selective Switch	波长选择开关
WXC	Wavelength Cross-Connects	波长交叉连接

U

UDWDM	Ultradense WDM	超高密度波分复用
UL	Upstream Label	上游标签

V

VLAN	Virtual Local Area Network	虚拟局域网
VM	Virtual Machine	虚拟机
VNT	Virtual Network Topology	虚拟网络拓扑
VNTM	VNT Manager	虚拟网络拓扑管理器

X

XPM	Cross-Phase Modulation	交叉相位调制
XRO	Exclude Route Object	其他路由对象

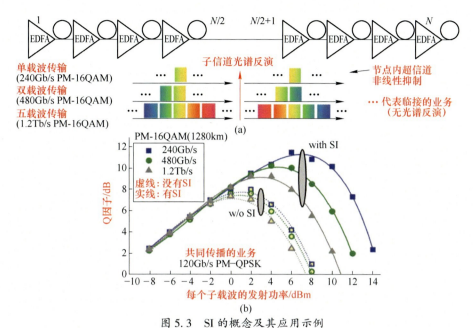

图 5.3 SI 的概念及其应用示例

(a)BVT 超信道光谱反演的概念;(b)Q 因子(dB)作为 PM-16-QAM 超信道的每个子载波发射功率的函数。

注:SI 光谱反演,N 个跨度。

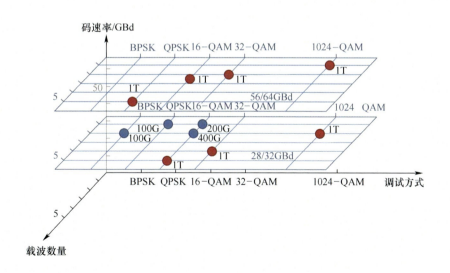

图 5.5 通过改变调制方式(频谱效率)、子载波数量和 BVT 内码速率来产生 100G、200G、400G 和 1T 的自由度

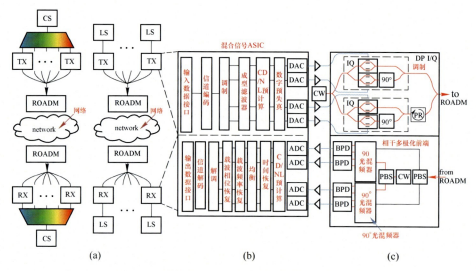

图 5.6 基于 CS、LS 和 TX 和 RX 的组件和 DSP
(a)光学梳状源(CS);(b)个性化 LS 的 BVT 的示意图;
(c)BVT 发射机(TX)和接收机(RX)。

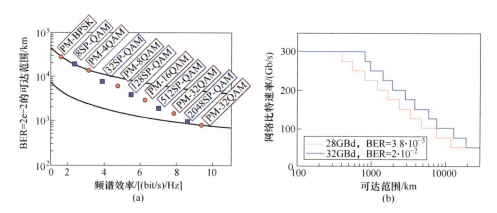

图 5.7 SE 函数传输范围示例与 BVT 可达网络数据速率示例
(a)假设 SD-FEC 具有 23% 的开销且 BER 阈值 = 2×10^{-2},对于在 32GBd 符号率的 SSMF 上具有选定的 POM 和 4D 调制格式的 NWDM 传输,采用 GN 模型与 SE 进行可达范围的对比计算,黑色实线表示恒定 SE×可达范围,分别属于最佳和最差调制方式[26]。
(b)作为支持 POM-m-QAM 和 mSP-QAM 方式的 BVT 的可达范围的函数,给出其可实现的净比特率例子。

2

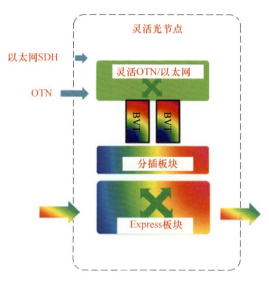

图 6.1 高级多层灵活光节点架构

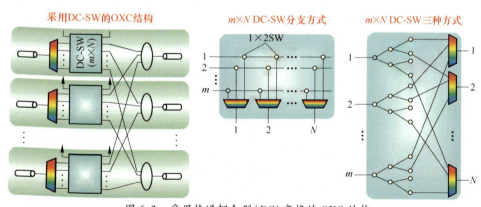

图 6.3 采用传递耦合型(DC)交换的 OXC 结构

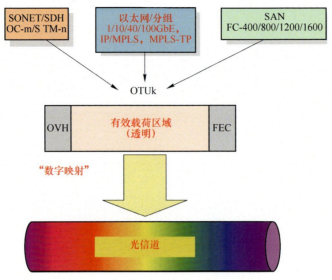

图 6.11 协议无关的交换和传输

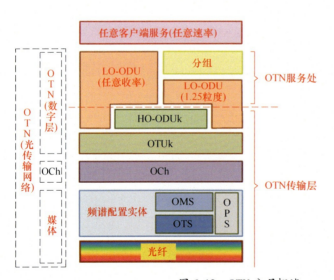

图 6.12 OTN 分层概述